高等学校工程管理专业规划教材

# BIM 项目管理规划及应用

张静晓 李 慧 王 波 编著

中国建筑工业出版社

**图书在版编目（CIP）数据**

BIM 项目管理规划及应用/张静晓主编 . —北京：中国建筑工业
出版社，2019.1
高等学校工程管理专业规划教材
ISBN 978-7-112-22987-1

Ⅰ. ①B…　Ⅱ. ①张…　Ⅲ. ①建筑工程-项目管理-计算机辅助管
理-应用软件-高等学校-教材　Ⅳ. ①TU71

中国版本图书馆 CIP 数据核字（2018）第 265888 号

　　本书立足于工程项目管理视角，从 BIM 项目管理的基本概念入手，
分析了 BIM 项目管理的内涵和技术基础；进一步融合建筑全生命周期，
阐述了 BIM 项目管理在项目前期策划阶段、设计阶段、施工阶段和运营
维护阶段应用的操作标准、流程、技巧及方法，还列出了 BIM 项目管理
实施规划在项目管理各阶段应用的关键应用点，同时为提高书中内容的应
用操作性，本书还穿插了具体的工程案例应用，详尽地展示了 BIM 项目
管理实施规划在工程中的具体应用点、应用流程及应用效果，强调理论与
实践的结合。

　　本书适用于应用型本科院校的土木工程、工程管理、工程造价、项目
管理专业及相关专业的教学授课，通过本书的学习既可以达到提高读者
BIM 理论水平，又能达到加强读者 BIM 实践操作能力的目的。

　　为更好地支持相应课程的教学，我们向采用本书作为教材的教师提供
教学课件，有需要者可与出版社联系，邮箱：cabpkejian@126.com。

责任编辑：张　晶
责任校对：焦　乐

高等学校工程管理专业规划教材
**BIM 项目管理规划及应用**
张静晓　李　慧　王　波　编著

\*

中国建筑工业出版社出版、发行（北京海淀三里河路 9 号）
各地新华书店、建筑书店经销
北京红光制版公司制版
北京君升印刷有限公司印刷

\*

开本：787×1092 毫米　1/16　印张：19　字数：473 千字
2019 年 4 月第一版　　2019 年 4 月第一次印刷
定价：**48.00** 元（赠课件）
ISBN 978-7-112-22987-1
（33075）

# 前　言

　　BIM 技术领先已经成为建筑企业的重要优势，建筑企业只有强化进行 BIM 项目管理实施规划，实现项目全过程 BIM 应用，在项目全生命周期完成信息共享，才能在激烈的竞争中掌握主动。近日，住房城乡建设部正式批准《建筑信息模型施工应用标准》GB/T 51235—2017 为国家标准，编号 GB/T 51235—2017，自 2018 年 1 月 1 日起实施，具体提出了规范化的要求。BIM 技术的应用也在从大型设计院、企业向中小型企业扩散，从单个环节的应用到全生命周期、全产业链、全方位应用转变，BIM 技术应用前景十分广阔。高校作为培养土木工程与管理人才的摇篮，必须承担起建筑行业 BIM 发展的人才培养重任，跟上国际建筑产业发展的 BIM 步伐。为了初步了解国家的标准规范，为了满足企业日益增长的 BIM 人才需求，为了满足高校人才培养的需要，本书与时俱进，主要对 BIM 项目管理和项目实施技术基础理论和具体应用进行介绍。希望通过学习此书加深读者对于 BIM 项目管理和项目实施技术的认识和理解。

　　目前，BIM 项目管理和项目实施技术正全面融入工程管理、工程造价、建筑信息管理等专业。为此，许多高校工程管理、工程造价等本科专业及建筑信息管理等专科专业，先后开设了 BIM 项目管理和建设项目信息化相关课程，以培养既懂技术和经济，又懂法律和管理的复合型人才。为满足高校对工程造价、工程管理、土木工程等专业的教材或教学参考书的要求，根据高校土建类专业的人才培养目标、教学计划、建筑工程计量与计价课程的教学特点和要求，依据《高等学校工程管理本科指导性专业规范》和《高等学校工程造价本科指导性专业规范》的最新规定，编写了此书。

　　本书立足于工程项目管理视角，从 BIM 项目管理的基本概念入手，分析了 BIM 项目管理的内涵和技术基础；进一步融合建筑全生命周期，阐述了 BIM 项目管理在项目前期策划阶段、设计阶段、施工阶段和运营维护阶段应用的操作标准、流程、技巧及方法，还列出了 BIM 项目管理实施规划在项目管理各阶段应用的关键应用点，同时为提高书中内容的应用操作性，本书还穿插了具体的工程案例应用，详尽地展示了 BIM 项目管理实施规划在工程中的具体应用点、应用流程及应用效果，强调理论与实践的结合。因此，本书十分适用于应用型本科及高职院校的土木工程、工程管理、工程造价、项目管理专业及相关专业的教学授课，通过本书的学习既可以达到提高读者 BIM 理论水平，又能达到加强读者 BIM 实践操作能力的目的。

　　本书共分两部分，分别为 BIM 与 BIM 实施规划和案例应用，共八章，包括 BIM 概述、BIM 项目管理、BIM 项目管理实施规划等，注重基本概念的讲解和相应技术的具体应用。本书在编写的过程中参考了大量专业文献，汲取了行业专家的经验，参考和借鉴了有关专业书籍内容，以及 BIM 中国网、中国 BIM 门户等论坛上相关网友的 BIM 应用心得体会。在此，向这部分文献的作者表示衷心的感谢！

　　全书由长安大学张静晓教授负责大纲制定，与长安大学李慧、安康市住房城乡建设规划局王波共同编著，由张静晓负责最后统稿。编写工作具体为李慧、李芮编写第1章，程文豪编写第2章2.1节，金路佳编写第2章2.2、2.3节，刘润畅编写第4章，李慧编译第5章。下篇案例应用部分由张静晓负责编写，由陈娜、何亮明、付宝霞、李颜惊雪、刘维、唐仪华、王欣阳、张颖琦进行案例开发，李芮负责整理。

由于本书编者水平有限，时间紧张，不妥之处在所难免，恳请广大读者批评指正。

2018.10

# 目　录

# 术 语 表

| 英文缩写 | 英文 | 中文对照 |
|---|---|---|
| BIM | Building Information Modeling | 建筑信息模型或建筑信息管理 |
| BLM | Building Lifecycle Management | 建筑全寿命周期管理 |
| CAD | Computer Aided Design | 计算机辅助设计 |
| ISO | International Organization for Standardization | 国际标准化组织 |
| CDE | Common Data Environment | 常见数据环境 |
| IFC | Industry Foundation Classes | 工业基础类 |
| CIBIM | Costumer Interactive BIM | 交互式建筑信息模型 |
| SD | System Dynamics | 系统动力学 |
| P2P | Peer-to-Peer | 对等计算或对等网络 |
| AR | Augmented Reality | 增强现实 |
| VR | Virtual Reality | 虚拟现实 |
| FMVAS | Facility Management Visual Analytics System | 设施可视化分析系统 |
| CMMS | Computerised Maintenance Management System | 计算机维护管理系统 |
| TLS | Terrestrial Laser Scanning | 地面激光扫描 |
| RFID | Radio Frequency Identification | 射频识别 |
| FA | Firefly-Algorithm | 萤火虫算法 |
| CBR | Case-Based Reasoning | 基于案例推理 |
| DES | Discrete Event Simulation | 离散事件仿真 |
| NDSM | N-Dimensional project Scheduling and Management system | N 维项目计划和管理系统 |
| GAs | Genetic Algorithms | 遗传算法 |
| VPD | Virtual Project Development | 虚拟项目开发 |
| GIS | Geographical Information System | 地理信息系统 |
| UIM | Urban Information Model | 城市信息模型 |
| IDM | Information Delivery Manual | 信息交付手册 |
| IFD | International Framework for Dictionaries | 国际字典框架 |
| IAI | International Alliance of Interoperability | 国际协同工作联盟 |
| bSI（现） | buildingSMART International | 国际协同工作联盟（现） |
| NBIMS | National Building Information Model Standard | 美国国家建筑信息模型标准 |
| CBIMS | China Building Information Model Standards | 中国建筑信息模型标准 |
| PIM | Project Information Model | 工程信息模型 |
| AIM | Asset Information Model | 资产信息模型 |
| LOD | Level of Detail | 模型细节 |
| LOI | Level of Information | 信息层次 |
| MPDT | Master Production Delivery Table | 信息传递规划 |
| CIC | Construction Industry Council | 建筑业协会 |

| EIR | Employer's Information Requirements | 雇主信息要求 |
| TIDP | Task Information Delivery Plan | 个人任务信息传递计划 |
| MIDP | Master Information Delivery Plan | 组织任务信息传递计划 |
| BPMN | Business Process Modeling Notation | 业务流程建模与标注 |
| PLQ | Plain Language Questions | 基本语言问题 |
| AIR | Asset Information Requirements | 资产信息需求 |
| OIR | Organisational Information Requirements | 组织信息需求 |
| IE | Information Exchange | 信息交互 |
| IPD | Integrated Project Delivery | 集成项目交付 |
| AGC | Associated General Contractors of American | 美国总承包商协会 |

# 第 1 章 BIM 概述

## 1.1 BIM 的基础理论

### 1.1.1 BIM 的定义

BIM 这一概念产生于 20 世纪 70 年代，美国的 Chuck 博士于 1975 年提出的 Building Description System 是 BIM 的雏形。1986 年，"Building Modeling" 第一次在学术论文中被使用，Building Information Model 于 1992 年开始被使用，而在 1999 年就有论著提及 Building Information Model。此后，Jerry Laiserin 称 Building Information Modeling 是 "一种用数字形式展现和管理建设过程及设备，并实现信息交互的有效手段"。2002 年，Autodesk 公司首次将 Building Information Modeling 简称为 BIM，并将其作为特定称谓广为传播，得到了全球建筑业相关人员的普遍认可。但直到 2005 年我国才引入 BIM，目前我国对于 BIM 技术的研究依然不够深入。

BIM 是 "建筑信息模型" 或 "建筑信息管理" 的缩写，有时又缩写为 BIM（M），BIM 能够有效地辅助建筑工程领域的信息集成、交互及协同工作，是实现建筑全寿命周期管理（Building Lifecycle Management，BLM）的关键。关于 BIM 的定义业界有很多种观点：

国际标准组织设施信息委员会（Facilities Information Council）如下定义 BIM：BIM（Building Information Modeling）建筑信息模型是利用开放的行业标准，对设施的物理和功能特性及其相关的项目寿命周期信息进行数字化形式的表现，从而为项目决策提供支持，有利于更好地实现项目的价值。

美国国家标准技术研究院对 BIM 作出了如下定义：BIM 是以三维数字技术为基础，集成了建筑工程项目各种相关信息的工程数据模型，BIM 是对工程项目设施实体与功能特性的数字化表达。

美国国家建筑科学研究所（National Institute of Building Sciences）对 BIM 的定义从三个互相独立又彼此关联的方面展开，分别是 Building Information Model，Building Information Modeling 和 Building Information Management，即建筑信息模型、建筑信息模型的构建以及建筑信息模型的管理及操作。其中 Building Information Model，是指一个建筑构件或设施的物理特征和功能特性的数字化表达，是该项目相关方的共享知识资源；而 Building Information Modeling 则表示在建筑全寿命周期内的设计、建造和运营中产生和利用建筑数据的信息交互过程；Building Information Management 强调的则是对建筑信息模型的管理及操作，即利用数字化工程信息支持项目全寿命周期信息共享的流程组织和控制。

目前普遍认同的是，美国国家 BIM 标准（National Building Information Modeling

Standard，NBIMS）对 BIM 作出的定义：BIM 是一个设施（建设项目）物理和功能特性的数字表达；BIM 是一个共享的知识资源，是一个分享有关这个设施建设的信息，为该设施从概念到拆除的全寿命周期中的所有决策提供可靠依据的过程；在项目不同的阶段，不同利益相关方通过在 BIM 中插入、提取、更新和修改信息，以支持和反映其各自职责的协同作业。

作为建筑信息模型，BIM 的核心功能是将庞大的数据信息进行整合，通过 3D 数字技术构建模型，并将这些信息放到一个独立的共享平台上使用。一个完整的信息模型，能够连接建筑项目寿命周期不同阶段的数据、过程和资源，是对工程对象的完整描述，可被建设项目各参与方普遍使用。BIM 的最大特点是数据信息的高度集合，其中模型是基础，信息是灵魂，软件是工具，协作是重点，管理是关键。以支持 BLM 建筑全寿命周期项目决策、设计、施工、运营的技术、方法（图 1-1），基于 BIM 的建筑业信息化，横向打通了技术信息化和管理信息化之间的信息传递，实现建筑全寿命周期各阶段的工程性能、质量、安全、进度和成本的集成化管理，提高工作效率和质量，减少错误和风险，提升建设行业效率和利润。

BIM 是一种技术、一种方法、一个过程，以 BIM 为平台的集成工程建设信息的收集、管理、交互、更新、存储等流程，为工程建设项目全寿命周期不同阶段、不同参与主体、不同软件应用之间提供了准确、实时、充分的信息交流和共享，提高工程建设行业生产水平[1]。在建筑工程领域，如果将二维 CAD 技术的应用视为建筑工程设计的第一次变革，那么 BIM 技术的出现将引发整个建筑/工程/建造（Architecture/Engineering/Construction）领域的第二次革命。

### 1.1.2　BIM 的内涵

建筑信息化模型的建立，仍然是基于计算机技术而发展的对大信息量整合的先进手段，依托互联网管理和组织管理，它有以下几个方面的内涵。

1. 协调和共享

BIM 技术的发展与应用，并不单纯只是把大量的信息进行整合就结束了，而是要将这些信息进行有效的共享，同时对与项目相关的各个相关方进行协调，这样才能真正体现 BIM 特有的优势和发展方向。

在当今的信息化时代发展背景下，传统的生产建筑模式已经被打破，单一的条线式工作已经不能满足现在的发展需求。首先，对于各种信息的整合就需要考虑到后续的协调和共享，从而根据后期的一个发展需求进行整合。在整合完成之后，各个方面的人员，需要对于其提供的信息进行有序采集。而采集的过程，既要考虑到各方的应用，同时又不能够各自为政。通过信息的协调，做到有步骤有成效的信息化共享。建筑项目，是个有机的整体，各个相关的单位，不仅能够得到自己需要的信息内容，更要获得整体的相关情况。协调使得各个相关方能够向着同一个目标进行努力，这样形成紧密的整体，这也就是 BIM 体现出的团队性，整合功能。

2. 互联网软件

BIM 技术的应用，从其本质上来说，仍然是计算机方面的应用。现代计算机的发展，不能够离开网络和软件，相应的 BIM 发展也同样离不开相关方面的支持。而透过 BIM 技术的发展，体现的是网络与软件等现代化智能化科技对于建筑行业的重大影响，这也是整

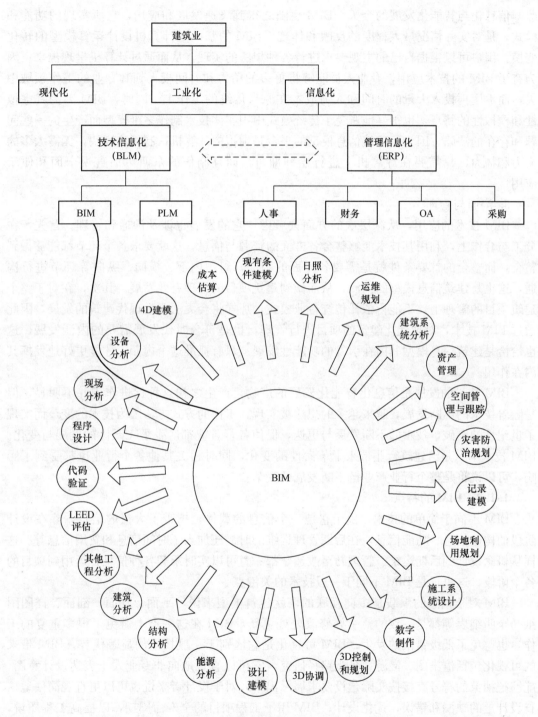

图 1-1　基于 BIM 的建筑信息化

个建筑行业的转型和发展。而针对这样的转变，软件开发的商家也跟着这一发展，适应相关的行业趋势。实际上这也是 BIM 在应用过程中的主要内涵，通过互联网和软件技术，提升建筑行业的整体发展。

信息化与智能化发展的今天，BIM 也随之得到飞速发展和应用，它所实现的功能和模式，是对实际情况最大程度的反映和体现。BIM 的基础是计算机设计运算模型的转化变换，用户可以根据自己的主观要求进行各种想法的实现，从而通过计算机呈现出来。因为有了 BIM 的技术应用，专业人员能够将更多的精力和时间投入到其专业的工作领域中去，而不用再投入大量的时间和人力成本在原来传统的工作上。同时，BIM 因为其虚拟性和模拟性的特点，也很好地避免了传统模式中用实体技术制作多维模型而产生的一些问题和存在的缺陷。因为，建筑信息模型的平台是虚拟的计算机，制作速度快，无需太多的人力和物力，只需要在计算机上进行绘制即可，而且制作的东西更加直观全面和便于应用。

3. 沟通与管理

BIM 技术的应用，从深层次的方面去考虑，它的发展也涉及沟通和管理。首先，在分工与合作上，利用其技术能够整合各方面的资源与信息，这就要求各个环节都能够做到整合，而整合的首要条件就是需要各方面的沟通，组织内部、横向、纵向等环节进行沟通，这也是建筑信息模型的内涵，从而做到建筑项目的合理有效发展。其次，在对于整个建筑项目的管理上，不能再依托传统行业模式，那样将会无法跟上现代建筑的发展，因此通过 BIM 技术，对现代化建筑的项目进行管理，也是符合时代发展需要的内涵发展，这也恰恰是建筑信息模型其内在引发的功能性发展。只有抓准这个内涵，才能更好地发挥其内在作用。

BIM 技术的发展是信息化智能化发展的产物，产生之初这种促进作用并不明显，但是随着技术的不断发展，越来越多的想法被实现，工作的方式方法因为技术的变革而实现了世纪性的突破，技术的不断发展与更迭，促使各行各业都产生了飞跃性的发展与变化。BIM 技术不只是给建筑行业带来了革命性的变化，同时相关其他各个行业也都受到了影响，可以说将是整个行业产业链不断发展的变革。

### 1.1.3　BIM 的特点

BIM 不同于简单的技术，由于它是一个信息的载体，携带了大量的信息，除在设计阶段的构造信息、功能信息，在后期管理运维的时候还加入了时间信息和费用信息等。这样从概念设计到后期运维、管理乃至改造，都一直可以实时承载各种信息，运用到项目的各个阶段，这也正是 BIM 不同于一般技术的关键点。

BIM 对于信息的承载是多向互联的，就建筑模型来说，平面、立面、剖面、详图图纸乃至明细表等都是一致的，一处修改处处更新，BIM 在这一点上避免了很多重复的工作，也避免了低级错误的发生；BIM 可视化是它区别于一般技术的显著优势，BIM 带来的可视化包括渲染图、漫游、日光路径研究，它可以直观地向非专业人士表达设计意图，能够把抽象的符号直接按实际建设要求展示出来，对于设计者来说也可以更直观简便地核查设计上的缺漏和错误，优化设计；BIM 用于工程项目的全寿命周期，以提高工程质量，保证施工顺利完成，而且，在施工完成后依然可以进行运维、管理、改造，这样就可以做到可持续深化；BIM 可以进行参数化设计，尤其是对于一些异形的建筑物非常简单快捷；BIM 还可以进行管道碰撞检查，将隐形风险前置控制在设计阶段，减少施工阶段带来的危险，减少变更和返工。

总体来说，真正的 BIM 符合以下八个特点：

**1. 可视化特点**

可视化（Visualization）即"所见所得"的形式，对于建筑行业来说，可视化的真正运用其作用是非常大的。施工方经常拿到的图纸都只是各个构件的信息图纸式表达，其真正的构造形式需要施工方自行想象，而 BIM 提供了可视化的思路，将以往在图纸上的线条式的构件形成一种三维的立体实物图形展示在人们的面前，BIM 的可视化是一种能够将构件之间形成互动性和反馈性的可视，不仅可以用来展示效果图及报表的生成，更重要的是，项目设计、建造、运营过程中的沟通、讨论、决策都在可视化的状态下进行。

**2. 协调性特点**

协调性（Coordination）是建筑业中的重点内容，不管是施工单位还是业主及设计单位，无不在做着协调及相互配合的工作。一旦项目的实施过程中遇到了问题，就要将各有关人士组织起来开协调会，找出问题发生的原因及解决办法，然后对施工变更等问题采取相应补救措施。在设计时，往往由于各专业设计师之间的沟通不到位，而出现各种专业之间的碰撞问题。BIM 的协调性服务就可以帮助处理这些问题，也就是说 BIM 建筑信息模型可在建筑物建造前期对各专业的碰撞问题进行协调，生成协调数据，提供出来。当然，BIM 的协调作用也并不是只能解决各专业间的碰撞问题，它还可以解决其他设计布置之间的空间协调问题。

**3. 模拟性特点**

模拟性（Simulation）并不是只能模拟设计出的建筑物模型，还可以模拟不能够在真实世界中进行操作的事物。在设计阶段，BIM 可以对设计上需要进行模拟的一些东西进行模拟试验，例如：能源效率模拟、紧急疏散模拟、日照模拟、热能传导模拟等；在招投标和施工阶段可以进行 4D 模拟（三维模型加项目的发展时间），也就是根据施工的组织设计模拟实际施工，从而确定合理的施工方案来指导施工，同时，还可以进行 5D 模拟（基于 3D 模型的造价控制），从而来实现成本控制；后期运营阶段可以模拟日常紧急情况的处理方式，例如地震人员逃生模拟及消防人员疏散模拟等。

**4. 优化性特点**

事实上整个设计、施工、运营的过程就是一个不断优化的过程，当然优化和 BIM 也不存在实质性的联系，但在 BIM 的基础上可以做更好的优化、更好地做优化。优化受三个要素制约：信息、复杂程度和时间。没有准确的信息做不出合理的优化结果，BIM 模型提供了建筑物实际存在的信息，包括几何信息、物理信息、规则信息，还提供了建筑物变化以后实际存在的信息。复杂程度高到一定程度时，参与人员本身的能力无法掌握所有的信息，必须借助一定的科学技术和设备的帮助。现代建筑物的复杂程度大多超过参与人员本身的能力极限，BIM 及与其配套的各种优化工具提供了对复杂项目进行优化的可能。

**5. 可出图特点**

BIM 并不是为了出日常多见的建筑设计院所出的建筑设计图纸及一些构件加工图纸，而是通过对建筑物进行可视化展示、协调、模拟、优化以后，可以帮助业主出如下图纸：

（1）综合管线图（经过碰撞检查和设计修改，消除了相应错误以后）；

（2）综合结构留洞图（预埋套管图）；

（3）碰撞检查侦错报告和建议改进方案。

6. 一体化特点

基于 BIM 技术可进行从设计到施工、再到运营，贯穿了工程项目全寿命周期的一体化管理。BIM 的技术核心是一个由计算机三维模型所形成的数据库，不仅包含了建筑的设计信息，而且可以容纳从设计到建成使用、甚至是使用周期终结的全过程信息。如在设计阶段采用 BIM 技术，各个设计专业可以协同设计，可以减少缺漏碰撞等设计缺陷；在施工阶段，各个管理岗位、各个工序工种的协同工作，可以提高管理工作效率。BIM 工程是系统工程，不是一个单位，或者一个专业，一个人能够完成的，需要参与建设的各责任方和各个专业，共同参与，共同协作。

7. 参数化特点

参数化建模指的是通过参数而不是数字建立和分析模型，通过简单地改变模型中的参数值就能建立和分析新的模型；BIM 中图元是以构件的形式出现，这些构件之间的不同，是通过参数的调整反映出来的，参数保存了图元作为数字化建筑构件的所有信息。

参数化设计可以大大提高模型的生成和修改的速度，在产品的系列设计、相似设计及专用 CAD 系统开发方面都具有较大的应用价值。参数化设计中的参数化建模方法主要有变量几何法和基于结构生成历程的方法，前者主要用于平面模型的建立，而后者更适合于三维实体或曲面模型。

8. 信息完备性

信息完备性体现在 BIM 技术可对工程对象进行 3D 几何信息和拓扑关系的描述以及完整的工程信息描述。如对象名称、结构类型、建筑材料、工程性能等设计信息；施工工序、进度、成本、质量以及人力、机械、材料资源等施工信息；工程安全性能、材料耐久性能等维护信息；对象之间的工程逻辑关系等。

BIM 模型中包含建筑物整个施工、运营过程中需要的所有建筑构件、设备的详细信息，以及项目参与各方在信息共享方面的内在优势。

### 1.1.4  BIM 的重要性

BIM 作为一项颠覆设计、施工管理的新技术，彻底改变了相关人员的工作或管理方式。BIM 不仅代表了技术进步，还带来了许多实实在在的好处，并且随着它的进一步发展将会带给我们更多的利益。无论从现阶段 BIM 的技术工具出发，还是基于未来的协同管理模式创新来看，BIM 应用推广的趋势已不可阻挡。下面列举的就是 BIM 应用过程中表现出来的或者是潜在的优点。

（1）BIM 允许项目利益相关者都参与到建造这一过程（包括客户端）中，并通过一个虚拟的 3D 模型以可视化的方式对最终要建造的成果形成一个清楚的认识。

（2）BIM 为参与项目的所有利益相关者提供了一个非常有用的工具。

（3）BIM 可以通过设计和空间规划优化建筑物的空间使用。

（4）BIM 允许建筑布局的变换和属性的重塑，并实现不同施工技术的选择一体化。

（5）BIM 允许在虚拟基础上进行施工活动练习。

（6）BIM 可以全面协调各专业的设计，并有助于防止这些设计之间的冲突。

（7）BIM 可以在施工之前识别碰撞和冲突问题（例如识别管道系统进入结构构件）。

（8）BIM 可以为各专业设计师的协同工作提供环境和平台。

（9）BIM 可以通过 3D 模型的信息直接创建施工图纸，从而避免在复杂建筑施工过程中施工图纸出错。

（10）BIM 可以有效减少现场施工错误和施工变更，从而降低项目建造成本。

（11）BIM 可以在设计阶段早期对建筑全寿命周期资源利用进行可靠性评估，从而改善建筑设施的碳排放。

（12）BIM 可以提高项目负责人对施工现场材料使用情况预测的准确性和合理性。例如，在场外生产更多的预制构件，从而提高施工质量、降低建造成本。

（13）BIM 可以协助项目管理者做更多的"模拟"场景，比如看不同的施工流程、现场物流、吊装方案等，提高施工的安全性。

（14）BIM 实现方案可视化，使施工方更容易理解各种工序之间的相互依赖关系。

（15）BIM 可以准确、快速地生成所需数据文件。如材料的数量、规格、单价、质量等级、进出场信息等。

（16）BIM 的全寿命周期信息管理使得建筑施工完成后的竣工交付更高效。

（17）BIM 协助解决、维护设施管理和寿命周期的替代问题。

（18）BIM 可以用于测试建筑维护的优化、改造和能源效率，并监控建筑全寿命周期费用。

除此之外，BIM 还有一个巨大的优点就是便捷高效，任何建造任务都可以在建设工作开始之前在一个虚拟环境中完成测试和试应用。

随着 BIM 技术的发展，与 BIM 技术相平行的新技术将会越来越多。例如，虚拟漫游技术，当使用该技术时，用户可以通过参观已建好的建筑物模型，穿过楼层进入房间，找到他们感兴趣的工作系统或元件，然后用计算机模型检查嵌入式结构的性能。用户几乎不会知道也不需要知道这是如何做到的，只需要知道该技术可供使用。因此，从这个角度来说，BIM 应该更多地被视为一个进行信息建模和在团队环境中进行信息管理的过程或工具，而不是一种需要学习或获得的技术，因为有许多软件和硬件供应商会处理技术的具体细节，而保证让从事工业与民用建筑工程施工的人在日常工作中会使用 BIM 技术即可。

3D 模拟、数字仿真、对设计的各个阶段的演练和操作过程以及嵌入 BIM 模型的信息等，这些都可以促进项目决策的有效性，使得项目取得更好更清晰的业务成果，改善沟通，减少风险。

BIM 是一个不断发展的概念，通过其应用的增加，BIM 的潜在优势将会逐渐凸显。BIM 的最终目的是提高效率，实现更精益建筑和更绿色建筑，努力降低施工过程中的成本，从而降低一个建设项目寿命周期费用，它的目的是使综合协同施工成为可能。

### 1.1.5 BIM 的发展历程及现状

1. BIM 的发展历程

BIM 的发展历程可以简单划分为以下几个阶段：

第一阶段，CAD 的出现。BIM 的发展历程首先要从计算机辅助设计 CAD 的发展说起，计算机辅助设计 CAD 出现于 20 世纪 50 年代和 60 年代，当时只有那些可以买得起大型电脑的大生产商才有能力使用。为此，在做 CAD 的商业宣传时，开发商着重突出 CAD 区别于传统手工作图的优点，即节省图纸和时间，以此吸引生产商。但是，在现实生活中，特别是在早期，CAD 很少被使用。与许多其他新的发展相比，它被认为是一个新的难以实现的潮流，因为当时传统的手工画图和计算的方法仍然盛行。然而，随着时间的推移，被标准化了的 CAD 软件开发成本不断降低，得到越来越广泛的使用。CAD 的出现是一次"甩图板"的革命，使得产品设计信息从绘图板直接进入计算机，产品可以直接从计算机制造而不需要经过任何进一步的试生产阶段。但这一阶段的 CAD 仍然处于二维图纸阶段。

第二阶段，从二维到三维。CAD 发展的下一阶段就是从二维图纸到三维模型。这一过渡阶段面临的主要挑战是如何用数学语言将复杂的设计对象表示出来，并被计算机识别从而完成三维模型建造。在建模的具体实践中这是很复杂的。早在计算机和先进的计算软件出现之前，除了手算没有其他办法进行数学模型计算。在 20 世纪 40 年代，飞机设计师就是通过手算根据船体建造技术进行飞机模型的数学计算来制造飞机的，在这个过程中，设计师首先使用被称为"样条"的薄木条进行飞机模型建造，然后将飞机模型的设计与固定点绘制在一定比例的图纸上，供施工人员制造飞机。虽然这听起来有点像"Heath Robinson"（复杂而不实用），但这真的是早期从 2D 过渡到 3D 的一个样条曲线放样过程。并且在日常的建模中，除了最常见的直线和圆锥曲线外，很多设计对象表面实际上都是非常复杂的数学表达式，在绘制曲线时，软件需要建立曲线整个的数学方程，然而对于当时的软件技术而言，这是非常困难的。

第三阶段，CAD 的进一步发展和推广。20 世纪 60 年代和 70 年代初 CAD 得到进一步发展，在这之前 CAD 很少被使用，因为使用 CAD 的成本相对于项目总成本比较高。然而在 20 世纪 70 年代末，随着计算机技术的进步，软件的使用成本不断降低、适用性不断提高，使得 CAD 普及的速度快速增长。这些发展，特别是在曲面和实体造型方面，为加强计算机辅助设计与建造提供了可能性。

在 20 世纪 80 年代，随着个人电脑的出现和普及，CAD 的推广速度持续增加。CAD 的大量使用极大地促进了研究者对建筑物组成部分的分析，并将其发展成单个产品和组件的图书馆数据库。Uniclass 是由建设项目信息发展委员会制定提出，并于 1997 年首次出版的，基于 ISO 建筑行业信息标准化的国际组织的分类。Uniclass 是英国建筑行业的一个新的分类方案，它是包含不同建造材料和产品的属性以及其他相关项目信息的图书馆数据库。

第四阶段，BIM 的雏形。大约在 20 世纪 90 年代初，出现了提供定位、几何尺寸、材料成分和建筑系统等建筑物信息的集成图形分析和仿真分析的软件。此后不久，基于约束的交互式建模引擎软件也被开发出来。这个软件的出现意味着模型交互时代的到来，即同一个元素的相关模型会保持同步变化，也就是说一个模型的改变会引起其他相关模型的改变。此外，在 20 世纪 80 年代末开发的软件，已经能够实现将施工过程根据时间分段并用三维虚拟模型展示。

第五阶段，BIM 的进一步发展。到 21 世纪初，所有这些软件的发展汇集在一起，这是世界建模软件的一个重大进步。这些先进的软件创建了利用 3D 模型结合子模型的互动虚拟平台，这个平台在某些情况下，允许添加时间属性，从而形成基于三维模型的四维模型。此后，建模软件有了进一步的发展，这也推动了 BIM 的成长。例如，加入成本估算的 5D 以及包含能源分析的 6D 等，已经被开发出来或正在开发中的多维 BIM 模型。

在考虑 BIM 的未来时必须谨记 CAD 的成长史，即当 CAD 被首次引入时，人们把它视为是只有大生产商才有能力使用并且是一种难以普及的工具。然而，现在 CAD 被用来作为整个建筑工程行业的一个基础工具，除了非常小的项目以外，很少用手工绘图进行工程项目建设。基于近年来类似技术的发展史，显然 BIM 成为建筑工程行业标准平台和工具的时代也不会太久。

2. BIM 的发展现状和水平

中国 2005 年开始接触到 BIM 这个概念，但最早的说法是 BLM，Building Lifecycle Management，建筑全寿命周期管理。从 2013 年、2014 年开始，BIM 在中国进入了快速发展的时期，特别是 2015 年很多省市陆续发布了自己的 BIM 指南及一些相关文件，促进 BIM 的发展。最关键的是 2015 年 6 月 16 日，住房城乡建设部发布了一个推进 BIM 的指导意见，其中有两条规定：①到 2020 年末，就企业而言，甲级的勘察设计院和特级一级的房屋建筑施工企业必须具备 BIM 的集成应用能力；②就项目而言，90％的政府投资项目要使用 BIM。这个指导意见对于 BIM 的发展具有相当大的支持力度，等同于将 BIM 从一个推荐性技术变成一个强制性标准。

关于 BIM 在中国的总体发展现状，用一个词来形容就是"方兴未艾"。如果用人的成长阶段比喻，则是儿童向少年转型的阶段。这个阶段从懵懂到能够做一些事情，一个人在少年时期能够真正做成和落实的事还不是很多，但是可以看到他未来的潜力。BIM 目前在中国整体的发展情况就处于这样一个阶段。处于这个阶段有一些原因，首先从技术层面而言，BIM 技术本身还没有完全成熟，周边的技术例如 BIM 后期的显示技术、虚拟现实等应用于工地的技术还不是很成熟；其次是管理层面，中国的管理和发达国家的差距还是很大的，发达国家建筑业本身的管理就比较精细，它向 BIM 迈进比我国要简单得多。中国面对的首先是将管理本身规范化，然后才是 BIM 的管理，所以有两步要走，这与发达国家还是有一定差距的。

BIM 的发展水平高低可以用成熟度[2]来表示，在英国建筑业中成熟度主要取决于 BIM 广泛的实践经验和知识体系的完整性。2012～2017 年间，英国 BIM 工作组根据政府建设战略计划（2011～2015 年），解释和定义了 BIM 及 BIM 成熟度水平，并不断完善和更新 Bew-Richards 成熟度模型，也称 BIM 标准路线图，具体如图 1-2 所示。

具体关于 BIM 成熟度的解释如表 1-1 所示。

**BIM 成熟度水平解释** 表 1-1

| BIM 成熟度水平 | 定义 |
| --- | --- |
| Level 0 | 无 2D 格式的 CAD 管理，数据通过纸张或者是电子文档形式交换 |
| Level 1 | 使用 2D 或 3D 格式管理 CAD，数据通过有标准数据结构和形式的交互式工具交换，例如基于常见数据环境（CDE）的网站。但没有整合商业数据、财务和成本管理数据包 |
| Level 2 | 由企业资源计划软件管理的商业数据，并通过专有程序或定制软件集成到 BIM 中。如 4D 施工进度和 5D 成本估算 |
| Level 3 | 完全信息集成的协作过程，项目团队在 Web 上共享符合行业基础类开放数据标准的 BIM 模型。即使用 4D 施工进度、5D 成本估算和 6D 能源分析的项目全寿命周期信息集成化管理 |

图 1-2 的斜坡模型表明业内的 BIM 成熟度发生系统转变。在 0 级水平，项目或资产的交付与运营依赖于以书面资料为主的二维（2D）信息，导致效率低下。1 级水平是一个过渡阶段，以书面资料为主的向二维和三维环境过渡，转型焦点集中在协作与信息共享。

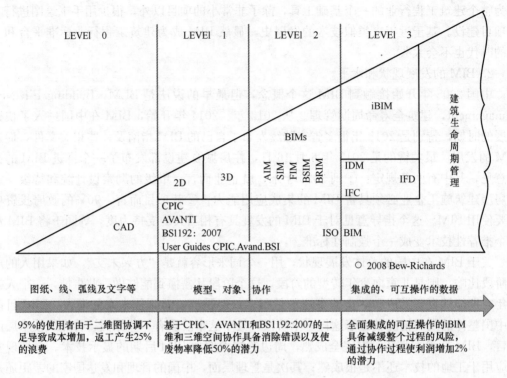

图 1-2　BIM 成熟度模型

在 2 级水平，信息生成、交换、公布及存档使用的是常见方法。随着 2 级斜坡，模型中开始包括增加的信息和数据。然而，这是以专业为中心的专有模型，这个等级有时被称为"pBIM"。在常见数据环境（CDE）的基础上开始采用模型整合。3 级水平实现了完全整合的"iBIM"，其标志是所有的小组成员都可以利用单一的模型。实现 3 级水平被视为一个无限度的成熟度，为进一步改善 BIM 和信息技术留出了空间。

## 1.2　BIM 的标准体系及收费标准

　　BIM 技术的核心理念是，面向建筑全寿命周期，通过利用基于 3D 几何模型的建筑数据模型，增强应用软件的功能，促进信息共享，达到提高工作效率、提高工作质量的目的。建筑数据模型中的信息随着建筑全寿命周期各阶段的展开，逐步被积累。按照 BIM 技术的理念，这些信息一旦被积累，就可以被后来的技术或管理人员所共享，为了便于这些信息的共享，需要将这些信息集成为一个有机的整体，以保证信息的完整性和一致性。

　　考虑到这些信息横跨建筑全寿命周期各个阶段，由大量的技术或管理人员使用不同的软件产生并共享，为了更好地进行信息共享，有必要制定和应用与 BIM 技术有关的标准，用于规定什么人在什么阶段产生什么信息、信息应该采用什么格式、信息如何分类等。

### 1.2.1　国外 BIM 标准介绍

　　目前，国际上 BIM 标准主要划分为两类：一类是适用于所有国家地区建设领域的 BIM 标准，这类标准是由国际 ISO 组织认证的国际标准，具有一定的普适性；另一类是各个国家根据本国国情、经济发展情况、建设领域发展情况、BIM 具体实施情况等制定的国家标准，具有一定的针对性。

1. 国际标准

由 ISO 组织认证的国际标准主要分为三类：IFC（Industry Foundation Class，工业基础类）、IDM（Information Delivery Manual，信息交付手册）、IFD（International Framework for Dictionaries，国际字典框架），它们是实现 BIM 价值的三大支撑技术。

（1）IFC 标准

IFC，建筑业国际工业标准。IFC 标准最初于 1997 年由国际协同工作联盟（International Alliance of Interoperability，IAI，现已更名为 buildingSMART International，即 bSI）发布，为建筑行业提供一个中性、开放的数据交换标准。其第一版 IFC1.0 内容非常有限，主要描述建筑模型部分（包括建筑、暖通空调等）；1999 年发布的 IFC2.0，支持对建筑维护、成本估算和施工进度等信息的描述；2003 年发布的 IFC2×2 则在结构分析、设施管理等方面做了扩展；2006 年的 IFC2×3 版本在 IFC2×2 版本基础上做了进一步深化。2012 年，buildingSMART 发布了 IFC4 版本，在构建、属性、过程、定义等方面做了拓展，简化了成本信息定义，并重构了施工资源信息描述，结构分析等其他部分也有大量调整。经过十几年的不断发展和完善，IFC 已成为了国际标准及目前国际建筑业数据交换的实施标准。

随着 IFC 标准的不断完善与普及，越来越多的软件产品开始支持 IFC 标准，为规范软件对 IFC 标准的支持，bSI 推出了细致严格的软件认证机制。目前，包括 Autodesk Revit 系列、Tekla Structure、Archi CAD 等共 14 项商业软件获得了其认证资格，除此之外，尚有 24 项免费或开源工具宣称支持 IFC 标准，并具有 IFC 模型的浏览、转换等功能。IFC 标准的不断发展与完善，以及 BIM 商业软件的日趋成熟，将为基于 BIM 进行绿色建筑全寿命周期管理提供强大的建模工具并形成广泛的数据来源。

（2）IDM 标准

buildingSMART 于 2006 年提出信息交付手册（Information Delivery Manual，IDM）用于指导 BIM 数据的交换过程。IDM 通过捕获建筑全寿命周期某个特定任务的业务流程，识别相应的信息交互需求，通过基于数据建模语言对交互需求进行建模，为不同参与方就特定业务流程所需信息达成的协议奠定基础，从而支撑该业务流程各参与方之间准确、高效的信息交互与共享。IFC 标准支持建筑全寿命周期的数据描述与共享，而 IDM 的信息交互需求则是面向特定的业务流程，其包含的信息是 IFC 模型的一个子集。

IDM 的技术架构主要包括参考流程、流程图、信息交互需求、功能子块、概念约束和业务规则六个部分，可分别对各参与方的行为、所需交互的信息、交互需求的子单元以及应满足的业务逻辑约束等进行描述。

（3）IFD 标准

buildingSMART 发布了国际字典框架（International Framework for Dictionaries，IFD）白皮书，建立 IFC 标准所缺乏的建筑行业术语体系，辅助 BIM 信息的交互与共享。IFD 通过将不同语种描述的同一概念与其标识码关联，避免了计算机识别字符串所带来的不稳定性和歧义性，而呈现给人们的仍然是对应于相应概念的字符串。基于 IFD 建立的不同语种概念与 IFC 类型之间的映射关系，可保证不同语种、不同词汇表述的内容映射到同一概念，使更加准确、有效的信息交互与共享成为可能。IFD 库又可以看作是对建筑领域信息的本体描述，可以以语义网等形式通过网络与不同用户之间进行共享，极大地方便了其信息的获取及使用。

（4）三者之间的关系

IFC、IFD、IDM 三者在建筑信息模型中的关系和作用体现在以下三个方面：IFC 为软件与软件，或者说机器与机器之间的信息互用指定了规范；IDM 建立了人与人，或者说是项目参与者之间的交流合作机制；而 IFD 就是将用户层面的合作与机器层面的信息互用连接起来的桥梁。其相互关系体现在以下三个层面：

1）人员协作。基于 IDM，各个业务流程的参与者基于信息交互需求进行信息的交互和共享，信息交互需求对应的交互需求模型与模型视图分别面向用户和软件开发者，信息交互需求由一系列的功能子块构成。

2）人机交互。基于 IFD，功能子块中的信息通过 IFD 中的概念单元建立了与模型视图和 IFC 数据之间的关联关系。

3）信息互用。IFC 建立了一套机器可理解的数据标准，为软件与软件之间的信息交互奠定了基础。

近年来，随着 BIM 技术的不断发展，ISO 陆续发布了一些 BIM 相关标准。目前，ISO 已经发布的 BIM 相关标准文件见表 1-2，目前还处于修订状态的 BIM 相关标准文件见表 1-3。

**ISO 已发布的 BIM 相关标准**　　　　表 1-2

| 标准 | 名　称 | 时间 |
| --- | --- | --- |
| ISO 22263:2008 | 有关建筑工程信息组织-工程信息管理框架 | 2008 |
| ISO 10303-239:2012 | 工业自动化系统和集成-产品数据表示和交换-第 239 部分：应用协议：产品生命周期保证 | 2012 |
| ISO 16739:2013 | 工程建设和设施管理业中数据共享基础类别 | 2013 |
| ISO 16354:2013 | 知识文库和对象文库导则 | 2013 |
| ISO 15686-4:2014 | 建筑施工-使用寿命设计-第 4 部分：用于使用寿命设计的建筑信息模型 | 2014 |
| ISO 12006-2:2015 | 建筑工程-建设工程信息结构-第 2 部分：信息分类框架 | 2015 |
| ISO 16757-1:2015 | 建筑电子设备产品目录的数据结构-第 1 部分：概念、结构和模型 | 2015 |
| ISO 12006-3:2016 | 建筑工程-建设工程信息结构-第 3 部分：面向对象的信息框架 | 2016 |
| ISO 29481-1:2016 | 建筑物信息模型-信息传送手册-第 1 部分：方法和格式 | 2016 |
| ISO 29481-2:2016 | 建筑物信息模型-信息传送手册-第 2 部分：交互框架/互操作框架 | 2016 |

**ISO 正在开发的 BIM 相关标准**　　　　表 1-3

| 标准 | 名　称 |
| --- | --- |
| ISO/NP TR23262 | GIS 与 BIM 互操作性 |
| ISO/AWI19166 | 将 BIM 与 GIS 结合的地理信息系统开发（B2GM） |

2. 国家标准

（1）美国

BIM 技术最早源自美国，美国在 BIM 相关标准的制定方面具有一定的先进性和成熟性。早在 2004 年美国就开始以 IFC 标准为基础编制国家 BIM 标准,2007 年发布了美国国家 BIM 标准第一版的第 1 部分——NBIMS(National Building Information Model Standard)Version1 Part1。这是美国第一个完整的具有指导性和规范性的标准。2012 年 5 月,美国国家 BIM 标准第二版(National Building Information Modeling Standard-United States)Version2 正式公布,对第一版中的 BIM 参考标准、信息交互标准与指南和应用进行了大量补充和修订。此后又发布了 NBIMS 标准第三版,在第二版基础上增加了模块内容并引入了二维 CAD 美国国家标准,且在内容上进行了扩展,包括信息交互、参考标准、标准实践部分的案例和词汇表/术语表。第三版有一个创新之处,即美国国家 BIM 标准项目委员会增加了一个介绍性的陈述和导视部分,提高了标准的可达性和可读性。

(2)英国

英国政府在较早时候就对 BIM 技术的使用进行强制推行,这也使得英国 BIM 标准发展较为迅速。英国在 2009 年正式发布了 AEC(UK)BIM Standard 系列标准,系列标准主要由五部分组成,包括:项目执行标准、协同工作标准、模型标准、二维出图标准、参考。此系列的 BIM 标准存在一定不足,它们面向的对象仅是设计企业,而不包括业主方和施工方。但是,它是一部 BIM 通用标准,并且与 AEC(UK)CAD Standard 有良好的联系性,为建筑行业从 CAD 模式向 BIM 模式转变提供了方便与依据。之后,又分别于 2011 年 6 月和 9 月发布了基于 Revit 和 Bentley 平台的 BIM 标准。目前,英国建筑业 BIM 标准委员会 AEC 也在致力于适用于其他软件 BIM 标准的编制,如 Archi ACD、Vectorworks 等。

(3)新加坡

新加坡是另一个由政府强行推行 BIM 应用的国家,2011 年新加坡建设局(BCA)发布了 BIM 发展路线图,提出在 2015 年前建筑业广泛使用 BIM 技术的目标。新加坡 BIM 指南的编制参考了大量其他国家、地区、行业和软件公司的 BIM 标准,该指南是制定项目 BIM 实施计划的参考指南,包括 BIM 说明书和 BIM 建模及协作流程两部分。指南中把一个工程项目划分为概念设计、初步设计、深化设计、施工、竣工、设施管理六个阶段,在 BIM 说明书部分明确了各个阶段的 BIM 应用和可交付成果,对交付成果中的各专业构件进行了定义;在 BIM 建模及协作流程部分,与英国 BIM 标准相似,工作流程被划分为四个步骤:单专业建模、多专业模型协调、生产模型与文件、归档。指南中详细介绍了不同阶段不同专业的构件建模方法和建模深度,提出了对模型的质量控制要求。

(4)澳大利亚

2012 年澳大利亚政府通过发布国家 BIM 行动方案(National BIM Initiative)报告制定多项 BIM 应用目标。这份报告由澳大利亚 buildingSMART 协会主导并由建筑环境创新委员会(Built Environment Innovation Council,BEIC)授权发布。此方案主要提出如下观点:2016 年 7 月 1 日起,所有的政府采购项目强制性使用全三维协同 BIM 技术;鼓励澳大利亚各州及地区采用全三维协同 Open BIM 技术;实施国家 BIM 行动方案。澳大利亚本地建筑业协会同样积极参与 BIM 推广。例如,机电承包协会(Air Conditioning & Mechanical Contractor' Association,AMCA)发布 BIM-MEP 行动方案,促进推广澳大利亚建筑设备领域应用 BIM 与整合式项目交付技术。

（5）日本

2010 年，日本国土交通省声明对政府新建与改造项目的 BIM 试点计划，为此日本政府首次公布采用 BIM 技术。2012 年 7 月，由日本建筑学会（Japanese Institute of Architects，JIA）正式发布了 *JIA BIM Guideline*，涵盖了技术标准、业务标准、管理标准三个模块。该标准对企业的组织机构、人员配置、BIM 技术应用、模型规则、交付标准、质量控制等作了详细指导。

（6）韩国

韩国对 BIM 技术标准的制定工作十分重视，有多家政府机关致力于 BIM 应用标准的制定，如韩国国土海洋部、韩国公共采购服务中心、韩国教育科学技术部等。韩国对于 BIM 标准的制定以建筑领域和土木领域为主。韩国于 2010 年发布 *Architectural BIM Guideline of Korea*，用来指导业主、施工方、设计师对于 BIM 技术的具体实施。该标准主要分为四个部分：业务指南、技术指南、管理指南和应用指南。

### 1.2.2　国内 BIM 标准介绍

1. 国家标准

我国在 BIM 技术方面的研究始于 2005 年左右，于此前后对 IFC 标准开始有了一定研究。"十一五"期间出台了《建筑业信息化关键技术研究与应用》，将重大科技项目中 BIM 的应用作为研究重点。2007 年，中国建筑标准设计研究院参与编制了《建筑对象数字化定义》JG/T 198—2007。2009～2010 年，清华大学、Autodesk 公司、国家住宅工程中心等联合开展了"中国 BIM 标准框架研究"工作，同时也参与了欧盟的合作项目。2010 年，参考 NBIMS 提出了中国建筑信息模型标准框架（China Building Information Model Standard，CBIMS），该模型分为三大部分，具体结构框架如图 1-3 所示。

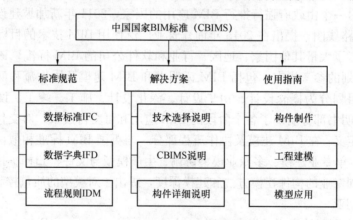

图 1-3　中国国家 BIM 标准结构体系

2011 年，住房城乡建设部发布《2011—2015 年建筑业信息化发展纲要》，声明在"十二五"期间，基本实现建筑企业信息系统的普及应用，加快建筑信息模型、基于网络的协同工作等技术在工程中的应用，推动信息化标准建设，促进具有自主知识产权软件的产业化，形成一批信息技术应用达到国际先进水平的建筑企业。这一年被业界普遍认为是中国的 BIM 元年。

2016 年，住房城乡建设部发布《2016—2020 年建筑业信息化发展纲要》，声明全面提高建筑业信息化水平，着力增强 BIM、大数据、智能化、移动通信、云计算、物联网等信息技术集成应用能力，建筑业数字化、网络化、智能化取得突破性进展，初步建成一体化行业监督和服务平台，数据资源利用水平和信息服务能力明显提升，形成一批具有较强信息技术创新能力和信息化应用达到国际先进水平的建筑企业及具有关键自主知识产权的建筑业信息技术企业。

至今，我国各界对 BIM 技术的推广力度越来越大，部分重要相关政策和标准见表 1-4。

中国国家 BIM 相关政策和标准　　　　　　　　　　表 1-4

| 时间 | 名　称 | 颁发部门 | 内容要点 |
|---|---|---|---|
| 2011 | 《2011—2015 年建筑业信息化发展纲要》 | 住房城乡建设部 | 强调普及应用建设领域信息系统，推广 BIM 技术应用，推动信息化标准建设 |
| 2012 | 《关于印发 2012 年工程建设标准规范制订修订计划的通知》 | 住房城乡建设部 | 《建筑工程信息模型应用统一标准》《建筑工程信息模型存储标准》《建筑工程设计信息模型交付标准》《建筑工程设计信息模型分类和编码标准》 |
| 2016 | 《2016—2020 年建筑业信息化发展纲要》 | 住房城乡建设部 | 加快信息化标准的编制，着重提出要加快 BIM 技术应用标准工作的进展 |
| 2016 | 《建筑信息模型应用统一标准》GB/T 51212—2016 | 住房城乡建设部 | 是我国第一部建筑信息模型应用的工程建设标准，提出了建筑信息模型的基本要求，是建筑信息模型应用的基本标准 |
| 2017 | 《建筑信息模型施工应用标准》GB/T 51235—2017 | 住房城乡建设部 | 从深化设计、施工模拟、预制加工、进度管理、预算与成本管理、质量与安全管理、施工监理、竣工验收等方面提出了建筑信息模型的创建、使用和管理要求 |

## 2. 各省市 BIM 标准

在住房城乡建设部政策引导下，我国各省市地区也在加快推进 BIM 技术在本地区的发展与应用。北京、上海、广东、福建、湖南、山东、广西壮族自治区等省市地区陆续出台相关 BIM 技术标准和应用指导意见，从中央到地方全力推广 BIM 在我国的发展，见表 1-5。上述国家及地方标准将共同为我国 BIM 技术的推广应用搭建一个规范化的平台。

部分省市 BIM 标准　　　　　　　　　　表 1-5

| 省市 | 颁发部门 | 时间 | 名　称 | 内容要点 |
|---|---|---|---|---|
| 北京市 | 北京市质量技术监督局与北京市规划委员会 | 2014 | 《民用建筑信息模型设计标准》 | 针对民用建筑的第一部地方性标准。明确 BIM 的资源要求、模型深度要求、交付要求是在 BIM 的实施过程规范民用建筑 BIM 设计的基本内容 |
| 上海市 | 上海市住房和城乡建设管理委员会 | 2017 | 《上海市建筑信息模型技术应用指南》（2017 版） | 指导项目全生命周期 BIM 应用以及企业 BIM 技术应用标准的制定 |
| | | 2016 | 《关于本市保障性住房项目实施 BIM 应用以及 BIM 服务定价的最新通知》 | 明确规定了 BIM 技术应用费用核算标准，按照建筑全生命周期划分阶段方式进行费用核算 |

| 省市 | 颁发部门 | 时间 | 名　称 | 内容要点 |
|---|---|---|---|---|
| 广东省 | 广东省住房和城乡建设厅 | 2014 | 《关于开展建筑信息模型 BIM 技术推广应用工作的通知》 | 明确了未来五年广东省 BIM 技术应用目标 |
| | | 2015 | 《2015 年度城市轨道交通领域 BIM 技术标准制订计划的通知》 | 明确了轨道交通领域 BIM 技术应用的标准制定，并责成厅科技信息处负责此事 |
| 深圳市 | 深圳市人民政府办公厅 | 2014 | 《深圳市建设工程质量提升行动方案（2014—2018 年）》 | 搭建 BIM 技术信息平台，制定 BIM 工程设计文件交付标准、收费标准和 BIM 工程设计项目招投标实施办法 |
| | 深圳市建筑工务署 | 2015 | 《深圳市建筑工务署政府公共工程 BIM 应用实施纲要》及《深圳市建筑工务署 BIM 实施管理标准》 | 全国首个政府公共工程 BIM 实施纲要和标准。明确规定了 BIM 组织实施的管理模式、管理流程，各参与方协同方式以及各自职责要求、成果交付标准等要求，为建筑施工企业提供 BIM 项目实施标准框架与实施标准流程 |
| 天津市 | 天津市城乡建设委员会 | 2016 | 《天津市民用建筑信息模型（BIM）设计技术导则》（津建科〔2016〕290 号） | 明确规定了天津市 BIM 技术应用规范，还充分考虑了国家及天津市 BIM 行业的实际情况，建立 BIM 设计基础制度 |
| 重庆市 | 重庆市城乡建设委员会 | 2016 | 《关于加快推进建筑信息模型（BIM）技术应用的意见》（渝建发〔2016〕28 号） | 通知明确了推广 BIM 技术，将显著提高建筑产业信息化水平，促进绿色建筑发展，推进智慧城市建设，实现建筑业转型升级。具体指出指导思想、发展目标、重点工作以及保证措施 |
| 济南市 | 济南市城乡建设委员会 | 2016 | 《关于加快推进建筑信息模型（BIM）技术应用的意见》 | 通知明确了普及和深化 BIM 技术在建设领域全周期的应用，促进建筑业向绿色化、信息化和工业化转型升级，提高核心竞争力。具体指出基本原则、主要目标、工作重点以及保证措施 |

### 1.2.3　BIM 收费标准

**1. 各地收费标准规定汇总**

截至目前，已有多个省市发布了 BIM 收费的相关政策，用于指导该地区 BIM 收费，此外，中国勘察设计协会通过对建筑设计服务成本要素信息统计分析情况的通报，为建筑设计服务成本核定提供了新的依据，详见表 1-6。

部分 BIM 收费标准规定　　　　　　　　　　　　　　表 1-6

| 单位 | 文件 | 发布时间 |
|---|---|---|
| 上海市住房和城乡建设管理委员会 | 《关于本市保障性住房项目实施 BIM 应用以及 BIM 服务定价的最新通知》 | 2016 年 4 月 |

| 单位 | 文件 | 发布时间 |
|---|---|---|
| 中国勘察设计协会 | 《关于建筑设计服务成本要素信息统计分析情况的通报》 | 2016 年 12 月 |
| 广东省住房和城乡建设厅 | 《广东省建筑信息模型（BIM）技术应用费的指导标准》（征求意见稿） | 2017 年 8 月 |
| 浙江省住房和城乡建设厅 | 《浙江省建筑信息模型（BIM）技术推广应用费用计价参考依据》 | 2017 年 9 月 |

### 2. BIM 收费标准

截至目前，已有多个省份对 BIM 收费标准进行了规定，其中广东省的最为详尽。2017 年 8 月，广东省住房和城乡建设厅发布了《广东省建筑信息模型（BIM）技术应用费的指导标准》（征求意见稿）。这份文件根据 BIM 应用程度、应用的不同阶段及项目类型进行了不同系数的制定，计算方法更加复杂，但是收费更加合理。

下面即以广东省为例，介绍 BIM 收费标准的计算方法：

广东省 BIM 收费标准公式为：

BIM 应用费用＝费用基价×A（应用阶段调整系数）×B（应用专业调整系数）

×C（工程复杂程度调整系数）

（1）费用基价

费用基价是基于 BIM 在项目建设全阶段、全专业应用的标准，广东省 BIM 应用收费标准费用基价见表 1-7。

广东省 BIM 应用收费标准费用基价     表 1-7

| 序号 | 应用阶段 | 计费基数 | 单价或费率 | 备 注 |
|---|---|---|---|---|
| 1 | 建筑工程 | 建筑面积 | 30 元/m² | 全专业是指建筑、结构、装修、给水排水、电气、消防、通风、空调、弱电 |
| 2 | 装配式建筑工程 | 建筑面积 | 20 元/m² | |
| 3 | 园林景观工程 | 建安造价 | 0.6% | 全专业是指景观、绿化、景观照明、景观给水排水、景观智能化 |
| 4 | 城市道路工程 | 建安造价 | 0.3% | 全专业是指路基、路面、桥涵、隧道、机电安装、给水排水以及交通安全设施 |
| 5 | 城市轨道工程 | 建安造价 | 0.25% | 全专业是指土建、轨道、电气、给水排水、消防、通风、空调、通信、信号以及弱电 |
| 6 | 综合管廊工程 | 建安造价 | 0.25% | 全专业是指管仓的土建、电气、给水排水、通风、消防、弱电以及管仓收容管线设施 |

注：部分专业采用 BIM 技术时，基价以所应用专业的造价作为计费基数。

（2）应用阶段调整系数 $A$（表 1-8）

**广东省 BIM 应用收费标准应用阶段调整系数 $A$**　　　　表 1-8

| 序号 | 应用阶段 | 单阶段应用调整系数 |
|------|----------|--------------------|
| 1 | 设计阶段 | 0.3 |
| 2 | 深化设计阶段 | 0.2 |
| 3 | 施工过程管理 | 0.4 |
| 4 | 运营维护 | 0.5 |

注：1. 全阶段应用时，调整系数 $A$ 取值为 1；

　　2. 非全阶段整体运用，仅为单阶段应用时，按表中系数进行调整；

　　3. 当连续的两阶段应用时，按两个阶段的独立应用调整系数之和的 90% 计算；

　　4. 当连续的三阶段应用时，按三个阶段的独立应用调整系数之和的 80% 计算。

（3）应用专业调整系数 $B$（表 1-9）

**广东省 BIM 应用收费标准应用专业调整系数 $B$**　　　　表 1-9

| 序号 | 应用专业 | 应用专业调整系数 | 备注 |
|------|----------|------------------|------|
| 一 | 建筑工程、装配式建筑工程 | | |
| 1 | 单独土建工程 | 0.2 | |
| 2 | 单独精装修工程 | 0.5 | 基价以精装修面积作为计算基数 |
| 3 | 单独机电工程 | 0.5 | 如是精装修的单独机电工程，则基价以精装修面积作为计算基数 |
| 二 | 园林景观工程 | | |
| 1 | 单独景观工程 | 0.8 | |
| 2 | 单独机电工程 | 1.2～1.5 | |
| 三 | 城市道路工程 | | |
| 1 | 单独路基工程 | 0.5 | |
| 2 | 单独桥梁工程 | 1.2～1.5 | |
| 3 | 单独隧道工程 | 1.0～1.2 | |
| 4 | 单独机电安装工程 | 1.5～2.0 | |
| 5 | 单独交通设施工程 | 1.0～1.2 | |
| 四 | 城市轨道工程 | | |
| 1 | 单独区间土建工程 | 0.3 | |
| 2 | 单独地铁站土建工程 | 1.5～2.0 | |
| 3 | 单独轨道工程 | 0.4 | |
| 4 | 单独机电安装工程 | 2.0～3.0 | |
| 五 | 综合管廊工程 | | |
| 1 | 单独土建工程 | 0.3 | |
| 2 | 单独机电安装工程 | 1.5～2.0 | |

注：1. 全专业应用时，调整系数 $B$ 取值为 1；

　　2. 非全专业整体运用，仅为部分专业应用时，按表中系数进行调整。

（4）工程复杂程度调整系数 C

可参照设计收费标准约定的工程复杂程度进行调整，调整系数取值范围为 0.8～1.2。

## 1.3 国内外 BIM 的研究热点

### 1.3.1 协同环境和互操作性

协同环境和互操作性是过去四年内 BIM 领域中研究最多的，具体主要包括四个方面。第一，互操作性和 IFC，这是这部分最主要的内容，许多研究都关注于怎么检验 BIM 工具的互操作性，并发现 IFC 是进行互操作性信息交互的基础。第二，BIM 语义和本体论，这是协同环境和互操作性中的主要内容之一，虽然这个观点目前为止还没有人提出，但已有研究开始关注于解决语义互操作问题，以便改善不同系统之间的信息交互。第三，协同环境，没有协同环境就没有 BIM，关于这一点主要关注于 BIM 的协同环境和团队协同环境带来的效益。第四，知识和信息管理，包括三个方面，即信息交互的程序、信息交互的质量保证体系和知识的共享。

1. 互操作性和 IFC

互操作性和 IFC 是这部分最主要的内容，许多研究关注于怎么检验针对不同用途的 BIM 工具的互操作性，一个很重要的发现就是 IFC 是进行互操作性信息交互的基础。例如，Sacks[3] 等人分析了建筑预制立面领域设计和施工中的工作流程，进而推进了该领域信息传递手册草案的发展。这些作者发现 IFC2×3 模式缺少与预制混凝土数据交互相关的实体和属性集信息，呼吁未来 IFC 的工作应该加上这部分内容。试验还指出缺少数据交换语义内涵的转换是当前主要的困难，因为许多设备都无法读取实体包含的信息。除此之外，Venugopal[4] 等人研究了将模型视图作为一种面向对象的机制，通过在模型中添加语义，发现 IFC 具有缺乏逻辑数学理论和表达范围有限的局限性。Steel[5] 等人对基于 IFC 的不同 BIM 工具之间的互操作性进行了研究，结果表明随着 BIM 在更多领域的应用，BIM 工具的互操作性将是 BIM 发展面临的挑战之一。

BIM 查询语言也是一个值得研究的话题。Daum、Borrmann[6] 和 Mazairac[7] 等人在研究中通过 BIM 服务器平台创建了一个开放的语言查询框架，以此进行 IFC 数据模型的管理。但 Daum 和 Borrmann 等人仅仅评估了 BIM 模型的拓扑信息，相对而言 Mazairac 等人的研究更加通用。然而，这个框架的应用还是有一些限制性的。例如，在建筑全信息数据字典中自然语言制图受限，增加了用自然语言研究模型的难度（如施工元素和数量），以及语言查询发展中缺乏自动化和可用的快捷方式。

其他的与 IFC 有关的工作主要集中于从 IFC 模型中提取数据。Fu[8] 等人讨论了 BIM 可以在哪些建筑项目的哪些方面使用，作为结果，他们建立了一个作为 n 维模型工具接口的 IFC 浏览器，允许用户浏览 IFC 文件数据，正是因为这样，IFC 被用作 n 维模型分析的数据库。而 Isikdag[9] 等人用一种新颖的方法使包含在 IFC 文件中的信息面向 BIM 建模，以方便使用，这个新方法实现了建模程序的改进和 3D 可视化。

2. BIM 语义和本体论

BIM 语义和本体论是协同环境和互操作性中的主要内容之一，虽然这个观点迄今为止还未引起研究者的注意，但已有研究开始关注于解决语义互操作问题，进而改善不同系统之间的信息交流。通过 BIM 在全世界应用的增加、已存在标准的增加和 BIM 数据字典的发展，相信社会对于 BIM 的兴趣将会激增。随着越来越多的工具和标准出现，实现更高水平的语义互操作性变得更重要了。关于语义互操作性的研究将会增强 BIM 和其他领域的协同效应，并且改善现有的协同效应。

Rezgui[10]等人反对用本体论语言解释与 IFC 相关问题的观点，认为本体论语言能够使施工行业所有领域的概念更加丰富，并因此提出了基于本体论语言服务的网络施工目的路线图，目的主要是帮助行业把产品数据标准转移到本体论语言服务上。Lee[11]等人提出了自动进行成本评估的本体论推理过程，使用以学科为主的本体论，可以自动检测施工作品，减少设计的主观错误。

3. 协同环境

没有协同环境就没有 BIM。因此，这部分主要讨论 BIM 的协同环境和团队协同环境带来的益处。Isikdag 和 Underwood[12]等人使"模型—视图—控制"建筑模型形象化，提出了两个设计模式，通过建筑全寿命周期模型基础促进同步协作。它们反对仅仅通过有效合作和交流就实现有效协同的观点，提出"模型—视图—控制"模式，使不同类型的技术领域以它们各自特殊的视角工作。但是总的来说，BIM 和网络技术之间的交互还在研究中。

协作性平台和网络是团队交流的另一个重要的推动因素。如图 1-4 所示的 BIM 服务器作为多学科交互的理论平台框架，在商业互操作性商品测量模型中用于归类特点和技术要求，包含多标准决策工具、分析 BIM 项目的商业互操作性、增加基于技术参数的过程选择等。

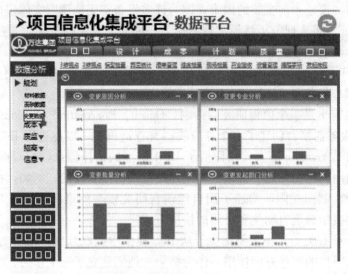

图 1-4　BIM 信息化集成平台

4. 知识和信息管理

本部分将介绍 BIM 环境中的知识和信息管理。Eastman[13]等人考虑信息交互的需求提出了信息传递的程序，定义了最终用户从信息传递规则产生阶段到参加模型视图定义规则阶段的详细信息要求级别。之后，Lee[14]等人又提出了一个推广的产品建模过程以解决信息传递中的问题，最终改善信息交互需求和功能。

耦合软件包之间的信息交互质量是由 Fröebel[15]等人评估的，他们的研究考虑了映射误差的不同来源，提出了总体质量的评估方法和指标。在全寿命周期信息管理方面，Motamedi[16]等人提出了射频识别标签的使用技术，它可以永久地和提供全寿命周期信息的特殊元素联系在一起，允许各利益相关者存储和相互之间传递有用的信息；Jiao[17]等人提出了一种通过统一的 BIM 和商业社会网络服务机制进行数据管理的云方法，这个方法允许在项目不同施工阶段各个体、项目团队和企业之间进行数据共享，这个方法也描述了信息处理中的大数据所面临的挑战以及云服务如何成为大数据管理的原因。除了研究信息的管理外，还有关于信息流的研究，这方面的研究主要是提出了一个信息自动映射方法，可以提高项目过程监测、详细设计和物料的信息流管理。

关于知识共享问题，Lin[18]等人提出了一个新的方法，即 BIM 建筑知识管理系统。这个系统基于二维 CAD 改善了 3D 环境中的知识共享效率，Lin 等人还通过调查问卷的方式评估了 BIM 建筑知识管理系统的优点：自动进行知识更正、知识管理和快速识别知识。但是，该方法也存在对硬件要求高、时间支出效率高和知识难编辑等问题。

### 1.3.2 可持续建设

可持续建设是过去几年内关于 BIM 研究的热门课题，这个领域的快速发展使其成为欧洲联盟最重要的建筑目标之一，而可持续绩效和能源效率是这一发展趋势的前锋。能源效率分析通常关注于对施工企业的研究。因此，以 BIM 为工具的能源模拟整合技术就出现了。BIM 可持续也是最近几年增长速度最快的研究类别之一。这可能与减少温室气体排放、减轻气候变化影响的国际环境有关，可以利用 BIM 技术解决这些问题，并且增加建设全过程的透明度。建筑可持续绩效也是一个学习和研究的新趋势，主要目的是通过监测建筑内部环境和推进绿色材料的使用来改善建设工程和施工的可持续性。BIM 与项目全寿命周期评估一体化近来也备受关注，但将这些方法整合出来很困难。本部分将从下面三个方面展开：第一，能源效率；第二，可持续绩效；第三，建设绩效。

1. 能源效率

能源效率主要包括建筑能源研究、能源自动分析以及人类活动对于能源消耗的影响。为了帮助能源管理者在建设全寿命周期内进行能源管理，Costa[19]等人提出了一个新颖的可以用于建筑装修选择和对比的工具集成包，然而，由于一些兼容问题，这个产品还没有投入使用。Larsen[20]等人提出了另一种关于 BIM 用于建筑能源改造的能源改造项目扫描技术，他们通过分析在能源性能改造项目中使用预制木结构元素的数字工作流程，发现这些元素有更少的浪费和更少的现场组装。另一个关于减少能源消耗的技术是由 Eguaras-Martínez[21]人提出来的，他们认为人的行为应该在建筑模拟时考虑进去，研究表明如果计划进度表能被正确的使用将会减少 30% 以上的能源消耗，而若使用 BIM 技术，那么效果会更好。能源自动分析领域的研究是从 Wang[22]等人开始的，他们提出了通过激光扫描仪和红外摄像机来实现收集已有建筑点云和温度数据的混合光检测和测距系统，这个新的系统后来被用于改建建筑并生成一个已建成的 BIM 模型，改善建筑的能源效率。

Gupta[23]等人通过研究 IFC 在能源模拟中的应用，提出了发展可再生能源模拟概念框架。基于这个框架还提出了一个偏差比其他太阳能模拟工具低的 IFC 原型。Welle[24]等人提出了热选项这一方法，这个方法可以自动将 BIM（IFC 文件）和能源模拟工具以及日照模拟工具整合起来，这个 BIM 工具生成的 IFC 文件会通过开发的插件自动成为其余工具的输入文件，例如热模拟和 IFC 热模拟，热选项可以使设计者通过改善设计过程的速度、准确性和一致性来模拟一些设计选择，然而，对于大型建筑而言，计算分析过程所花费的时间将限制这一方法的使用。

2. 可持续绩效

可持续绩效包含很多施工环境方面的内容，比如，碳足迹、绿色认证和寿命周期评估。随着碳足迹的研究被重视，Bank[25]等人将一个 BIM 模型和决策工具结合起来，提高测量、预测和可持续建筑材料性能优化，这个工具不仅仅协助制定认证计划，而且还可以在项目早期设计阶段的决策过程中减少碳足迹。Iddon 和 Firth[26]等人开发了一个基于 BIM 的工具来预测体现碳足迹的应用，他们认为有效地展现碳足迹可以降低 20%～26% 的碳排放，空间加热被认为是在建筑物全寿命周期内主要的碳排放源，这就说明更大的绝缘将降低碳使用。然而，作者得出的结论是随着碳使用的减少隐含碳在增加。

在绿色认证领域，Azhar[27]等人进行了探索性研究，以判定 BIM 在能源领导和环境设计认证过程中的应用能力，最终得出的结论是 BIM 不仅可以达到能源领导和环境设计认证标准，还能有助于对认证标准的记录。基于 Azhar 等人的研究，Wong 和 Kuan[28]将基于 BIM 可持续分析应用于香港绿色建筑认证体系。在 Marzouk 和 Abdelaty[29] 的研究中，还将 BIM 与评价体系结合在一起来监测地下空间的室内环境质量，这个框架可以测量空气温度和颗粒物浓度水平以及对地下网络中的维护行动进行行动顺序的确定。

寿命周期评价正在蓬勃发展，这已经是国际认定的并且得到欧盟委员会支持的环境评估方法，主要用来评估环境对产品全寿命周期的影响。在这个意义上，Marzouk[29]等人对混凝土的寿命周期评估作了一个综合概述，强调了 BIM 是一个量化混凝土在建筑全寿命周期影响的好工具。随着更多的教育方法的出现，2011 年 Stadel[30]等人将 BIM 与寿命周期评价在工程课程中结合起来，用 Revit 插件考察绿色建筑工作室（GBS）和综合环境解决方案的虚拟环境，尽管他们认为这些工具应该直接进行理论学习，但他们也认识到最终得到的学习结果是不一样的。他们还相信 BIM 和寿命周期评估结合可以增加学生可持续设计的知识，提高对于项目寿命周期中环境影响的意识。Basbagill[31]等人将 BIM 软件与寿命周期评价和能源分析软件结合起来，用敏感分析确定哪个元素对建筑的影响最大。得出的结论是，可以降低环境影响的建筑因素有墙面包层、桩、隔墙、地板表面、地板结构组件、柱梁结构组件和窗组件。这个结论被 Basbagill 等人以不同的目的用于后来的研究中，又提出了一个评估建筑设计的多目标方法，展现了概念设计对寿命周期影响和建筑成本的重要性。这样做不仅可以选择更加环保和经济友好的解决方案，还可以证明这个方法的实用性。在他们 2015 年发布的一项研究中，包含了寿命周期思维、寿命周期评估方法及能源领导和环境设计系统更加侧重于概念化的方法。通过案例研究调查相同的建筑在不同位置的能源使用情况，分析建筑物的能源、经济和环境绩效，最后发现相同的建筑在不同的国家有很大的不同，这就表明能源评估和环境设计系统如果用在美国以外的地方，则必须根据当地的情况进行适当的调整。

近年来，关于可持续绩效的工作都关注于多目标优化、自动认证和浪费最小化。例如，最近一个很有趣的研究工作就是结合了寿命周期费用（LCC）、生态足迹（基于农地潜力）和二氧化碳的排放（Oti Akponanabofa Henry[32]），形成了一种评估多种设计方案的工具。尽管如此，开发的工具只允许用户定义项目信息（如整个项目的材料类型），而不是读取对象的信息。这种情况是可以理解的，因为作者的目的是开发一个可以协助结构工程师的工具。

3. 建设绩效

建设绩效的研究包含了日照分析、决策过程和建筑物的热行为三个领域。在日照分析领域有一个由 Kota[33] 等人进行的很有趣的研究，他们把 BIM 的一个工具 Revit 和辐射量以及日照模拟工具结合起来，着眼于这种结合带来的好处和挑战，最终得出结论，当 BIM 缺少模拟日照分析的信息时，它仍然具有包含必要信息的可能。

探索 BIM 的环境潜力，Cheng 和 Ma[34] 等人将 BIM 和管理拆迁与改造浪费结合起来形成新的系统。这个系统不仅可以评估拆迁与改造的浪费量，还可以计算处理费用以及废物装载卡车的需用量。在热行为方面，Marzouk 和 Abdelaty[35] 等人研究了一个地下环境使用的无线传感器并且使用 BIM 模拟车站热条件。当传感器网络用于测量空气温度和湿度水平时，BIM 被用作这些读数的可视化工具。这个工具的操作人员可以识别具有较差热条件的空间，从而采取准确的隔热措施。Liu[36] 等人做的一个更近的研究，是应用粒子群优化算法优化建设绩效，这个算法是基于寿命周期费用计算和寿命周期碳排放计算而成的。一个显著的优点就是可以解决多目标问题，例如让寿命周期费用和寿命周期碳排放最小化、执行多种设计方案。

### 1.3.3 BIM 二次开发

BIM 二次开发涉及 BIM 工具开发领域。虽然对这个领域的研究早在 2006 年就已经开始，但它现在仍在发展，这似乎表明，这虽然不是一个新趋势，但它仍然具有很大的潜力。BIM 二次开发的研究集中在参数化建模，因为新应用程序的出现正在刺激面向对象的建模，促使新程序包含所有必需的信息（例如智能对象）。其他则侧重于开发基于 BIM 工具的研究，而对此研究的兴趣在于过程自动化，以尽可能减少专业人员在开发新工具和测试新的流程时必须执行的任务。这个具体领域也与施工管理、结构分析、可持续性等不同领域的活动密切相关。此外，云计算也是一个相关的研究领域，由于在今天项目的开发大部分是远程合作，这就意味着信息和文件的交换必须尽可能迅速。因此，此部分内容包括以下几个方面：第一，参数化建模；第二，BIM 工具开发；第三，云计算。

1. 参数化建模

首先需要考虑的第一个方面是参数化建模。Lee[37] 等人进行了参数化建模的早期研究，具体为对预制混凝土结构领域的建筑物对象行为用符号表示和描述的方法，可用于实际参数对象的指导。基于 Lee 等人的工作，Cavieres[38] 等人完成了自动几何建模，通过开发早期设计的参数化建模工具，将建筑物对象行为方法应用于具体的混凝土浇筑设计。Lee 和 Ha[39] 还合作开发了一个类似的研究，该研究提出了一个客观的交互式 BIM（CIBIM），它是一个 3D 参数化建模工具，允许客户根据自己的需求轻松地对建筑物的设计方案进行可视化并建模。尽管该工具具有很多优势，但为了减少错误和建造参数模型，在项目初期需要付出额外的时间和精力。

2. BIM 工具开发

BIM 工具的开发主要用于优化流程和自动化。据 Welle[40] 等人通过优化方法对基于 BIM 的工具进行改进，这将有利于实现过程的自动化，正如他们提出的模拟基于 BIM 的日光分析仪（BDP4SIM）和 Rafiq 和 Rustell[41] 开发的基于演化计算的 Revit 插件。

　　Sanguinetti[42] 等人也提出了另一种自动化建筑设计分析方法，提出了一种新的系统架构来改进建筑设计。在他们的研究中，手动输入信息（例如能源消耗和初始成本）的需求大大减少，因为信息通过处理建筑模型后会自动获得，从而减少了设计人员测试不同解决方案的工作量。

　　在 BIM 工具开发这方面，关于 BIM 模型的可视化功能的研究正在进行，并且已经形成了一些可视化的 BIM 工具。例如，2009 年 Sacks[43] 等人基于 BIM 的可视化潜力开发了两个原型，改进了安全规划和工人协调，如图 1-5 所示。基于 BIM 的可视化界面是改善员工沟通和任务规划的一个很好的解决方案。根据研究结果，Sacks[44] 等人还开发了基于 BIM 的施工管理系统 KanBIM，以支持现场生产计划。这种创新的系统允许施工团队通过大型现场触摸屏可视化产品及其构建过程，同时支持决策过程和实时评估任务。在这个基础上，Davies 和 Harty[45] 开发了一个类似的工具 SiteBIM 来协助施工作业。然而，与过去 BIM 中应用的大型触摸屏不同，他们选择采用了平板电脑作为应用平台，因为它的界面方便工人使用。

图 1-5　BIM 可视化应用

　　还有其他研究缩小了 BIM 工具应用程序的范围，只支持具体的活动或过程，如钢筋混凝土、玻璃钢混凝土和临时结构以及设施管理（FM）的具体工具。Barak[46] 等人提出了用于协助现浇钢筋混凝土施工过程工具使用的一些规范，进而确定支持所有有关各方设计和建设活动的必要信息。关于基于 FM 的工具，已经开发了一些有趣的应用程序。例如 Kristian 和 Schatz[47] 开发的"危急人类救援游戏"，它探讨人如何在火灾发生的紧急情况下撤离。Vanlande[48] 等人也开发了一种在建筑物上收集和组合寿命周期信息的方法，从而形成一个名为 Active3D 的协作互联网平台，该平台用于在建筑物的寿命周期内存储和交换文档并处理 IFC 文件。Motamedi[49] 等人在建筑物的运行阶段使用射频识别（RFID）标签进行室内资产定位，而不需要固定的实时定位系统（RTLS）设施。Thompson 和 Bank[50] 实现了对 BIM 的原始协同作用的研究，它使用 BIM 模型填充系统动力学（SD）模型分析暴露于生物恐怖袭击的建筑物。这种 BIM-SD 模型能够比较不同的建筑解决方案，以确定在哪种情况下性能最佳。实践证明，SD 与 BIM 的整合可以提高与其他仿真程序的协同效应，因为它提供了将所有单独的模型集成到单个决策过程中的可能性。

3. 云计算

最后一个方面是云计算。云计算是在 2010 年出现的，Grilo 和 Jardim-Gonçalves[51]研究了 BIM 和云计算如何改进或推进互操作的电子采购系统，从而导致 SOA4BIM 框架和云市场概念的出现。2012 年，Redmond[52]等人对 BIM 集成的云计算用户进行了一系列访谈，访谈结果表明需要开发超级模式才能读取各种 BIM 格式。然而，在创建 BIM 云信息交换机制之前，必须妥善解决诸如隐私和安全性等问题，从而增强不同专业之间的协作。Chong[53]等人还得出结论，云计算应用可以在项目寿命周期中增强通信和信息交互。与标准建模工作流程相比，为了提高建模效率，节省时间，Chen 和 Hou[54]开发了跨学科协作的在线平台，为了使之能成功实现，并提出了一种混合客户端服务器和点对点（P2P）的网络。另外，最近关于云计算的研究正在向实时数据收集过程监控和性能测试研究方面发展。

### 1.3.4　图像处理、激光扫描和 AR 应用

图像处理、激光扫描和 AR 应用为 3D 图像捕获、处理和改进等相关研究领域的研究工作提供了支持。这些研究主要发生在过去四年，意味着这是一个最近的研究领域。并且相关研究中数量增长最快、论文发表最多的是激光扫描，这项技术能够帮助监测施工任务并生成模型，其中最先进的技术是 BIM 与增强现实（AR）的集成，将现实世界与虚拟对象和虚拟现实（VR）结合，用户通过特殊的眼镜可感受虚拟世界。该领域与 BIM 中的其他领域相互关联，因为 BIM 模型具有可视化潜力。例如，在设施管理中可视化现有墙壁的组成元素。因此，预计在不久的将来会进一步探索这一领域。此外，图像处理也是这部分研究的一个重要领域，图像处理是研究人员通过使用现场照片来验证设计建造实际完成情况的方法。本部分内容分别如下：第一，图像处理；第二，激光扫描；第三，基于 AR 的框架及应用。

1. 图像处理

首先要注意的第一个内容是图像处理。在这个领域，主要通过使用基于对象的方法来监测详细的室内施工进度，Roh[55]等人将计划中的 3D BIM 模型与建成照片相比较（图1-6），为用户提供了对室内施工过程真实洞察的条件。Akula[56]等人将激光扫描纳入钻井工艺，通过使用 3D 成像技术的点云数据自动识别钻井的安全区域。Klein[57] 和 Motame-

图 1-6　现场施工与模型对比图

di[58]等人与 Akula 等人研究侧重点不同，后者主要研究与设施管理相结合的图像处理。而 Klein 等人通过使用 BIM 记录工具及实际构建条件进行实际摄影测量图像处理。然而，因为识别建模模型尺寸方面的错误，基于图像的调查不符合 FM 质量保证标准。为此，Motamedi 等人提出了一个 FM 视频分析系统（FMVAS），将计算机维护管理系统（CMMS）与 BIM 集成，利用 FM 技术人员的认知和感知能力推理故障的根本原因，并基于 BIM 的 AR 功能监测实际情景。除此之外，还有不同的方法进行图像处理，但结果都应用了 BIM 的可视化功能来评估施工质量，展示了设施管理的实用性。

2. 激光扫描

这方面的文章聚焦于通过使用 3D 激光扫描技术将基于点云的 BIM 模型自动归入激光扫描部分。Brilakis[59]等人是通过视频和激光扫描数据自动化建模这一领域的第一批研究人员，在他们提出的框架中，首先，扫描构建的环境生成图像和点云；然后，使用视频测量工具来识别对象的坐标，使用空间相关技术和点云构建 3D 表面，并通过图像分析工具进行对象识别，在最后一个步骤中，图像分析工具连接到几个潜在对象（存在于构建环境中元素）的外部数据库，这样，提出的框架通过采用激光扫描技术就成功地生成了一个模型，然而，目前的框架仍然需要在语义信息领域进行相当大的改进。Tang[60]等人开发了一个利用几何自动建模、识别对象和生成对象关系的 BIM 建模工具。与此相类似的，Xiong[61]等人提出了将 3D 数据自动从激光扫描系统转换为丰富的信息模型的方法，Tang 等人还对可能加强建模模型创建的主要方法和技术进行了探索和评估，证明了信息建模更高的自动化需求。

Mahdjoubi[62]等人认识到激光扫描技术的附加价值，他们认为，可以根据包含能源效率信息的数字模型的发展，为房地产公司开辟一个新的市场。尽管如此，3D 激光扫描技术的成本和知识的不足在大多数情况下仍然是一个制约因素。Turkan[63]等人进行了关于利用激光扫描技术可以获得的价值的研究，他们进行了一个试验，将可以识别的对象使用电子表格上的项目成本账户和对象数量自动转换成其赚取的价值。他们的试验表明，这种自动转换可以提高 4D BIM 进度监测的准确性。

在激光扫描研究中，另一个特殊领域是地面激光扫描（TLS），即使用 TLS 技术来生成 3D 点云以创建 BIM 模型。尽管 BIM-TLS 整合的应用范围很小，但这些研究可运用于各种各样的建筑。Mill[64]等人使用 TLS 创建了一个 BIM 模型作为立面损伤检测的数字管理模型，而 Jung[65]等人还提出应采用一种新的 TLS 方法来生成室内结构，从而在生产率和可靠性提高的同时，减少 5％的数据大小。Bosché[66]和 Anil[67]等人还将 3D 建模模型与 3D 计划模型的生产率增长情况进行了比较，得出的结论是前者可以在较短时间内识别更多的错误。此外，Bosché 和 Guenet[68]通过将 TLS 中的每个点与 BIM 模型中的相应对象进行匹配，开发了使用 BIM-TLS 自动集成表面平坦度控制的方法。尽管 BIM-TLS 集成已经有相当多的应用研究，但对于这些研究使用的数据库的质量和 TLS 自动提取水平的提高仍是此研究领域面临的挑战。

3. 基于 AR 的框架及应用

讨论的最后一个方面是基于 AR 的框架及应用，BIM-AR 主要用于现场信息检索、增强施工缺陷管理和可视化技术等。在这一领域，Wang 等人首先开发了将 BIM 与 AR 集成在一起的概念框架，其中能够提高 BIM-AR 集成有效性的，有 RFID（射频识别）、激光瞄准、传感器和运动跟踪等技术。然而，虽然这个概念框架缺乏经验测试来评估其在建筑环境中的有效性，但基于移动设备的 AR（例如 iPad、iPhone、平板电脑）已经在真实环境中测试了该框架的有效性（图 1-7），例如实现了检查、数据采集记录、施工调查与协

图 1-7　AR 技术的应用

作和信息共享平台构建等。Kang[69]等人进行了类似的研究，他们用 iHelmet 设备向用户提供与图纸相关的信息，这个系统不仅允许用户更快地找到正确答案，而且还提高了他们对施工图的理解。Meža 等人还在一个实际案例中研究了 BIM 如何将信息馈送到 AR 系统，从而形成移动式 AR 系统。Meža[70]和 Wang 等人发现 BIM-AR 集成系统应该包括一个更全面的 4D、5D BIM 模型，并且标准化信息和通信技术（ICT）工具的缺乏是必须解决的问题之一。与 Meža 等人的研究类似，Lee 和 Akin[71]等人开发了一个基于 AR 的系统（AROMA-FF）来支持运营和维护活动，该系统基于传感器的技术输入，为运维人员提供设备的实时几何和规格数据以及维护记录。然而，如果仅仅是为了获得基于传感器的数据，那么新系统和常规系统之间没有显著的差异，而且新系统还有其他一些限制因素，比如需要使用键盘和鼠标为设施内的所有设备和物体布置传感器，而且这些传感器还与智能手机不兼容。将 AR 与 BIM 集成起来的另一项研究是由 Park[72]等人进行的，他们开发了一个将 AR 与 BIM 集成的主动施工缺陷管理概念系统框架，旨在减少施工缺陷的发生。然而，这个框架因为缺乏基于 BIM 软件的缺陷管理信息工具，并且在基于 AR 的标记中存在错误，所以仍然需要进一步改进。

### 1.3.5　设施管理和安全性分析

在 BIM 的研究领域内，关于设施管理和安全性分析的研究较少。然而，在过去三年中，却引起了很大的关注。目前，行业应用正在尝试自动识别危险情况并将其与基于 BIM 的工具相结合，以改善设施管理（FM）运行，并开发 BIM 框架来整合建筑管理和维护。这两个领域显然是 BIM 研究的新趋势，具有很大的潜力。这部分将从以下两个方面对此进行定性分析：第一，安全管理；第二，建筑管理和维护。

1. 安全管理

近年来，越来越多的研究人员关心的一个研究问题是建筑物的安全管理，其中消防安全分析是尤其重要的。基于此，Abolghasemzadeh[73]通过研究建筑物内发生火灾时居住者的反应行为，使用出口分析计算工具来确定最合适的逃生路线。这项研究的独创性在于它考虑到居住者对于所在建筑环境和逃生路线的熟悉度。Li[74]等人开发了一个基于 BIM 的算法，即基于本地化（EASBL）的环境感知无线电频率信标部署算法，该算法可以实现

在紧急情况下确定第一个响应者和被困居民位置的功能。BIM 为 EASBL 提供了几何信息输入以及用户交互的图形界面。然而，尽管这项研究取得了令人满意的结果，但是对建筑几何形状的计算能力缺乏仍是这项研究的局限之一。

其他还有一些是关于使用自动化过程进行安全分析、防坠落和密闭空间安全的研究。例如，Hu 和 Zhang[75]分析了施工期间结构的安全性，并且提出了一种综合 4D BIM 和安全性分析的新方法。这种新方法能够使施工管理人员动态地分析并避免由于施工进度的变化而引起的可能的碰撞（图 1-8），该方法已在三个实际的试点情况下成功测试。Park 和 Kim[76]将 BIM 与 AR 和位置跟踪技术相结合，这种基于可视化的新型系统可以提高工作人员的风险识别和实时沟通能力，也可以作为安全教育工具。虽然用户已经认识到这种创新系统的潜力，但是工作人员之间的沟通和跟踪设备的准确性难以实现这一局限性也日益突出。Wang[77]等人设计了另一个创新系统，即将 BIM 与萤火虫算法（FA）集成，以改进塔式起重机布局规划，允许施工经理自动生成、模拟和可视化起重机的位置。该系统不仅可以避免人为错误，而且可以标识起重机之间或建筑构件之间的碰撞情况，他们通过案例研究证实了该系统的可行性。Riaz[78]等人关注于空间安全的限制性研究，集成了 BIM 和传感器技术以减少密闭空间的安全隐患，形成了密闭空间监测系统（CoSMoS）。CoSMoS 不仅可以监测空间氧气和温度水平，而且使用 Revit 可在问题区域突出显示并启用警报。该系统的优点是可以在施工和运行阶段使用，在整个建筑的寿命周期中收集数据。然而，如果感测子系统读取器远离无线传感器，则可能会发生假警报，并且传感器中电池的使用寿命也是有限的。

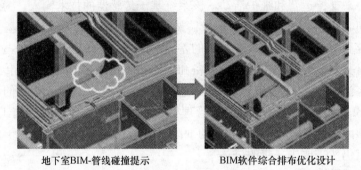

地下室BIM-管线碰撞提示　　　　　BIM软件综合排布优化设计

图 1-8　碰撞检查

2. 建筑管理和维护

建筑管理和维护主要包含自动化建筑管理流程和维护流程。建筑管理在 BIM 最近的研究中起着关键作用，因为运营成本（例如能源消耗、维护、废物处理等）远远高于建筑成本。在这一领域，Motawa 和 Almarshad[79]通过使用基于 BIM 集成和基于案例推理（CBR）的方法，来收集建筑物维护作业的数据，确定建筑物状况如何恶化，从而制定出更好的管理措施，他们使用的方法是基于 BIM 集成和基于案例推理（CBR）来收集信息，因为 BIM 工具本身无法完全了解如何从此类操作中获得相关信息。通过整合这两种方法，维护团队不仅可以从建筑记录中学习，还可以从以前的经验中学习，为"建立知识模型"铺平道路。此外，Lucas[80]等人还提出了一个基于 BIM 的医疗机构框架，用于在运营和维护阶段捕获和存储 FM 信息以及分类。Lu 和 Olofsson[81]提出了离散事件仿真（DES）

与 BIM 模型的集成，在 BIM-DES 框架中，BIM 向 DES 提供产品和过程信息，DES 评估施工性能，并在过程结束时向 BIM 模型提供反馈。

### 1.3.6 施工管理

近几年来，随着经济持续增长，施工管理引起越来越多的关注。其中进度管理的相关研究最多，这揭示了 BIM 在优化进度方面的潜力，特别是在可视化中使用遗传算法时的潜力，使用遗传算法还可以为施工进度、资源使用和装配成本的多目标优化创造新的机会。这部分将从下面三个方面考虑：第一，进度管理；第二，工程造价；第三，成本估算。

**1. 进度管理**

进度管理早期的研究主要集中在计划管理领域，侧重于通过基于 BIM 的框架和应用程序进行计划改进、优化方法和自动化。2008 年，Goedert 和 Meadati[82] 首先关注到 BIM 4D 方面的研究，通过使用 CAD 和 BIM 工具并结合施工过程的信息和相关文档来开发 3D 模型。然而，在 2008 年的时候，BIM 工具的 4D 建模与标准的 2D 工具相比建模能力非常有限，建模人员不仅需要花费更多的时间来创建 3D 模型，而且 BIM 工具还需要其他的程序来显示 4D 环境。最近，Song[83] 等人提出了一个用于管理 3D 几何数据和过程数据的 BIM 施工规划和调度框架，将此作为创建施工进度的输入数据，并通过比较不同的施工计划选择最优计划。Chen[84] 等人也提出了一个根据项目目标和约束实现近乎最佳进度计划，从而产生 N 维项目计划和管理系统（NDSM）的 BIM 框架，研究表明基于位置约束的 GA 和 BIM 优化了时间工作表的互干扰性，从而减小了并行工作的频率。Moon[85] 等人和 Faghihi[86] 等人在时间管理中集成了遗传算法（GAs），提出了一种通过 BIM 进行信息检索，并将其馈送到 GAs，以自动生成施工进度表的方法。Kim 和 Son[87] 以及 Kim[88] 等人都使用 BIM 模型自动生成施工进度表，虽然结果相似但使用的方法是不同的，Kim 等人的研究是使用现场收集的 3D 数据（通过使用遥感技术获得），然后将该数据导入 BIM 工具，而 Kim 和 Son 还将 BIM 模型信息导入外部调度软件（MS Project）。Chen 和 Luo[89] 通过 4D BIM 与产品、组织和过程数据结构的集成，探讨了关于使用 4D BIM 应用程序进行质量控制的优势，结果表明数据的一致性、易于理解的质量缺陷和明确的质量检查区域是这个方法的主要优点。

**2. 工程造价**

另一个考虑的方面是工程造价，主要是使用 BIM 自动提取造价示意图。在这方面，Babič[90] 等人使用 BIM 作为企业资源规划（ERP）信息系统和建筑对象相关信息之间的链接，用于监控和管理物料流量以自动计算物料数量。然而，该模式仅包括 BIM 有限环境中用于信息系统集成目的的主要建筑元素。为此，Said 和 El-Rayes[91] 进行了更广泛的研究，他们开发了一个多目标自动建设物流优化系统（AMCLOS），从现有的 BIM 文件中检索项目的空间和时间数据，支持承包商整合和规划材料供应及现场决定。

**3. 成本估算**

最后一个要谈的方面是成本估算，包括用于构建成本估算的自动化工具和流程（5D BIM）。Cheung[92] 等人提出了一个多属性的成本估算工具，在 Google SketchUp 中作为插件使用，主要用于评估建筑物的使用功能、经济效益和其他性能。Hartmann[93] 等人还提出了 BIM 工具的两种应用目的，一种用于成本估算，另一种用于风险管理，以促进 BIM

实施在组织内推广使用，并通过研究展现了将 BIM 用于施工管理的可行性。Popov[94] 等人也研究了使用 5D BIM 进行施工管理的好处，他们根据 BIM 应用和虚拟项目开发（VPD）的研究，开发了 5D 环境中项目管理的方法，支持资源计算、成本估算、进度管理等。Ma[95] 等人重点关注项目招标阶段，提出了一种用于建筑项目招标的半自动信息模型（TBP），从而降低了评估人员的工作量和出错率，如图 1-9 所示。

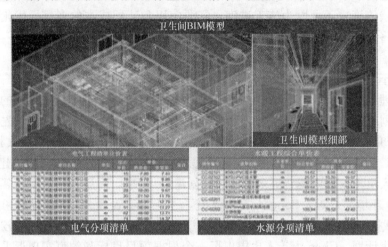

图 1-9　BIM 成本估算

### 1.3.7　BIM 和空间信息

BIM 和空间信息是目前研究最少的领域，BIM-GIS 整合是最先研究的课题，接下来是空间句法领域的研究。使用 BIM 与 GIS 和空间句法可以为城市规划和施工作业提供很大的优势，并且该领域的研究具有较低的可见度，这为未来在这一领域的发展提供了机会。研究人员注意到 GIS 在 BIM 新建项目早期阶段和改建项目建设中的潜力，因为它提供了建设资产位置的详细地理信息以及周围环境，这可能对建筑物的性能（例如阴影分析）产生影响。下面将从地理信息系统和空格语法两个方面说明。

1. 地理信息系统

在地理信息系统这一领域中探讨的第一个话题就是 BIM 与地理信息系统（GIS）的整合及具体应用。Isikdag[96] 等人在地理空间情境下评估了基于 IFC 的 BIM 模型的实施情况，以期利用 BIM 模型的高水平几何和语义数据来改进项目的消防响应操作系统和现场位置布置。Elbeltagi 和 Dawood[97] 开发了一个基于 BIM-GIS 的可视化系统来监控施工性能，通过利用现场照片，实现对建筑进度的可视化。Bansal[98] 也用类似的方法使用 GIS 进行 4D 空间规划。这些研究成果表明，BIM 工具在地形空间分析建模方面仍然面临着相当大的挑战，并认为必须做更多的工作才能更加有效地将 BIM 与 GIS 结合起来。然而，最近的研究似乎适当地解决了一些挑战。2013 年，Irizarry[99] 等人以原始方式使用 BIM-GIS 集成，允许设计人员通过使用 Revit 开发的插件来可视化材料的供应链。首先，通过 BIM 模型产生的材料供应链，确定施工现场需要哪些材料；接着，该工具将该信息导出到 GIS 模块中，该模块将确定附近供应商的位置；然后，根据这些信息估计施工的成本和持续时间。由此可见，BIM-GIS 集成不仅可以确定最佳物流成本的解决方案，还可以检测材料延迟的动机。然而，BIM-GIS 集成仍然具有一些语义互操作性问题。后来，Mignard 和 Nicolle[100] 提出了一种称为 SIGA3D 的新方法，建立在 Vanlande[48] 等人开发的 ACTIVe3D 平台上，将 BIM 与 GIS 集成在城市设施管理中。这种方法导致了城市信息模型（UIM）的建立，这使得在城市设施管理平台 SIGA3D 上的信息建模成为可能。

2.空间句法

"空间句法"（Space Syntax），即使用空间配置来预测运动模式和人类行为的方法。在这个领域，Lee[101] 等人开发了一种塔式起重机导航系统，使用传感器和 BIM 模型实时提供建筑物及其周围环境和被提升物体的 3D 信息。这个系统在施工现场进行了 71 天的测试，得到了盲板升降机——塔式起重机操作人员的大力支持。Jeong 与 Ban[102] 及 Langenhan[103] 等人还使用图论来识别从 BIM 中提取的语义信息，并基于空间句法理论测量空间配置。然而，为了更好地实施这些方法，IFC 的模型必须设计得很好。

正如前文所分析的，BIM 研究近年来一直在增长。在仔细分析相关研究并将其归类后，总结出 BIM 的主要研究趋势有四个：第一，协同环境和互操作性；第二，可持续建设；第三，BIM 的应用和标准化；第四，BIM 二次开发。然而，"设备管理与安全分析"和"图像处理，激光扫描和 AR 应用"也可以被认为是 BIM 研究的热门话题。而且，开发基于 BIM 的工具、BIM 语义与本体、规则检查和标准、激光扫描技术、进度管理、安全性管理、能源效率和可持续发展，可以被视为新趋势或具有潜力的研究方向。此外，针对互操作性和 IFC 的研究在不久的将来会继续开展，因为需要不断仔细评估新软件及工具的互操作性和潜力。

# 1.4　BIM 软件基础设施

## 1.4.1　BIM 软件应用背景

欧美建筑业已经普遍使用 Autodesk Revit 系列、Bentley Building 系列以及 Graphsoft 的 ArchiCAD 等，而我国对基于 BIM 技术本土软件的开发尚处于初级阶段，目前主要有天正、鸿业、博超等开发的 BIM 建模软件，中国建筑科学研究院开发的 PKPM 结构分析软件，上海和北京广联达开发的造价管理软件等，除此之外的其他 BIM 技术相关软件，如 BIM 方案设计软件、与 BIM 接口的几何造型软件、可视化软件、模型检查软件及运营管理软件等的开发基本还处于空白状态。尽管国内一些研究机构和学者已经在做关于 BIM 软件的研究和开发，但这只是在一定程度上推动了我国自主知识产权 BIM 软件的发展，还没有从根本上解决此问题。

因此，在国家"十一五"的科技支撑计划中着重提出开展对 BIM 技术的进一步研究，清华大学、中国建筑科学研究院、北京航空航天大学共同承接了"基于 BIM 技术的下一代建筑工程应用软件研究"项目，该项目目标是将 BIM 技术和 IFC 标准应用于建筑设计、成本预测、建筑节能、施工优化、安全分析、耐久性评估、信息资源利用 7 个方面。

国内一些软件开发商如天正、广联达、理正、鸿业、博超等也都参与了 BIM 软件的研究，并对 BIM 技术在我国的推广作出了极大的贡献。

BIM 软件在我国本土的研发和应用已初见成效，在建筑设计、三维可视化、成本预测、节能设计、施工管理及优化、性能测试与评估、信息资源利用等方面都取得了一定的成果。但是，正如美国 buildingSMART 联盟主席 Dana K. Smith 先生所说："依靠一个软件解决所有问题的时代已经一去不复返了。"BIM 是一个成套的技术体系，BIM 相关软件也要集成建设项目的所有信息，对建设项目各个阶段的实施进行建模、分析、预测及指导，从而将应用 BIM 技术的效益最大化。

目前，市场上具有一定影响的 BIM 和 BIM 相关软件，见表 1-10 所列。

**具有一定影响的 BIM 和 BIM 相关软件**　　表 1-10

| 序号 | BIM 软件类型 | 主要软件产品<br>（可以跟 BIM 核心建模软件联合工作） | 国产软件情况 |
|---|---|---|---|
| 1 | BIM 核心建模软件 | Revit，Architecture/Structural/MEP，Bentley，Architecture/Strautural/Mechanical，ArchiCAD，Digital Project | 空白 |
| 2 | BIM 方案设计软件 | Onuma，Affinity | 空白 |
| 3 | 与 BIM 接口的几何造型软件 | Rhino，SketchUP，Formz | 空白 |
| 4 | 可持续分析软件 | Ecotech，IES，Green Building Studio，PKPM | |
| 5 | 机电分析软件 | Trane Trace，Design Master，IES Virtual Environment，博超，鸿业 | |
| 6 | 结构分析软件 | ETABS，STAAD，Robot，PKPM | |
| 7 | 可视化软件 | 3DS MAX，Lightscape，Accurebder，ARTLABTIS | 空白 |
| 8 | 模型检查软件 | Sloibri | 空白 |
| 9 | 深化设计软件 | Tekla Structure（Xsteel），探索者 | |
| 10 | 模型综合碰撞检查 | Navisworks，Projectwise Navigator，Solibri | 空白 |
| 11 | 造价管理软件 | Innovaya，Solibri，鲁班 | |
| 12 | 运营管理软件 | Archibus，Navisworks | 空白 |
| 13 | 发布和审核软件 | PDF，3D PDF，Design Review | 空白 |

### 1.4.2　美国 AGC 的 BIM 软件分类

美国通用承包商协会（Associated General Contractors of America，简称 AGC）把 BIM 以及 BIM 相关软件分成八个类型，见表 1-11。

**BIM 以及 BIM 相关软件分类**　　表 1-11

| 类型 | 名称 | 国内相关软件 |
|---|---|---|
| 第一类 | 概念设计和可行性研究<br>（Preliminary Design and Feasibility Tools） | 国内没有同类软件 |
| 第二类 | BIM 核心建模软件<br>（BIM Authoring Tools） | 天正、鸿业、博超等 |
| 第三类 | BIM 分析软件<br>（BIM Analysis Tools） | 结构分析软件 PKPM、广厦；<br>日照分析软件 PKPM、天正；<br>机电分析软件鸿业、博超等 |
| 第四类 | 加工图和预制加工软件<br>（Shop Drawing and Fabrication Tools） | 中国建筑科学研究院、浙江大学、同济大学等研制的空间结构和钢结构软件 |

| 类型 | 名称 | 国内相关软件 |
|---|---|---|
| 第五类 | 施工管理软件<br>(Construction Management Tools) | 广联达的项目管理软件 |
| 第六类 | 算量和预算软件<br>(Quantity Takeoff and Estimating Tools) | 广联达、斯维尔、神机妙算等的算量和预算软件 |
| 第七类 | 计划软件<br>(Scheduling Tools) | 广联达收购的梦龙软件 |
| 第八类 | 文件共享和协同软件<br>(File Sharing and Collaboration Tools) | 除 FTP 以外，暂时没有具有一定实际应用和市场影响力的国内软件 |

不同类型的 BIM 软件包含的具体应用软件分别见表 1-11～表 1-18。

第一类：概念设计和可行性研究（Preliminary Design and Feasibility Tools），见表 1-12。

概念设计和可行性研究软件类型　　　　　　　　　表 1-12

| 产品名称 | 厂商 | BIM 用途 |
|---|---|---|
| Revit Architecture | Autodesk | 创建和审核三维模型 |
| DProfiler | Beck Technology | 概念设计和成本估算 |
| Bentley Architecture | Bentley | 创建和审核三维模型 |
| SketchUP | Google | 3D 概念建模 |
| ArchiCAD | Graphisoft | 3D 概念建筑建模 |
| Vectorworks Designer | Nemetschek | 3D 概念建模 |
| Tekla Structures | Tekla | 3D 概念建模 |
| Affinity | Trelligence | 3D 概念建模 |
| Vico Office | Vico Software | 5D 概念建模 |

第二类：BIM 核心建模软件（BIM Authoring Tools），见表 1-13。

BIM 核心建模软件类型　　　　　　　　　表 1-13

| 产品名称 | 厂商 | BIM 用途 |
|---|---|---|
| Revit Architecture，AutoCAD Architecture | Autodesk | 建筑和场地设计 |
| Revit Structure | Autodesk | 结构 |
| Revit MEP，AutoCAD MEP | Autodesk | 机电 |
| Bentley BIM Suite［包括 MicroStation，Bentley Architecture，Bentley Structural，Bentley Building Electrical Systems，Bentley Building Electrical Systems for AutoCAD，Generative Design，Generative Components］ | Bentley | 多专业 |

续表

| 产品名称 | 厂商 | BIM 用途 |
|---|---|---|
| Ditigal Project | Gehry Technologies | 多专业 |
| Digital Projec 扩展软件〔MEP, System Routiog〕 | Gehry Technologies | 机电 |
| SketchUP | Google | 多专业 |
| ArchiCAD | Graphisoft | 建筑、机电和场地 |
| Vectorworks | Nemetschek | 建筑 |
| Fastrak | CSC（UK） | 结构 |
| SDS/2 | Design Data | 结构 |
| RISA | RISA Techologies | 结构 |
| Tekla Structures | Tekla | 结构 |
| CADPIPE HVAC | AEC Design Group | 机电 |
| MEP Modeler | Graphisoft | 机电 |
| Fabrication for Auto CAD MEP | East Coas CAD/CAM | 机电 |
| CAD-Duct | Micro Application Packages Ltd. | 机电 |
| DuctDesigner 3D，PipeDesigner 3D | QuickPen International | 机电 |
| HydraCAD | Hydratec | 消防 |
| AutoSPRINK VR | M. E. P. CAD | 消防 |
| FireCAD | Mc4 Software | 消防 |
| AutoCAD Civil 3D | Autodesk | 土木、基础设施、场地处理 |
| PowerCivil | Bentley | 场地处理 |
| Site Design，Site Planning | Eagle Point | 土木、基础设施、场地处理 |
| Synchro Professional | Synchro Ltd. | 场地处理 |
| Tekla Structures | Tekla | 场地处理 |

第三类：BIM 分析软件（BIM Analysis Tools），见表 1-14。

**BIM 分析软件类型**　　　　　　　　　　　　　表 1-14

| 产品名称 | 厂商 | BIM 用途 |
|---|---|---|
| Robot | Autodesk | 结构分析 |
| Green Building Studio | Autodesk | 能量分析 |
| Ecotect | Autodesk | 能量分析 |
| Structural，Analysis，Detailing〔包括 STAAD Pro，RAM，Pro Structures〕 Building Performance〔Bentley Hevacomp，Bentley Tas〕 | Bentley | 结构分析/详图，工程量统计，建筑性能 |
| Solibri Model Check | Solibri | 模型检查和验证 |
| VE-Pro | IES | 能量和环境分析 |
| RISA | RISA Structures | 结构分析 |

续表

| 产品名称 | 厂商 | BIM用途 |
|---|---|---|
| Digital Project | Gehry Technologies | 结构分析 |
| GTSTRUDL | Georgia Institute of Technology | 结构分析 |
| Energy Plus | 美国能源部（DOE）和劳伦斯伯克利国家实验室（LBNL） | 能量分析 |
| DOE2 | LBNL | 能量分析 |
| FloVent | Mentor Graphics | 空气流动/CFD |
| Fluent | ANSYS | 空气流动/CFD |
| Acoustical Room Modeling Software | ODEON | 声学分析 |
| Apache HVAC | IES | 机电分析 |
| Carrier E20-Ⅱ | Carrier | 机电分析 |
| TRNSYS | 太阳能实验室，威斯康星大学，卡拉多大学 | 热能分析 |

第四类：加工图和预制加工软件（Shop Drawing and Fabrication Tools），见表1-15。

加工图和预制加工软件类型　　　　　　　　　　　表 1-15

| 产品名称 | 厂商 | BIM用途 |
|---|---|---|
| CADPIPE-Commercial Pipe | AEC Design | 加工图和工厂制造 |
| Revit MEP | Autodesk | 加工图 |
| SDS/2 | Design Data | 加工图 |
| Fabrication for AutoCAD MEP | East Coast CAD/CAM | 预制加工 |
| CAD-Duct | Micro Application Packages Ltd | 预制加工 |
| PipeDesigner 3D DuctDesigner 3D | QuickPen International | 预制加工 |
| Tekla Structures | Tekla | 加工图 |

第五类：施工管理软件（Construction Management Tools），见表1-16。

施工管理软件类型　　　　　　　　　　　表 1-16

| 产品名称 | 厂商 | BIM用途 |
|---|---|---|
| Navisworks Manage | Autodesk | 碰撞检查 |
| ProjectWise Navigator | Bentley | 碰撞检查 |
| Digital Project Designer | Gehry Technologies | 模型协调 |
| Solobri Model Checker | Solibri | 空间协调 |
| Synchro Professional | Synchro Ltd | 施工计划 |
| Tekla Structures | Tekla | 施工管理 |
| Vico Office | Vico Software | 多种功能 |

第六类：算量和预算软件（Quantity Takeoff and Estimating Tools），见表1-17。

**算量和预算软件类型**　　　　　　　　　　　　　表 1-17

| 产品名称 | 厂商 | BIM 用途 |
|---|---|---|
| QTO | Autodesk | 工程量 |
| DProfiler | Beck Technology | 成本预算 |
| Visual Applications | Innovaya | 预算 |
| Vico Takeoff Manager | Vico Software | 工程量 |

第七类：计划软件（Scheduling Tools），见表 1-18。

**计划软件类型**　　　　　　　　　　　　　表 1-18

| 产品名称 | 厂商 | BIM 用途 |
|---|---|---|
| Navisworks Simulate | Autodesk | 计划 |
| Project Wise Navigator | Bentley | 计划 |
| Visual Simulation | Inovaya | 计划 |
| Sunchro Professional | Tekla | 计划 |
| Tekla Structures | Tekla | 计划 |
| Vico Control | Vico Software | 计划 |

第八类：文件共享和协同软件（File Sharing and Collaboration Tools），见表 1-19。

**文件共享和协同软件类型**　　　　　　　　　　表 1-19

| 产品名称 | 厂商 | BIM 用途 |
|---|---|---|
| Digital Exchange Server | ADAPT Projecct Desivery | 文件共享和沟通 |
| Buzzsaw | Autodesk | 文件共享 |
| Constructware | Autodesk | 协同 |
| ProjectDox | Avolve | 文件共享 |
| SharePoint | Microsoft | 文件共享、存储、管理 |
| Project Center | Newforma | 项目信息管理 |
| Doc Set Manager | Vico Software | 图形集比较 |
| FTP Sites | 各种供应商 | 文件共享 |

### 1.4.3　中国 BIM 软件的战略目标

我国建筑业软件市场规模不足建筑业市场规模的 1‰，而美欧的经验表明 BIM 能够为建筑业带来 10% 的成本节约。如果把整个建筑业软件市场上的软件都归入 BIM 软件，那么由前面两个数字可以得出，BIM 具有为建筑业带来超过 100 倍投资回报的潜力。退一步考虑，如果 BIM 只为建筑业降低 1% 的成本，从行业角度考虑其投资回报也在 10 倍以上。

因此，从建筑业整个行业的立场出发，我国的 BIM 软件战略主要目标就是以最快的速度、最低的成本让 BIM 软件实现最大价值，简单地说就是在保证项目目前质量、工期、安全水平的前提下降低建设成本 1%、5%、10% 甚至更多，从而使 BIM 软件成为实现这个目标的工具和成本中心。

什么样的 BIM 软件组合才能够最大限度服务于中国的建筑业,并实现建设质量、工期、成本、安全的最优结果?站在 BIM 软件市场的立场上,考虑我国目前需要研究开发一些什么类型和功能的 BIM 软件?这些 BIM 软件如何得到?这些软件各自的市场规模、市场影响力和市场占有率如何实现?这些问题不仅是软件适应客户还是客户适应软件的必要问题,也是一个简单的供求关系问题,一个市场经济话语权的问题。

BIM 软件使用者的话语权和 BIM 软件开发者的话语权如何在博弈中获得共赢和平衡,是中国 BIM 软件战略需要考虑的又一个重要问题,而在上述两者之间站着的是政府行业主管部门。根据上述分析,提出下列 BIM 软件中国战略目标,如图 1-10 所示。

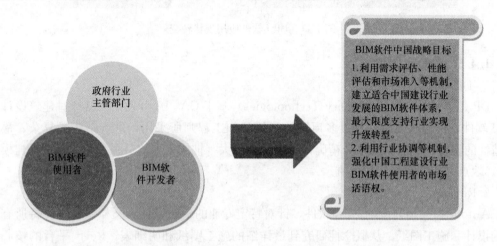

图 1-10　BIM 软件中国战略目标

### 1.4.4　中国 BIM 软件的战略行动路线探讨

美国和欧洲的 BIM 软件研究经验表明,虽然 BIM 这个被行业广泛接受的专业名词的出现及 BIM 在实际工程中的大量应用只有不到十年的时间,但是美欧对这种技术的理论研究和小范围工程实践从 20 世纪 70 年代就已经开始,且一直没有中断。

美欧形成了一个 BIM 软件研发和推广的良性产业链:大学和科研机构主导 BIM 基础理论研究,政府和商业机构主导支持和经费赞助活动,大型商业软件公司主导通用产品研发和销售,小型公司主导专用产品研发和销售,大型客户主导客户化定制开发。

我国的基本情况是:一方面,几乎没有人从事 BIM 基础理论研究,并且政府科研经费支持的大学和科研机构主要从事美欧 BIM 基础理论研究的本地化,以及在此基础上的通用产品雏形研发和小范围工程试验,研究成果大多停留在论文、非商品化软件、示范案例上,缺乏形成商品化软件的机制,其研究成果也无法为行业共享;另一方面,由于缺乏基础理论研究和资金的支持,国内大型商业软件公司只能从事专用软件开发,依靠中国市场和行业的独特性生存发展;而小型商业软件公司则只能在客户化定制开发上寻找机会,这种经营模式受制于平台软件市场和技术策略,使得小型商业软件公司的生存和发展极不稳定。

从根本上改变我国 BIM 软件领域的基本格局并不是短期内可以实现的,要实现这个转变的基本战略就是让行业内的各个参与方从现有的不良状态转变到良性状态上来,具体如图 1-11 所示。

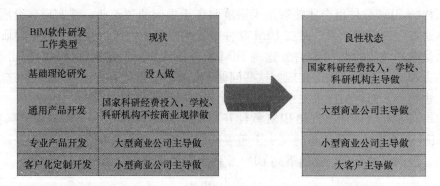

图 1-11　BIM 软件应用现状转变

### 1.4.5　部分软件简介

1. DP（Digital Project）

DP 是盖里科技公司（Gehry Technologies）基于 CATIA 开发的一款针对建筑设计的 BIM 软件，目前已被世界上很多顶级的建筑师和工程师所采用，进行一些最复杂、最有创造性的设计。优点就是十分精确，功能十分强大（抑或是当前最强大的建筑设计建模软件）。缺点是操作起来比较困难。

2. Revit

Autodesk 公司开发的 BIM 软件，针对特定专业的建筑设计和文档系统，支持所有阶段的设计和施工图纸，从概念性研究到最详细的施工图纸和明细表。Revit 平台的核心是 Revit 参数化更改引擎，它可以自动协调在任何位置（例如在模型视图或图纸、明细表、剖面、平面图中）所做的更改。这也是在我国普及最广的 BIM 软件了。实践证明，它确实大大提高了设计的效率。优点是普及性强，操作相对简单。

3. Grasshopper

基于 Rhino 平台的可视化参数设计软件，适合对编程毫无基础的设计师，它将常用的运算脚本打包成三百多个运算器，通过运算器之间的逻辑关联进行逻辑运算，并且在 Rhino 的平台中即时可见，有利于设计中的调整。优点是方便上手，可视操作。缺点是运算器有限，会有一定限制（对于大多数的设计足够）。

4. RhinoScript

RhinoScript 是架构在 VB（Visual Basic）语言之上的 Rhino 专属程序语言，大致上又可分做 Marco 与 Script 两大部分，RhinoScript 所使用的 VB 语言的语法基本上算是简单的，已经非常接近日常的口语。优点是灵活，无限制。缺点是相对复杂，要有编程基础和计算机语言思维方式。

5. Processing

也是代码编程设计，但与 RhinoScript 不同的是，Processing 是一种具有革命前瞻性的新兴计算机语言，它的概念是在电子艺术的环境下介绍程序语言，并将电子艺术的概念介绍给程序设计师。它是 Java 语言的延伸，并支持许多现有的 Java 语言架构，不过在语法（syntax）上简易许多，并具有许多贴心及人性化的设计。Processing 可以在 Windows、MAC OS X、MAC OS 9、Linux 等操作系统上使用。

### 6. Navisworks

Navisworks 软件是用于分析、仿真和项目信息交互的先进工具。完备的四维仿真、动画和照片级效果图功能，使用户能够可视化展示设计意图并仿真施工流程，从而加深设计理解并提高可预测性。实时漫游功能和审阅工具能够提高项目团队之间的协作效率。Autodesk Navisworks 是 Autodesk 出品的一个建筑工程管理软件套装，使用 Navisworks 能够帮助建筑、工程设计和施工团队加强对项目成果的控制。Navisworks 解决方案使所有项目相关方都能够整合和审阅详细设计模型，帮助用户提高 BIM 应用带来的竞争优势。

### 7. iTWO

RIB iTWO 建筑项目的全寿命周期（Construction Project Life-cycle），可以说是全球第一个数字与建筑模型系统整合的建筑管理软件，它的软件构架别具一格，在软件中集成了算量模块、进度管理模块、造价管理模块等，这就是传说中"超级软件"，与传统的建筑造价软件有本质的区别，且与我国的 BIM 理论体系比较吻合。

### 8. Navigator

广联达：GBIM-5D 施工管理系统是以建筑 3D 信息模型为基础，把造价信息纳入到模型中，形成建筑成本（造价）信息模型——BCIM（集成造价和算量产品）。运用建筑成本信息模型能够帮助建筑企业简化在招投标、施工、审核结算过程中的计量需求，从而提高工作效率和数据精度，同时提供直观的 5D 成本信息模型视图，供实时查询、计算分析等，此外，还能更加形象地辅助用户进行各项项目管理工作和问题诊断分析。

### 9. ProjectWise

ProjectWise WorkGroup 可管理企业中同时进行的多个工程项目，项目参与者只要在相应的工程项目上，使用有效的用户名和口令，便可登录到该工程项目共享平台上，根据预先定义的权限访问项目文档。ProjectWise 可实现以下功能：将点对点的工作方式转换为"火锅式"的协同工作方式；实现基础设施的共享、审查和发布；为企业提供对不同地区项目管理的分布式储存功能；增量传输；提供树状的项目目录结构；制定文档的版本控制及编码和命名的规范；对同一名称不同时间保存的图纸进行差异比较；工程数据信息查询；工程数据依附关系管理；项目数据变更管理；红线批注-图纸审查 Project 附件-魔术笔的应用；提供 Web 方式的图纸浏览；通过移动设备进行图纸校核（Navigator）；批量生成 PDF 文件，交付业主。

### 10. IES 分析软件

IES 是总部在英国的 Integrated Environmental Solutions 公司的缩写，IES＜VE＞是其下建筑性能模拟和分析的软件。IES 用于建筑前期对建筑的光照、太阳能及温度效应进行模拟。其功能类似 Ecotect，可以与 Radiance 兼容，对室内的照明效果进行可视化模拟。缺点是，软件由英国公司开发，整合了很多英国规范，与中国规范不符。

### 11. Ecotect Analysis

Ecotect 有自己的建模工具，分析结果可以根据几何形体得到即时的反馈。这样，建筑师可以从非常简单的几何形体开始进行迭代性（Iterative）分析，随着设计的深入，分析也逐渐越来越精确。Ecotect 和 Radiance、POV-Ray、VRML、EnergyPlus、HTB2 热分析软件均有导入导出接口。Ecotect 以其整体的易用性、适应不同设计深度的灵活性以及出色的可视化效果，在中国的建筑设计领域得到了更广泛的应用。

**12. Green Building Studio**

Green Building Studio（GBS）是 Autodesk 公司的一款基于 Web 的建筑整体能耗、水资源和碳排放的分析工具。在登入其网站并创建基本项目信息后，用户可以用插件将 Revit 等 BIM 软件中的模型导出，存为 gbXML 格式并上传到 GBS 的服务器上，计算结果将即时显示并可以进行导出和比较操作。在能耗模拟方面，GBS 使用的是 DOE-2 计算引擎。由于采用了目前流行的云计算技术，GBS 具有强大的数据处理能力。另外，其基于 Web 的特点也使信息共享和多方协作成为其先天优势，同时，其强大的文件格式转换器，使之成为 BIM 模型与专业的能量模拟软件之间的无障碍桥梁。

**13. EnergyPlus**

EnergyPlus 用于模拟建筑的供暖供冷、采光、通风以及能耗和水资源状况。它包括 BLAST 和 DOE-2 提供的一些最常用的分析计算功能，同时，也包括了很多独创模拟功能，例如模拟时间步长低于 1 小时、模组系统、多区域气流、热舒适度、水资源使用、自然通风以及光伏系统等。需要强调的是：EnergyPlus 是一个没有图形界面的独立的模拟程序，所有的输入和输出都以文本文件的形式进行。

**14. DeST**

DeST 是 Designer's Simulation Toolkit 的缩写，意为设计师的模拟工具箱。DeST 是建筑环境及 HVAC 系统模拟的软件平台，该平台以清华大学建筑技术科学系环境与设备研究所十余年的科研成果为理论基础，将现代模拟技术和他们独特的模拟思想运用到建筑环境的模拟和 HVAC 系统的模拟中，为建筑环境的相关研究和建筑环境的模拟预测、性能评估提供了方便、实用、可靠的软件工具，为建筑设计及 HVAC 系统的相关研究和系统的模拟预测、性能优化提供了一流的软件工具。目前，DeST 有两个版本，应用于住宅建筑的住宅版本（DeST-h）及应用于商业建筑的商建版本（DeST-c）。

# 1.5　本书脉络

BIM 虽然是一种新兴技术，但它同时也是一个比较大的范畴。所以本书从 BIM 项目管理的体系、应用和 BIM 项目实施规划这三大方面详尽地诠释 BIM 项目管理，并在最后辅以案例来深化基于 BIM 的项目管理的理解，使本书的内容更好消化，知识更加形象。

本书分为八章。第 1 章 BIM 概述主要介绍 BIM 的概念、发展历程、环境和应用软件。第 2 章 BIM 项目管理主要介绍 BIM 项目管理的定义、内容和工作岗位，以及与 BIM 项目管理实施规划的联系。第 3 章主要从 BIM 项目管理的应用出发，理解 BIM 项目管理多种不同的类型的应用。第 4 章介绍了 BIM 项目管理模型构建。第 5 章 BIM 项目管理实施规划主要讲述了 BIM 应用在实施规划阶段如何使用。

最后三章分别从三个案例入手分析。第 6 章是 BIM 项目管理实施规划应用案例，主要从规划的十个 BIM 应用点入手描述。第 7 章是 BIM 施工组织设计应用案例，对施工的 BIM 应用进行阐述。第 8 章是一个 BIM5D 应用案例，描述了一个项目如何完善地使用 BIM5D 技术。

# 本 章 习 题

1. 什么是 BIM?

2. BIM 有哪些特点?

3. BIM 的国际国内标准有哪些，它们之间各自的特点和不同有哪些?

4. BIM 的发展主要分为哪几个阶段?

5. BIM 对于建筑行业的重要性体现在哪里?

6. 你觉得 BIM 未来国内外发展趋势在哪里?

7. 某幼儿园项目位于××省××市小店区嘉节村，长治路东侧，龙城大街以南，红寺小学以西。该幼儿园东西长 48.35m，南北宽 27.35m。本工程建筑结构形式为框架结构。合理使用年限 50 年，抗震设防烈度 8 度。总建筑面积 3588.92m²。参照广东省 BIM 应用费用计算方法计算，其中项目为单独土建工程，工程复杂调整系数取 0.9。求:

(1) 计算该项目全寿命周期应用 BIM 的费用;

(2) 计算该项目施工过程管理阶段应用 BIM 的费用;

(3) 计算该项目设计和深化设计阶段应用 BIM 的费用。

# 第 2 章　BIM 项目管理

## 2.1　BIM 项目管理的定义

### 2.1.1　项目管理的定义

项目是指一系列独特的、复杂的并相互关联的活动，这些活动有着一个明确的目标或目的，必须在特定的时间、预算、资源限定内，依据规范完成。项目参数包括项目范围、质量、成本、时间、资源。

项目管理简称 PM，是项目的管理者，在有限的资源约束下，运用系统的观点、方法和理论，对项目涉及的全部工作进行有效管理的方式。

项目管理具有以下属性：

1. 项目的一次性

一次性是项目与其他重复性运行或操作工作最大的区别。项目有明确的起点和终点，没有可以完全照搬的先例，也不会有完全相同的复制。项目的其他属性也是从这一主要的特征衍生出来的。

2. 过程的独特性

每个项目都是独特的。或者其提供的产品或服务有自身的特点；或者其提供的产品或服务与其他项目类似，然而其时间和地点，内部和外部的环境，自然和社会条件有别于其他项目，因此项目的过程总是独一无二的。

3. 目标的确定性

项目必须有确定的目标：

(1) 时间性目标，如在规定的时段内或规定的时点之前完成；

(2) 成果性目标，如提供某种规定的产品或服务；

(3) 约束性目标，如不超过规定的资源限制；

(4) 其他需满足的要求，包括必须满足的要求和尽量满足的要求。

目标的确定性允许有一个变动的幅度，也就是可以修改。不过一旦项目目标发生实质性变化，它就不再是原来的项目了，而将产生一个新的项目。

4. 活动的整体性

项目中的一切活动都是相关联的，必须根据具体项目各要素或专业之间的配置关系构成一个整体，不能孤立地开展项目各个专业或专业独立管理。多余的项目活动是不必要的，同样，缺少某些活动也必将损害项目目标的实现。

5. 组织的临时性和开放性

项目班子在项目的全过程中，其人数、成员、职责是在不断变化的。某些项目班子的成员是借调来的，项目终结时班子要解散，人员要转移。参与项目的组织往往有多个，它们通过协议或合同以及其他社会关系组织到一起，在项目的不同时段介入项目活动。可以说，项目组织没有严格的边界，是临时性的、开放性的，这一点与一般企事业单位和政府机构组织很不一样。

**6. 成果的不可挽回性**

项目的一次性属性决定了项目不同于其他事情可以试做，做坏了可以重来；也不同于生产批量产品，合格率达 99.99% 是很好的了。项目在一定条件下启动，一旦失败就永远失去了重新进行原项目的机会。项目运作相对而言有较大的不确定性和风险性。

### 2.1.2　BIM 项目管理的定义

**1. BIM 项目管理的概念**

BIM 项目管理是以建筑工程项目的各项相关信息数据作为基础，建立三维的建筑模型，通过数字信息仿真模拟建筑物所具有的真实信息。它具有信息完备性、信息关联性、信息一致性、可视化、协调性、模拟性、优化性与可出图性这八大特点。其中信息完备性、信息关联性和信息一致性的概念如下：

（1）信息完备性：除了对工程对象进行 3D 几何信息和拓扑关系的描述，还包括完整的工程信息描述，如对象名称、结构类型、建筑材料、工程性能等设计信息；施工工序、进度、成本、质量以及人力、机械、材料资源等施工信息；工程安全性能、材料耐久性能等维护信息；对象之间的工程逻辑关系等信息。

（2）信息关联性：信息模型中的对象是可识别且相互关联的，系统能够对模型的信息进行统计和分析，并生成相应的图形和文档。如果模型中的某个对象发生变化，与之关联的所有对象都会随之更新，以保持模型的完整性和准确性。

（3）信息一致性：在建筑寿命期的不同阶段模型信息是一致的，同一信息无需重复输入，而且信息模型能够自动演化，模型对象在不同阶段可以简单地进行修改和扩展而无需重新创建，避免了信息不一致的错误。

**2. BIM 项目管理的优势**

BIM 项目管理能够解决传统项目管理中的很多不足，如项目管理缺少必要的沟通、应用局限于施工领域、监理项目管理服务发展缓慢、忽视项目全寿命周期的整体利益、不利于精细化和规范化管理、造价分析数据细度不够等。BIM 项目管理的优势有 11 条，具体表述如下：

（1）通过建立 BIM 模型，能够在设计中最大限度地满足业主对设计成果的细节要求（业主可以以任何一个视角观看设计产品的详细构造，可以小到一个插座的位置、规格、颜色等），业主在设计过程中可在线随时提出修改意见，从而使精细化设计成为可能。

（2）工程基础数据如量、价等数据可以实现准确、透明及共享，能完全实现全周期、全过程对资金风险以及盈利目标的控制。

（3）能够对投标书、进度审核预算书、结算书进行统一管理，并形成数据对比。

（4）能够对施工合同、支付凭证、施工变更等工程附件进行统一管理，并对成本测算、招投标、签证管理、支付等全过程造价进行管理。

（5）BIM 数据模型能够保证各项目的数据动态调整，方便追溯各个项目的现金流和资金状况。

（6）根据各项目的形象进度进行筛选汇总，能够为领导层更充分地调配资源、进行决策创造有利条件。

（7）基于 BIM 的 4D 虚拟建造技术能够提前发现在施工阶段可能出现的问题，并逐一修改，提前制定应对措施。

（8）能够在短时间内优化进度计划和施工方案，并说明存在的问题，提出相应的方案用于指导实际项目施工。

（9）能够使标准操作流程"可视化"，随时查询物料及产品质量等信息。

（10）利用虚拟现实技术实现对资产、空间管理以及建筑系统分析等技术内容，从而便于运营维护阶段的管理应用。

（11）能够对突发事件进行快速应变和处理，快速准确掌握建筑物的运营情况，如对火灾等安全隐患进行及时处理，减少不必要的损失。

总体上讲，BIM 项目管理可使整个工程项目在设计、施工和运营维护等阶段都能够有效地实现建立资源计划、控制资金风险、节省能源、节约成本、降低污染和提高效率。应用 BIM 项目管理，能改变传统的项目管理理念，引领建筑信息技术走向更高层次，从而大大提高建筑项目管理的发展水平。

### 2.1.3 BIM 项目管理的工作模式与实施规划的关系

1. 基于 BIM 的集成化管理模式

BIM 技术自出现以来就迅速覆盖了建筑的各个领域。《全国建筑业信息化发展规划纲要》提出：要促进建筑业软件产业化，提升企业管理水平和核心竞争能力；"十二五"规划中提出：全面提高行业信息化水平，重点推进建筑企业管理与核心业务信息化建设和专项信息技术的应用。根据本节前面关于传统项目管理和 BIM 项目管理的介绍，可以体现出 BIM 在弥补传统项目管理不足中的突出作用，尤其是 BIM 技术可以轻松地实现项目集成化管理，如图 2-1 所示，这不仅符合政策导向，也是发展的必然趋势。

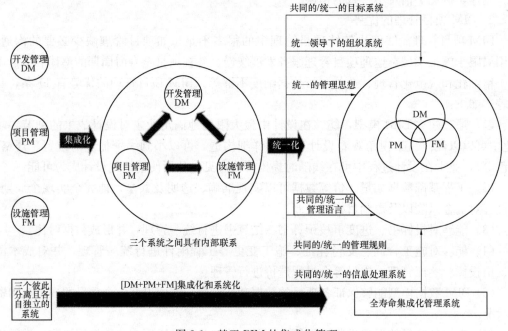

图 2-1 基于 BIM 的集成化管理

传统的项目管理模式即"设计—招投标—建造",将设计、施工分别委托不同单位承担。设计基本完成后通过招标选择承包商,业主和承包商签订工程施工合同和设备供应合同,由承包商与分包商和供应商单独订立分包及材料的供应合同并组织实施。业主单位一般指派业主代表负责有关的项目管理工作。施工阶段的质量控制和安全控制等工作一般授权监理工程师进行。

2. BIM 项目管理的工作模式

引入 BIM 技术后,项目管理将从建设工程项目组织、管理的方法和手段等多个方面进行系统的变革,实现理想的建设工程信息积累,从根本上消除信息的流失和信息交流的障碍,理想的建设工程信息积累变化如图 2-2 所示。

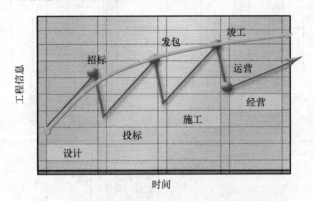

图 2-2　理想的建设工程信息积累变化示意图
(弧线:引入 BIM 的信息保留;折线:传统模式的信息保留)

BIM 项目管理中含有大量的工程相关信息,可为工程数据提供巨大的后台支撑,可以使业主、设计院、顾问公司、施工总承包、专业分包、材料供应商等众多单位在同一个平台上实现数据共享,使沟通更为便捷、协作更为紧密、管理更为有效,革新传统的项目管理模式,BIM 项目管理的工作模式如图 2-3 所示。

基于 BIM 的项目管理模式是项目创建信息、管理信息、共享信息的数字化方式。

3. BIM 项目管理工作模式对实施规划的积极作用

传统的项目管理模式即"设计—招投标—建造"模式,将设计、施工分别委托不同单位承担。因此在项目管理的衔接、沟通、数据共享等方面都有所欠缺,导致项目管理会对项目实施规划产生一定消极的影响。

项目的实施规划是指导 BIM 应用和实施工作的纲领性文件,确定 BIM 工作任务的流程,确定项目各参与方之间的信息交互,并描述支持 BIM 应用需要项目和公司提供的服务和任务。内容包括 BIM 项目实施的总体框架和各目标的详细流程、信息交互,并且提供各类技术相关信息。

引入 BIM 技术后,建设工程的项目管理将从多个方面进行系统的变革,实现理想的建设工程信息积累,从根本上消除信息的流失和信息交流的障碍。这种革新传统的项目管理模式对 BIM 项目实施规划有非常积极的作用,从本质上使项目实施规划进入高效和低失误的模式。

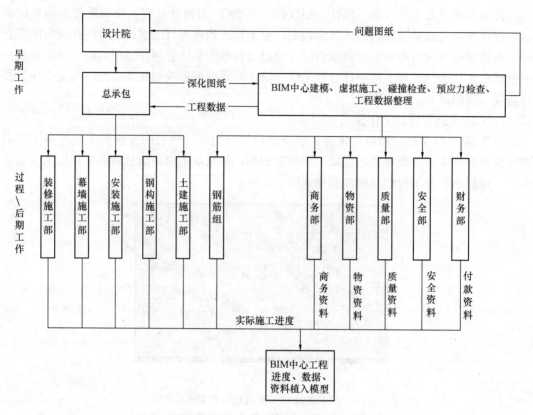

图 2-3　BIM 项目管理的工作模式

## 2.2　BIM 项目管理的内容

### 2.2.1　BIM 协议

BIM 协议、雇主的信息要求和 BIM 项目管理的实施规划技术，是 BIM 制定和协调设计整个过程中的关键因素。这三个因素共同存在是实现 BIM 项目成功的关键，也是成功实现项目任用、专业赔偿保险和合同文件的重要基础。

BIM 协议的目的是通过采用协调一致的方式在 BIM 工作中最大限度地提高生产效率。它还被用于确定在整个项目中提供高质量数据和统一绘图输出的标准和最佳做法。

BIM 协议对于确保数字 BIM 文件的结构正确至关重要，这有利于实现内部和外部 BIM 环境中跨学科团队进行高效的合作和数据共享。

每个 BIM 项目必须有效且拥有自己的 BIM 协议，并且由于建筑项目的独特性，每个 BIM 协议都只适合特定的项目。

BIM 协议包含的内容可简单理解为模型组合图的确定。特定 BIM 参与者所执行的 BIM 计算机辅助设计（CAD）标准必须依附于其他所有参与者一起遵循的标准，这个标准是由所有参与者通过详细分析项目共同模式制定的，供其他顾问、建筑师和设施经理使用。

BIM 协议规定了每个项目都具有自己独特的组织和结构方式，为项目团队提供了一个路线图，以便了解特定项目 BIM 流程目标以及模型如何组装的规定。此外，BIM 协议为新的团队成员提供了更容易理解和参与复杂模型结构和处理过程的方法。

BIM 协议并不是在重组合同关系或代替完整的建筑项目协议，它只是作为建筑合同的附录，由各种顾问及其他设计师制定。尽管如此，BIM 协议解决了非常重要的设计、数据和流程问题，这些问题必须在项目开始时确定。

典型的 BIM 协议文档将包含：

（1）项目介绍。

（2）项目中 BIM 的应用情况总规划。

（3）协议合同文件的优先权。

（4）应考虑的其他相关文件。

（5）BIM 信息管理者的详细信息。

（6）BIM 协调员的细节。

（7）雇主的资料要求。

（8）以简单的方式显示所有相关方，为 BIM 流程、义务、角色和责任以及所需交货时间表提供有机图，如图 2-4～图 2-11 所示。

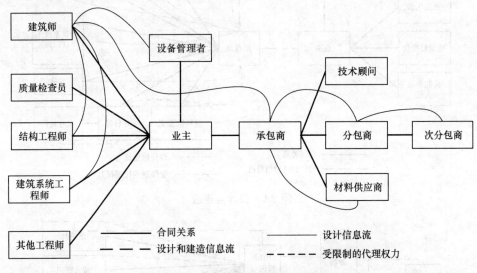

图 2-4　传统的设计、投标和建造

（9）BIM 项目管理的实施规划。

（10）工程信息模型（PIM）和资产信息模型（AIM）的细节。

（11）模型细节（LOD），涉及模型的图形内容。

（12）信息层次（LOI），涉及模型的非图形内容。

（13）在信息传递规划（MPDT）中列出项目开发过程关键阶段"数据丢失"的细节。

（14）常见数据环境。

（15）详细介绍合作工作的程度和公开规范的应用等。

（16）协议文件中使用的术语的定义。

（17）使用的软件的详细信息。

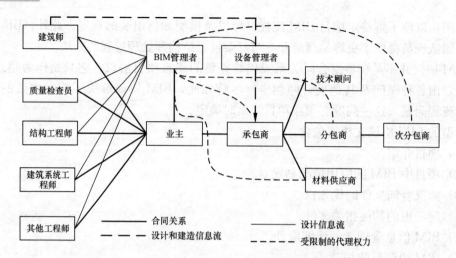

图 2-5　基于 BIM 的设计、投标和建造

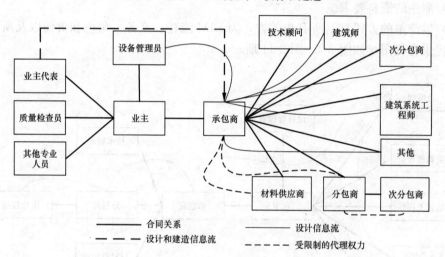

图 2-6　设计与建造

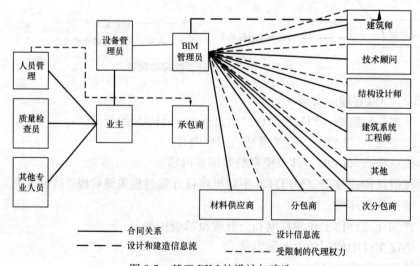

图 2-7　基于 BIM 的设计与建造

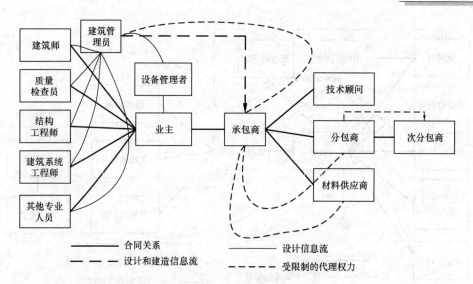

图 2-8 建造管理

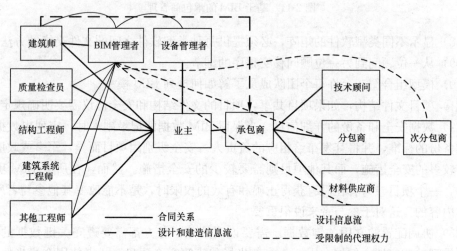

图 2-9 基于 BIM 的建造管理

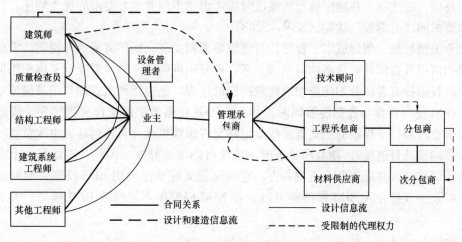

图 2-10 承包商管理

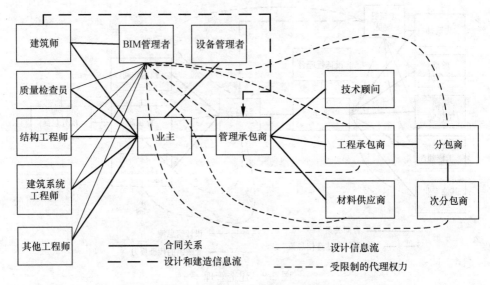

图 2-11　基于 BIM 的承包商管理

（18）显示不同类型软件的矩阵，必须提供每种类型软件之间的文件交换的方法。

（19）从一位顾问到另一位顾问移交程序的细节。

（20）模型组合图，允许每个团队成员了解如何排列 BIM 模型。

（21）项目文件结构，如果项目共享，项目的文件结构和安全协议需要明确规定。

（22）数据安全和备份的详细信息。当保留 BIM 数据的记录副本时，应列出数据安全级别和备份的标准，并将其发布给相应的负责人。安全级别因项目而异，军事或政府项目可能有较多的安全措施，而其他项目则需要较少的安全措施。然而，在所有 BIM 项目的合作中，一个项目参与者在没有获得正确和有效的权限时，是不能改变其他参与者所进行的工作内容的，这对于参与者来说很重要。

（23）协调配置的常用关键数据。需要说明的是，各方都需要遵守关键数据的规定，以确保模型的兼容性。例如，用 $x$，$y$，$z$ 坐标代表第零个项目（或者使用全局坐标确认）的地板高度。应注意，在确定该地板高度时应考虑到不同参与方要求的优先顺序，如结构工程师要求的"上钢板"优先（BS[1]，2008）。

如果关键数据（例如成本、程序）与建筑要素相关联，则还需要另外说明。需要阐明该数据如何以及在何处创建新的对象或元素，以及由谁创建。协议需要定义模型添加或删除图层的权限拥有者以及如何添加或删除图层的过程，还应该列出管理和记录模型变更的方法。BIM 使所有参与者都能够同时工作，而不是遵循传统的工作流程顺序，因此，参与者要求更改和授予权限的正式方法的设定将允许跟踪更改并对任何延迟更改负责（其中可能会影响到项目进度）。随着项目进展，协议可能需要修改，因此，需要有一个审查议定书的协议，修改并通知所有有关各方，它应该定义好谁能应用 BIM 模型，谁可以修改数据，以及一旦被并入 BIM 模型谁可以查看 BIM 模型但不能修改 BIM 模型。关于版权

❶　BSI（British Standards Institution）（2007）BS 1192：2007. Collaborative production of architectural，engineering and construction information. Code of practice. BSI，London，UK.

和知识产权，协议需要规定如何向其他参与者授予许可。该协议还应处理与 BIM 模型有关的责任限制（如果有的话），以及一方可能对另一方的数据和模式的依赖程度。

BIM 协议是否是合同文件显然是协议中需要解决的重要问题。为了避免各种法律诉求，当事人可能要求 BIM 协议是合同文件。例如，联合合同法庭的公共部门补充公平付款、透明度和建筑信息建模（JCT●，2011）要求 BIM 协议作为合同文件；而该补编第 1.1 条修订了许多 JCT 标准表格中的合同文件的定义，包括"任何议定的建筑信息建模协议"。

建筑业协会（CIC）于 2013 年 2 月（CIC，2013 年）发布了 BIM 协议（CIC BIM 议定书）。CIC BIM 协议声称适用于所有二级 BIM 项目。这是一个七页的补充法律协议，可以通过增加一个示范性的修正案，纳入专业服务约定、建筑合同、分包合同和运维协议。它确定了应用 BIM 模型的具体义务、责任和权限，并可由客户应用 BIM 来规定特定的工作实践。CIC 警告说，今后进入三级 BIM（创建一个单一的在线项目模型，具有构件排序、成本和寿命周期管理信息）可能会引起非常多且迥异的责任和版权问题，所以开发一种新的 BIM 协议是将来的工作之一。

CIC BIM 议定书是一份明确的合同文件，优先于现有 BIM 协议。议定书第 2.1 条规定："如果本议定书的条款与本协议所记载组成的任何其他文件之间发生冲突或不一致，除非议定书另有规定，否则本议定书的条款有优先权。"

因此，在签署 CIC BIM 议定书或任何其他施加合同义务的 BIM 协议之前，各方将需要咨询其保险公司，以确认通过签署 BIM 协议，他们不接受未经保险的合同义务或责任。

鉴于 BIM 协议的重要性，在任命 BIM 协议管理员之前，将协议及其附录提供给所有相关方是非常重要的。此外，需要注意的一点是，对 BIM 协议或其附录的更改被视为合同的变更，遵循合适的变更控制程序。

成功的 BIM 项目取决于严格遵守商定的标准（即软件、数据存储、数据检索等的标准）。显然，除非有一个明确的 BIM 协议指出，几乎不可能遵守所有要求的标准。但是，随着参与者越来越多地习惯于他们的工作，他们对标准的监督就会越来越少。然而，当 BIM 首次应用于项目时，必须对其所需的标准进行最有力的监督，以确保成功采用新的工作方法。

即使在单一的做法中，如果不遵守商定的标准，许多工作人员现有的工作模式可能很快都变得不可用；当 BIM 模式在单一实践之外被其他人应用时，这种缺乏遵守标准的风险就会变得更大，因此更为重要的是要遵守所要求的标准。

显然，当 BIM 模型由所有参与方共享时，商定的标准需要符合每个参与方的适用标准。为了满足这种需要，标准都是基于通用或通用标准文件，如 BS1192：2007"建筑、工程和施工信息的协同生产"。

### 2.2.2 雇主信息要求（EIR）

雇主信息要求（EIR）与项目基本情况介绍的重要性是相当的。EIR 通常是 BIM 项目责任人任命和招标文件的一部分。

---

● JCT（Joint Contracts Tribunal）（2011）Fair Payment, Transparency and Building Information Modeling. Public Sector Supplement. http://www.jctltd.co.uk/public-sector.aspx.

项目基本情况定义了雇主希望交付的建筑资产的性质，EIR 定义了雇主希望交付的建筑资产的详细信息，以确保根据雇主需要开发设计，并且高效顺利地开展业务。

EIR 定义了在每个项目阶段需要生成的模型，并列出了该阶段所需的模型的定义和详细程度。这些模型是可交付成果的关键，有助于在项目关键阶段进行有效的决策。

EIR 的内容涵盖三个主要领域（表 2-1）：

（1）科技——软件平台的细节、细节等级的定义。

（2）管理——与 BIM 项目有关的管理流程细节。

（3）商业——BIM 模型可交付成果的细节、数据丢失的时间和信息的定义。

EIR 的三个主要方面 表 2-1

| 技　术 | 管　理 | 商　业 |
| --- | --- | --- |
| （1）软件平台<br>（2）数据交换格式<br>（3）协调技术<br>（4）详细程度<br>（5）培训 | （1）标准<br>（2）利益相关方的角色和职责<br>（3）规划工作和数据可交付成果<br>（4）安全评估<br>（5）协调和冲突<br>（6）协作过程<br>（7）健康与安全<br>（8）系统性能约束<br>（9）合规计划<br>（10）资产交付策略信息 | （1）数据丢失的时间<br>（2）客户的战略目标<br>（3）定义 BIM 项目<br>（4）BIM 特定的功能 |

### 2.2.3　BIM 项目管理实施规划

在项目交付过程中，为有效引进 BIM，项目组应当在项目的初期制订一个 BIM 项目管理实施规划，这一点很重要。该规划需要包括项目组在整个项目过程中需要遵循的整体目标和实施细节。规划通常在项目的开始阶段就要明确下来，以便指定的新项目团队加入后能更好地适应项目。

BIM 项目管理实施规划有利于业主和项目团队记录达成一致的 BIM 说明书、模型深度和 BIM 项目流程。主合同应当参考 BIM 项目管理实施规划从而确定项目团队在提供 BIM 交付成果中的角色和职责。

制定 BIM 项目管理实施规划后，业主和项目团队能够清楚地理解项目实施 BIM 的战略目标；理解他们在模型创建、维护和项目不同阶段的角色和职责；设计一个能实施的 BIM 项目管理实施规划流程、规划内容、模型深度和提交模型质量及时间；为整个项目过程的进度测定提供参考基础以及确定合同需要的其他服务。

BIM 项目管理实施规划应包含：项目信息；BIM 目标和应用；每个项目成员的角色、人员配备和能力；BIM 流程和策略；BIM 交互协议和提交格式；BIM 数据要求；处理共享模型的协作流程和方法；质量控制；技术基础设备和软件等内容。

BIM 项目管理实施规划在整个项目寿命周期内都需要持续更新，增加新信息满足不断变化的项目需求，如，在项目后期有新项目参与人加入。BIM 项目管理实施规划的更新需经业主同意或其指定的 BIM 经理同意，且不能与主合同的条件相冲突。

BIM 项目管理实施规划用于管理项目的交付。主要包括两部分内容：BIM 项目管理实施规划合同草案和 BIM 项目管理实施规划正式合同。

1. BIM 项目管理实施规划的合同草案

合同草案是由潜在供应商准备的合同，合同阐明了他们能够满足 EIR 的能力和方法。合同草案应包括：

（1）项目实施计划（PIP），阐述潜在供应商招标项目的能力和经验以及质量文件；

（2）协作和信息建模的理论目标；

（3）项目规划要求；

（4）可交付的战略成果。

2. BIM 项目管理实施规划的正式合同

合同一旦被签订，中标的供应商就会再提交一份合同草案后的实施规划正式合同，确认实施能力并提供一个项目负责人信息。

BIM 项目管理实施规划的正式合同规定了雇主信息要求所需信息的提供方式，通常涉及：管理角色、责任和权限；符合项目规划的项目里程碑；可交付战略成果及调查策略；现有遗留数据应用；批准信息和授权流程；修订 PIP 确认实施的能力；商定协作和建模的流程及责任矩阵；TIDP 规定每个供应商交付信息的责任；MIDP 规定项目准备阶段，由谁和应用什么协议和程序传递信息；文件及层命名约定；图纸模板、注释尺寸、缩写和符号；文件交换格式、流程和数据管理系统。

### 2.2.4　信息模型

在基础设施全寿命周期管理过程中，会产生大量信息需要管理。一般的组织机构会采取两种信息管理策略：工程信息模型和资产信息模型。然而，信息在两种策略之间进行数字交付和反馈修改时，会产生重复、错误、不可获取等问题。要实现有效的信息管理，就要保证信息能在基础设施全寿命周期管理各个阶段实现移动、共享，即所有信息能集中在一个数字化模型上，从而实现信息的互操作性，这样才能解决工程信息模型和资产信息模型之间信息交互的问题。

相应的信息模型包括 PIM（Project Information Model，即工程信息模型）和 AIM（Asset Information Model，即资产信息模型）两种。

工程信息模型是根据我国建筑行业发展情况和实际需要，基于 IFC 标准，在建筑几何模型的基础上，通过将几何信息和工程信息相结合，建立起来的更高层次的模型。该模型采用 Express 数据定义语言，数据定义遵循 IFC 标准中的数据定义规范，模型中包括几何、拓扑、几何实体、人员、成本、建筑构件、建筑材料等工程信息。这些信息采用面向对象的方法、模块化的方式加以组织，具有完整而严密的数据结构，便于计算机对数据进行分析和整理。

资产信息模型（AIM）的基础是资产全寿命周期管理的各项系统，将其中的管理理念与先进的 BIM 技术相结合，进行分析与优化，包含采购、维护和处置资产的一种信息模型。资产信息模型构成可以用综合战略资产管理框架来表示（图 2-12），该框架表明综合战略资产管理框架是综合了知识管理和组织管理的战略管理，从环境因素和团队期望出发，经过一系列相依相辅的规划和实施，最终实现资产信息模型管理。

比如，致力于在工程的全生命周期内利用信息模型进行设计、分析、施工建造和运营的 Bentley 公司，其涵盖的领域多为实践中的市政工程、城市基础设施和建筑信息模型。

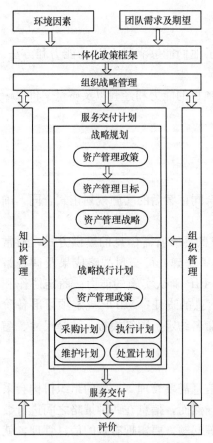

图 2-12　综合战略资产管理框架

具体的解决方案包括用于设计和建模的 MicroStation 平台、用于团队协作和工作共享的 ProjectWise 平台以及用于资产运营的 AssetWise 平台。MicroStation 是面向公用事业系统、城市交通、建筑、通信网络、城市基础设施等类型工程的建模信息软件；ProjectWise 是工程信息管理和项目协同工作软件，针对基础设施项目的建造、工程、施工和运营进行设计和建造开发的项目协同工作和工程信息管理；AssetWise 是资产信息管理平台，可提供基础设施资产运营所需的应用程序和在线服务。

### 2.2.5　模型细节（LOD）和信息层次（LOI）

模型细节（LOD）和信息层次（LOI）是指建筑资产的 BIM 模型的发展水平。LOI（Level of Information）定义了每个阶段需要细节的多少。LOD 涉及模型的图形内容，LOI 与模型的非图形内容有关。在现实中，两者是密切相关的。

LOD 英文称作 Level of Details，也叫作 Level of Development。描述了一个 BIM 模型构件单元从最低级的近似概念化的程度发展到最高级的演示级精度的步骤。美国建筑师协会（AIA）为了规范 BIM 参与各方及项目各阶段的界限，在 2008 年的文档 E202 中定义了 LOD 的概念。这些定义可以根据模型的具体用途进行进一步的发展。LOD 的定义可以用于两种途径：确定模型阶段输出结果以及分配建模任务。

模型阶段输出结果（Phase Outcomes）：随着设计的进行，不同的模型构件单元会以不同的速度从一个 LOD 等级提升到下一个。例如，在传统的项目设计中，大多数的构件单元在施工图设计阶段完成时需要达到 LOD300 的等级，同时在施工阶段中的深化施工图设计阶段大多数构件单元会达到 LOD400 的等级。但是有一些单元，例如墙面粉刷，永远不会超过 LOD100 的层次。即粉刷层实际上是不需要建模的，它的造价以及其他属性都附着于相应的墙体中。

任务分配（Task Assignments）：在三维表现之外，一个 BIM 模型构件单元能包含非常大量的信息，这个信息可能是多方来提供的。例如，一面三维的墙体或许是建筑师创建的，但是总承包方要提供造价信息，暖通空调工程师要提供 U 值和保温层信息等。为了解决信息输入多样性的问题，美国建筑师协会文件委员会提出了"模型单元作者"（MCA）的概念，该作者需要负责创建三维构件单元，但是并不一定需要为该构件单元添加其他非本专业的信息。

在一个传统项目流程中，模型单元作者（MCA）的分配极有可能是和设计阶段一致的——设计团队会一直将建模进行到施工图设计阶段，而分包商和供应商将会完成需要的深化施工图设计建模工作。然而，在一个综合项目交付（IPD）的项目中，任务分配的原则是"交给最好的人",因此在项目设计过程中不同的进度点会发生任务的切换。例如,一个暖通空调的分包商可能在施工图设计阶段就将作为模型单元作者来负责管道方面的工作。

LOD 被定义为 5 个等级,从概念设计到竣工设计,已经足够来定义整个模型过程。但是,为了给未来可能会插入等级预留空间,定义 LOD 为 100~500。具体的等级如下。

模型的细致程度,定义如下:

100——Conceptual 概念化;

200——Approximate geometry 近似构件(方案及扩初);

300——Precise geometry 精确构件(施工图及深化施工图);

400——Fabrication 加工;

500——As-built 竣工。

LOD 100——等同于概念设计,此阶段的模型通常为表现建筑整体类型分析的建筑体量,分析包括体积、建筑朝向、每平方米造价等。

LOD 200——等同于方案设计或扩初设计,此阶段的模型包含普遍性系统,包括大致的数量、大小、形状、位置以及方向。LOD 200 模型通常用于系统分析以及一般性表现目的。

LOD 300——模型单元等同于传统施工图和深化施工图层次。此模型已经能很好地用于成本估算以及施工协调,包括碰撞检查、施工进度计划以及可视化。LOD 300 模型应当包括业主在 BIM 提交标准里规定的构件属性和参数等信息。

LOD 400——此阶段的模型被认为可以用于模型单元的加工和安装。此模型更多地被专门的承包商和制造商用于加工和制造项目的构件包括水暖电系统。

LOD 500——最终阶段的模型表现的项目竣工的情形。模型将作为中心数据库整合到建筑运营和维护系统中去。LOD 500 模型将包含业主 BIM 提交说明里制定的完整的构件参数和属性。

在 BIM 实际应用中,我们的首要任务就是根据项目的不同阶段以及项目的具体目的来确定 LOD 的等级,根据不同等级所概括的模型精度要求来确定建模精度。可以说,LOD 做到了让 BIM 应用有据可循。当然,在实际应用中,根据项目具体目的的不同,LOD 也不用生搬硬套,适当的调整也是无可厚非的。

BIM 模型中的细节水平随着项目的进行而增加,首先通常基于现有信息,然后从简单的设计意图模型开发到详细的虚拟模型构建,然后是模型操作。

模型的不同方面可能以不同的速度发展。因此,重要的是,雇主在 BIM 协议、EIR 或模型生产和交付中定义项目开发阶段所需的详细信息表(附加到协议或 EIR)。这不仅可以确保开发设计具有足够的细节保证,而且可以确保开发设计需要的信息的准确性。

模型细节和信息层次的级别通常在项目的关键阶段定义,并且在信息交换发生后,仍然允许雇主验证项目信息是否符合其要求,并决定是否能够进入下一个阶段。这类似于常规项目的阶段报告。

目前,关于数据丢失的时间安排或模型细节和信息层次的水平并没有标准化的定义,除了建议将其与雇主决策点对齐,并应在所有约定中保持一致之外。

### 2.2.6　常见数据环境（CDE）

常见数据环境（CDE）是项目的单一信息来源。它用于收集、管理和传递文档，包括整个项目团队的图形数据和非图形数据（即所有项目信息，无论是在 BIM 环境中创建的还是以常规数据格式创建的信息）。创建单一信息来源有助于项目团队成员之间的协作，并有助于避免重复和错误。

CDE 在管理过程中主要用于收集和传递多学科团队之间的模型数据和文档。它提供了一种实现协作工作环境的方法，如图 2-13 所示。CDE 可以通过服务器、外部网或基于文件的检索系统来实现。

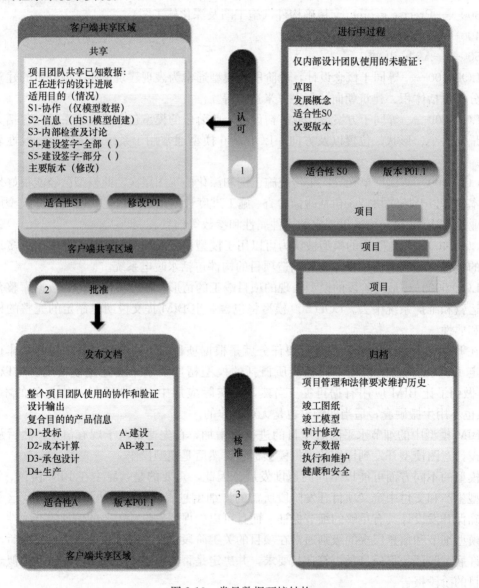

图 2-13　常见数据环境结构

CDE 内的信息所有权仍然是相关部分的发起者。这意味着不同项目团队成员构建的个人模型不会相互影响——它们具有明确的作者身份并保持分开，而且通过将模型纳入联合模型，发起人的责任不会改变。然而，随着项目的推进，所有权的变化（例如用专门的分包商对象替换设计团队对象），CDE 也可能会出现其他问题。

BIM 信息管理者应该建立和管理 CDE。它本质上是一个程序性的守门员，管理 CDE 以确保它符合商定的协议、数据的安全性。为了有效利用 CDE，所有项目团队成员都必须严格遵守约定的程序。

通常认为，雇主应该主持构建 CDE，因为他们将在委任负责人和承包商之前生成项目信息，有时甚至在 BIM 信息经理任命之前。如果没有在项目信息生成之前构建好 CDE，那么应该将应用的信息以与在项目后期阶段存储信息的方式一致的方式进行存储。此外，CDE 中记录的信息最终将被雇主用于建筑物的运营维护。因此，如果雇主主持构建 CDE，也可以帮助避免信息在从一个组织转移到另一个组织时可能发生的问题。

在设计和施工阶段，CDE 是 PIM 的构成基础；在移交给雇主或使用者时，CDE 形成了 AIM。由此可见，信息是在整个资本交付阶段建立起来的，一旦交付成果完成，所有信息都应在 CDE 的"已发布"部分公布。

CDE 中的信息可以具有各种状态级别，但通常会有四个主要信息状态，并且签发过程允许信息从一个区域传递到下一个区域。

图 2-13 中，正在进行区域用于保存每个组织的未经批准的信息；共享区域信息已经过检查、审查和批准，可以与其他组织共享；发布区域信息已被客户或其代表（通常是首席设计师）确认；存档区域用于记录每个项目里程碑的进度以及所有交易和变更单。

## 2.3　BIM 项目管理的工作岗位

通常情况下，建筑公司的职务主要由三部分构成，即：项目经理（M）、项目建筑师（A）、项目设计师（D）。都是根据不同专业的专业领域明确划分的工作岗位。而现在，随着 BIM 技术及整合设计的出现，人们所熟悉的 SD、DD 等传统项目阶段已经被归并，以前的工作岗位和职责也随着取消。

BIM 是建筑业的一种创新性技术，具有常见创新性技术的突破性和颠覆性特性，此外它还具有不同于一般的创新性技术的学习曲线效应，导致现有建筑业各相关行业的人员还不能很快过渡到 BIM 环境中，由此应运而生了一些新的工作岗位和角色。具体如表 2-2 所示。

**BIM 项目管理工作岗位**　　　　　　　　　　　　　表 2-2

| 职　务 | 说　明 |
| --- | --- |
| BIM 信息管理员 | 管理模型、公共数据环境和关联的进程 |
| BIM 协调员 | 负责模型协调和冲突检测 |
| BIM 经理 | 管理 BIM 实施和维护过程中参与人员 |
| BIM 分析员 | 基于 BIM 模型进行仿真与分析 |
| BIM 模型管理员 | 模型构建及从模型提取 2D 图纸 |
| BIM 咨询师 | 在已采纳 BIM 技术但缺乏有经验的 BIM 专家的大中型公司中，指导项目设计、开发及建造者的 BIM 实施 |
| BIM 软件开发员 | BIM 插件到 BIM 服务器的软件开发以支持 BIM 流程和集成 |

本节对 BIM 信息管理员、BIM 模型管理员和 BIM 协调员进行简要介绍。

### 2.3.1　BIM 信息管理员

BIM 协议通常要求雇主任命一名 BIM 信息管理员。这项任命可能（并且经常会）在项目过程中发生变化。例如，首席设计师或首席工程师可能是早期阶段的 BIM 信息管理员，而承包商是施工阶段的 BIM 信息管理员。

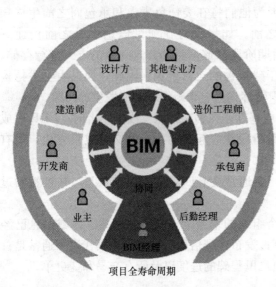

图 2-14　BIM 信息管理员协同各参与方

信息管理员不是 BIM 协调员，也不对冲突检测或模型协调负责。信息管理员本质上是一个程序化的守门员，管理模型、公共数据环境和关联的进程，以确保它们遵循协议，并且所保存的数据是安全的，如图 2-14 所示。

BIM 信息管理员的作用有以下 5 点：

（1）建立常见数据环境，在项目期间维护和验证信息流；

（2）启动和实施项目信息计划和资产信息计划，规定每个项目团队成员的信息计划责任，并确保软件平台允许数据验证和设计主管协调信息；

（3）为项目的所有信息建模问题提供协调；

（4）确保项目 BIM 模型的组成部分已经获得批准和授权，并在共享前和发布前批准通过；

（5）确保项目 BIM 模型的组成部分符合雇主信息传递计划。

此外，BIM 信息管理员将对用户访问项目 BIM 模型以及协调提交单个设计并将其集成到项目 BIM 模型的任务负有责任。

BIM 信息管理员应保存数据信息及其提交人员的信息，并根据需要记录数据信息是否按照规范和约定的程序提交。BIM 信息管理员还应负责数据信息的安全并对数据信息存档。BIM 信息管理员在领导数据信息协调设计过程中的作用不是主管设计师，因为信息管理员主要负责的是信息管理、信息交互，遵守商定的程序。

基于以上表述，显而易见，BIM 信息管理员是项目成功实施 BIM 的关键角色。因此，BIM 信息管理员需要担任高级管理职务，以确保其具有必要的权力和全面的领导支持。此外，BIM 信息管理员这一职位必须是一个明确定义的专门职位，而且这一职位的管理员需要与对 BIM 有浓厚兴趣的其他专业人士进行交流。BIM 信息管理员需要获得 BIM 项目授权，为实现项目的 BIM 目标做出决定，并需要定期提供状态更新。

BIM 信息管理员需要在项目组中确定，该成员要对项目组的其他成员进行任务分配和责任明确。通常情况下，BIM 信息管理员需要确定文件、文件格式及交换方法；确定模型的建造原点、定期对模型进行审查和质量检查等。

在 BIM 应用过程中需要牢记一点，BIM 是一个涉及来自不同背景的团队成员合作（建筑师、工程师、承包商等）的过程，所以，成功的 BIM 信息管理员需要了解每个团队成员如何与 3D BIM 项目模型进行交互，并对每个独立的团队成员进行分析。因此，这是一个非常苛刻的角色。然而，BIM 信息管理员不应该过分参与 BIM 技术方面，因为 BIM 信息管理员所面临的挑战是利用计算机技术知识来应用 BIM，并将其与更大的技术关联，而不是技术的实践应用。

在与团队成员沟通和协作方面，BIM 信息管理员与其他管理员最大的区别就是，他或她必须是一个很好的沟通者，只有实现各团队成员的有效沟通，才能确保每个团队成员都朝着同一个方向前进。此外，由于 BIM 可能会影响项目的每一个方面，因此 BIM 信息管理员还需要成为一名优秀的老师或大伸，以培养他人在 BIM 应用过程中的合作能力，特别要考虑到项目参与者理解水平的不同。

### 2.3.2　BIM 模型管理员

BIM 模型管理员的职位描述取决于其在团队工作中的专业。如，建筑专业的 BIM 模型管理员负责协调和管理建筑设计团队的参考模型。每个 BIM 模型管理员都有其职位要求，每个专业都有自己的 BIM 模型管理员，如建筑、结构、MEP、室内设计、土木和场地设计、景观设计和特色设计（如实验室）等。

BIM 模型管理员的主要职责：

（1）与业主方 BIM 应用协调人协调项目范围内的相关培训。

（2）与业主团队及项目 IT 人员协调建立数据共享服务器。包括与 IT 人员配合建立门户网站、权限设定等。

（3）负责整合相关协调会所需的综合设计模型。综合设计模型是基于设计视角构建的模型，包括了建筑、结构、MEP 等完整设计信息，与施工图信息一致。

（4）对设计方 BIM 模型的建模质量控制和检查。

（5）推动 BIM 综合设计模型在设计协调会议的应用。

（6）与业主团队合作协调 BIM 综合设计模型及数据交换流程、关键时间等。

（7）负责 BIM 综合设计模型的构建与维护，确保项目建成（as-built）信息及时在模型中更新。

（8）确保 BIM 综合设计模型在施工协调和碰撞检查会议的有效应用，提供软碰撞和硬碰撞的辨识和解决方案。

BIM 模型管理员是建设项目管理由传统 CAD 技术向 BIM 技术转换过程中的关键角色之一。应具备以下能力：

（1）BIM 软件操作能力

BIM 模型管理员应该具有掌握一种或若干种 BIM 软件应用的能力，这是 BIM 模型生产工程师、BIM 信息应用工程师和 BIM 专业分析工程师三类职业必须具备的基本能力。

（2）BIM 模型应用能力

BIM 模型管理员应该具有使用 BIM 模型对工程项目不同阶段的各种任务进行分析、模拟、优化的能力，如方案论证、性能分析、设计审查、施工工艺模拟等，这是 BIM 专业分析工程师需要具备的关键能力。

### 2.3.3　BIM 协调员

BIM 协调员在项目的 BIM 应用过程中起着重大的作用。BIM 协调员可以由雇主直接任命，但为避免设计责任，通常情况下，BIM 协调员应根据现有设计参与者通过潜在环路任命的方式任命。

BIM 协调员本质上具有设计角色、负责模型协调和冲突检测的职能。通常，模型协调和冲突检测是首席设计师进行设计协调活动的一部分，因此，在委任 BIM 协调员时，需要非常慎重。

BIM 协调员的主要职责包括：

（1）模型检查协调，并记录模型中存在的问题。

（2）记录不同来源的模型信息，确保模型信息是可互操作并且最新的。

（3）确保每个组织已经发布了在 BIM 协调计划中确定的每个重要里程碑阶段模型的版本。

（4）记录和监测共享数据和模型之间的关系（例如，网格、楼层、共享项目坐标）。

（5）确定并同意任何共享的技术基础设施需求、软件包互操作性要求及每个团队成员用于交付 BIM 项目的标准。

（6）管理文件交换及共享。

（7）协调 BIM 执行规划中商定里程碑的模型和数据交接、碰撞检测，使用冲突检测软件识别和记录不同学科模型之间的冲突。

（8）质量检查，建立质量控制程序，以检查所有模型是否准确，细节水平是否符合标准。

## 本 章 习 题

1. 什么是项目管理，它的特点有哪些？

2. 基于 BIM 的项目管理与传统的项目管理有哪些不同？

3. BIM 项目管理的优点有哪些？

4. BIM 项目管理包含哪些内容？

5. BIM 项目管理与项目实施规划的关系是什么？

6. BIM 项目管理的内容有哪些，你觉得最重要的是哪一项，理由是什么？

7. BIM 协调员的主要工作有哪些，你觉得最关键的是什么？

# 第 3 章 BIM 项目管理的应用

## 3.1 BIM 项目管理的全寿命周期应用

按照每个阶段的活动特点，建筑设施从无到有将分别经历项目前期决策、设计、施工和运营维护四个大的阶段。

在前期决策阶段，业主将对项目的类型、用地范围、运作方式、投资水平、社会环境影响等重大问题进行选择与决策。

进入设计阶段，将依据前期的决策进行勘探和设计，产生施工与管理的依据与指导文档。通常情况下，该阶段又分为方案设计、初步设计与施工图设计三个细分阶段。方案设计是概念性的，这一阶段将确定项目的整体框架，体现建筑艺术、功能、成本之间的平衡关系，具有较高的创造性，该阶段设计活动对项目投资的影响度高达 95%；初步设计是技术性的，通过大量的计算完成建筑、结构、设备等专业构件的设计与布置，解决相关专业之间的协调问题；施工图设计则更多体现为操作性，注重设计成果的可施工性与项目建成后的可运行性，要解决大量的构造细节问题，这一阶段的工作量大，但是其创造性较小。

进入施工阶段，核心目标是按照设计图纸在预先计划和预算控制下完成并交付建造对象，该阶段将有大量的企业或组织参与项目实施，项目管理的重点是对质量、进度、造价进行有效控制，防范各种风险发生。

在建筑设施的寿命周期中，最后一个阶段是运营维护阶段，这一阶段所占的时间最长，花费也是最高，虽然运维阶段如此重要但是所能应用的数据与资源却是相对较少。传统的工作流程中，设计、施工建造阶段的数据资料往往无法完整地保留到运维阶段，例如建设途中多次的变更设计，但此信息通常不会在完工后妥善整理，造成运维上的困难。BIM 项目管理的出现，让建筑运维阶段有了新的技术支持，大大提高了管理效率。

BIM 在项目全寿命周期的应用，如图 3-1 所示。

### 3.1.1 BIM 项目管理在前期决策阶段的应用

项目前期决策一直是项目有效执行的基石。在项目成功实施和应用 BIM 方面，这一步骤仍然是至关重要的。

1. BIM 在建设项目初步拟订时的应用

建设开发单位在建设项目前，将面临一些问题：首先，建设开发单位在初步拟订地址，通过市场调研及分析得到的初步开发设想与实际开发项目通常大相径庭。因为设想是凭空的，在项目寿命周期中不断地被赋予信息，不断地细化开发设想。那么在这期间的改动通常会改变开发意图，从商业写字楼项目转向住宅项目，超高层建筑不得不减半建设等都是在建设行业中不可避免的。

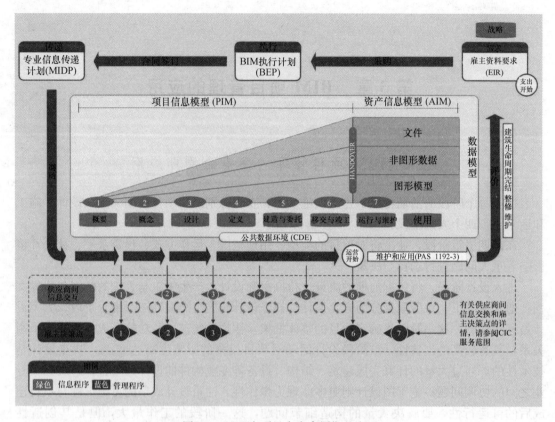

图 3-1　BIM 在项目全寿命周期的应用

其次，建设初期，建设开发单位会考虑：有多少钱，花多少钱，赚多少钱。这时准确地定位项目尤为重要，也许有人会说"有多少钱"是不可改变的，但一般的建设项目通常不是一个人、一个企业单独完成的，融资、合作是建设开发的必经之路。那么更好更快地抓住投资人的目光，更切实地对投资回报率进行说明是需要建设项目初期考虑的问题。

另外，在开发项目的初期，主要任务是建设项目的论证，对开发项目进行策划，对项目的营销进行策划，此时涉及项目的方向定位，需要地产企业内部的各个部门共同参与，包括财务部、项目发展部、营销部、设计部、成本部、工程部、项目部、销售部、客户中心、物业公司等部门。而参与部门和人员分管不同的专业领域，在项目可行性的分析阶段，方案不断地调整，当其中某一个专业领域的数据做出了调整，其他部门的数据也要相应地更新，而没有一个良好的信息沟通载体和平台，是建设项目开发前期遇到的首要问题。

BIM 技术对这些问题有着很好的解决作用，信息资源的同步、模拟功能的数据统计等都可以在前期的方案阶段对管理细节的改善起着不小的作用。例如，Ecotect Analysis 日照分析系统，通过对项目方案建模，真实地反映建筑在地块中的定位，快速地得到日照间距，甚至通过全年的太阳轨迹统计，对建筑坐标、朝向等进行论证。

BIM 的信息资源共享，也可以解决项目工作中各个专业部门信息更新速度不快的问题。BIM 的信息资源共享，各个部门均通过网络服务对中央服务器中的 BIM 模型及信息进行更新，保证各个部门拿到的都是第一手资料。同时，各个阶段的协同设计也更让管理工作变得准确。这给常规的管理模式带来的是一场革命，管理的思维方式、流程均发生不小的变化，然而信息的平台统一，也使决策和配合变得更加快速和流畅。

2. BIM 在项目可行性分析中的应用

（1）可行性分析

作为投资决策前必不可少的关键环节，可行性分析是在前一阶段的项目建议书获得审批通过的基础上，主要对项目市场、技术、财务、工程、经济和环境等方面进行精确系统、完备无遗的分析，完成包括市场和销售、规模和产品、厂址、原辅料供应、工艺技术、设备选择、人员组织、实施计划、投资与成本、效益及风险等的计算、论证和评价，选定最佳方案，依此就是否应该投资开发该项目以及如何投资，或就此终止投资还是继续投资开发等给出结论性意见，为投资决策提供科学依据，并作为进一步开展工作的基础。

可行性分析的内容包括：

1）全面深入地进行市场分析、预测。调查和预测拟建项目产品在国内、国际市场的供需情况和销售价格；研究产品的目标市场，分析市场占有率；研究确定市场，主要是产品竞争对手和自身竞争力的优势、劣势，以及产品的营销策略，并研究确定主要市场风险和风险程度。

2）对资源开发项目要深入研究，确定资源的可利用量、资源的自然品质、资源的赋存条件和开发利用价值。

3）深入进行项目建设方案设计，包括：项目的建设规模与产品方案、工程选址、工艺技术方案和主要设备方案、主要原材料或辅助材料、环境影响问题、项目建成投产及生产经营的组织机构与人力资源配置、项目进度计划、所需投资进行详细估算、融资分析、财务分析、国民经济评价、社会评价、项目不确定性分析、风险分析、综合评价等。

（2）建筑行业的可行性分析

建筑行业的可行性分析是指：在土地资源和市场分析基础上，通过建设规模、项目产品方案、主要采用的建筑材料和工艺、项目的投资回报、投资额及投资时长、对周圈产生的社会效益等的研究和论证，拟订项目建设方向。对于建设单位，前期确定得越多、越准确，后期带来的收益越大越可控。以商业地产为例，前期应该对哪几个方面进行把控呢？

作为一个商业地产项目来说，在地段和规划指标确定以后，影响项目收益的有以下几点内容：

1）建筑的外观与性能

建筑的外立面效果是建筑的直接观察点，对于外界因素的整体影响、地标性甚至租售价格都相互关联。这时需要考虑的是区域类别、区域功能、面向租售群体的定位等。而绿色建筑也直接影响投资的多少，往往这个时候，为了达到政府审批，或者盲目追求效果，带来的是大投入小产出。设计院也因为市场化而求最大化的利润，往往建筑本身设计得"光鲜亮丽"，却存在施工难度增加、投入增大、工期加长等隐患。所以，绿色建筑是必不可少的条件，最大限度地节约能源，既减少了投资，又保护环境、减少污染。

2）租售与可利用面积

租售的状态直接影响着投资回报，从建筑出发，由合理的设计、面积的使用最大化、公摊面积的节约等入手是最直接的办法。在可研报告中可以不体现这些细节，但作为开发单位，应把这些细节落实到位，比如房间朝向、景观、商业的便利性与综合汇集等。

3）能源效率

后期的维护与运营是建设项目寿命周期中时间最长的一部分，是持续性的能源消耗。机电设备需在达到最佳使用性能指标的前提下做到能源消耗最少。

4）建筑信息留存

往往建筑物竣工后，剩下的资料不完整，经常会遇到局部水管突发断裂，找不到阀门，最后需要整体项目停止用水，整体泄水才能够维修。在项目融资时，也需要一套完整的、清晰的、准确的信息作为依据，往往信息不齐全的项目融资时价值评估不会很高。如今一般建筑信息有效果图、照片、CAD 图纸、工程资料、财务及预算表格等。

在实际项目开发前期的可行性研究阶段，以上的内容在管理中却很难把控。例如，建筑外立面材料的选择，玻璃幕墙、铝板幕墙、石材幕墙、二次结构的涂料幕墙等，首先确定项目产品是高档、中档、低档，然后根据材料不同、做法不同来比较差异。常规来说，此时没有准确的图纸依据，因此经常采用效果图的方式对效果进行对比，以经验数据对成本进行评估，对于材料做法、龙骨、玻璃厚度均无法考虑全面。

（3）应用 BIM 技术在项目可行性分析中的优势

BIM 建模通过渲染就能够等比例地显示建筑物在周围的环境中不同幕墙带来的不同效果，同时 BIM 建模时对幕墙的定义也可以采用构件的形式表达，龙骨、保温等材料也可较为详细地统计出来。这有助于建设项目早期的成本测算，决策人通过外形、成本、收益等综合判断可行性。

在项目前期决策阶段采用 BIM，可以减少可研阶段投资预算误差。对建筑模型进行分析，建立建筑模型方案，建模期间对建筑的基本构件进行对比确定，根据用地面积、建筑面积、外幕墙材料等信息，通过 BIM 模型中信息的录入，可自行分析建筑产品价值并形成数据。由此可以看出，BIM 的直观性可以更快速地了解设计方案，从模型中提取的信息以数据及图表的形式表达出来，减少了人为的误差，提高了方案阶段精细度和可研报告的可靠性。

从方案阶段开始接触 BIM、应用 BIM，是对项目确定应用 BIM 服务全过程条件下的一个必要开端。应用 BIM 作为建设项目的管理工具，本身就存在着这一特性，在前期方案阶段需要全面地考虑之后会发生的情况，造成前期设计面临着很大的工作量，但对比来讲，前期工作量的增加以及采用 BIM 建模的设计费用增加是人力和智慧的投入，和施工阶段建材、人力等的拆改、变动带来的资金投入增加相比较，前期方案阶段的投入物超所值。

### 3.1.2　BIM 项目管理在设计阶段的应用

建设项目的设计阶段是整个寿命周期内最为重要的环节，它直接影响着建安成本以及维运成本，与工程质量、工程投资、工程进度以及建成后的使用效果、经济效益等方面都有着直接的联系。

从方案设计、初步设计到施工图设计是一个变化的过程，是建设产品从粗糙到细致的过程，在这个进程中需要对设计进行必要的管理，从性能、质量、功能、成本到设计标准、规程，都需要去管控。

设计阶段是 BIM 应用的关键阶段，并且由于项目可能采用不同的交付模式（DBB 模式、CM 模式及 IPD 模式等），设计阶段与后续的施工阶段并不是一成不变的首尾搭接关系；从项目组织上，不同参与方在不同的交付模式下也承担不同的职责、利益和风险；设计阶段实施的过程也会因项目交付方式不同而有所区别。在这里把辅助工程设计过程、提高工程设计质量的所有应用定义为设计阶段的应用。接下来，从以下几个方面详细介绍BIM在设计阶段的具体应用。

**1. 可视化设计交流**

可视化设计交流，是指采用直观的 3D 图形或图像，在设计、业主、政府审批、咨询专家、施工等项目参与方之间，针对设计意图或设计成果进行更有效的沟通，从而使设计人员充分理解业主的建设意图，使设计结果最贴近业主的建设需求，最终使业主能及时看到他们所希望的设计成果，使审批方能清晰地认知他们所审批的设计是否满足审批要求。可视化设计交流贯穿于整个设计过程中，典型的应用包括可视化的设计创作与可视化的设计审查。

（1）可视化设计创作

设计创作是方案设计阶段的主要工作，是以建筑专业创作为核心，结构、设备等其他专业配合的集体创作过程。在这个过程中，可视化有两层含义，一层含义是设计人员（建模人员）与计算机之间的人机交互，通过 3D 可视化的人机交互界面，使设计人员在设计创作中更直观准确地把握设计结果与设计意图之间的关联；另一层含义是在不同专业的设计人员之间的可视化设计交流。例如，借助 3D 图形或图像，结构工程师可以清楚地理解建筑设计师的创作意图和建筑设计结果，从而能在设计结构构件的位置、形状与尺寸时满足建筑要求，建筑设计师也可以清晰地看到被包在建筑外皮中的结构构件形状、位置、尺寸是否满足建筑功能和美观要求。尤其是在形状特殊而复杂的建筑设计中，结构骨架是否足以支撑建筑设计意图是建筑创作成败的关键，在 2D 设计方式下判断这种关系是非常困难的，因此使用基于 BIM 的可视化设计交流在这类建筑中是必要的。

（2）可视化设计审查

可视化设计审查是在 BIM 设计的方案阶段或初步设计阶段，由业主、政府审批部门或咨询专家等作为审查方，利用可视化的方法对阶段性设计成果进行审查。方案设计审查主要审查设计方案在建筑功能、美观、结构方案等方面的设计成果，初步设计审查则主要针对技术方案、能源效率、造价等方面进行审查，对于国内的政府投资项目，初步设计审查是在初步设计完成后对初步设计成果进行的审查，是政府建设审批流程的必要步骤。可视化设计审查一般情况下以会议形式进行，会上将由设计方向与会人员介绍设计成果，其中，以 3D 方式展示设计成果是主要的介绍过程。

**2. 设计分析**

设计分析是初步设计阶段主要的工作内容，一般情况下，当初步设计展开之后，每个专业都有各自的设计分析工作，设计分析主要包括结构分析、能耗分析、光照分析、安全疏散分析等。这些设计分析是体现设计在工程安全、能源效率、节约造价、可实施性方面重要作用的工作过程。在 BIM 概念出现之前，设计分析就是设计的重要工作之一，BIM的出现使得设计分析更加准确、快捷与全面。例如，针对大型公共设施的安全疏散分析，就是 BIM 概念出现之后逐步被设计方采用的设计分析内容。

（1）结构分析

最早使用计算机进行的结构分析包括三个步骤，分别是前处理、内力分析、后处理。

其中，前处理是交互式输入结构简图、荷载、材料参数以及其他结构分析参数的过程，也是整个结构分析中的关键步骤，由于结构简图与荷载均需要人工准备与输入，所以该过程也是比较耗费设计时间的过程；内力分析过程是结构分析软件的自动执行过程，其性能取决于软件和硬件，内力分析过程的结果是结构构件在不同工况下的位移和内力值；后处理过程是将内力值与材料的抗力值进行对比产生安全提示，或者按照相应的设计规范计算出满足内力承载能力要求的钢筋配置数据，这个过程人工干预程度也较低，主要由软件自动执行。在 BIM 模型支持下，结构分析的前处理过程也实现了自动化：BIM 软件可以自动将真实的构件关联关系简化成结构分析所需的简化关联关系，能依据构件的属性自动区分结构构件和非结构构件，并将非结构构件转化成加载于结构构件上的荷载，从而实现了结构分析前处理的自动化。例如，由中国建筑科学研究院研发的 PKPM 系列软件，早在 20世纪末就实现了大部分结构形式的结构分析自动化，推动了我国建筑结构设计的快速发展。

（2）能源分析

能源效率设计通过两个途径实现能源效率目的，一个途径是改善建筑围护结构保温和隔热性能，降低室内外空间的能量交换效率；另一个途径是提高暖通、照明、机电设备及其系统的能效，有效地降低暖通空调、照明以及其他机电设备的总能耗。能耗分析是能源效率设计的核心设计内容，是对建筑封闭空间内部产能设施能量产生与室内外能量交换的量化模拟，完整的能耗分析需要完善的 3D BIM 模型的支持，包括由建筑构件分割的封闭空间、建筑外壳构件材料的隔热性能参数等模型信息。

（3）安全疏散分析

在大型公共建筑设计过程中，室内人员的安全疏散时间是防火设计的一项重要指标，室内人员的安全疏散时间受室内人员数量、密度、人员年龄结构、疏散通道宽度等多方面的影响，简单的计算方法已不能满足现代建筑设计的安全要求，需要通过安全疏散模拟，基于人的行为模拟人员疏散过程，统计疏散时间，这个模拟过程需要数字化的真实空间环境支持，BIM 模型为安全疏散计算和模拟提供了支持，已在许多大型项目上得到了应用。可视化设计交流是对设计分析结果的一种理想表达方式。

3. 协同设计与冲突检查

专业化是工业革命进步的重要标志，设计企业中专业的划分就体现了这种专业化的分工。在传统的设计项目中，各专业设计人员分别负责其专业内的设计工作，设计项目一般通过专业协调会议以及相互提交设计资料实现专业设计之间的协调。在许多工程项目中，专业之间因为协调不充足出现冲突是非常突出的问题。有资料表明，施工过程中大量的设计变更源自设计图纸中不同专业构件和设施之间的空间冲突，大量的冲突一直拖延到施工就位时才被发现，这种现象在复杂的工程项目中是造成工程浪费、拖延工期的主要原因。在 CAD 技术支持和 2D 图纸基础上，设计阶段解决专业间的空间冲突问题需要较大的工作量查找冲突源，因此，国内许多工程项目将这一设计过程省略掉了，而由于多数业主对这种设计结果并不能及时了解，就造成了在施工过程中不断冲突、不断变更的常见现象。

BIM 为工程设计的专业协调提供了两种途径，一种是在设计过程中通过有效的、适时的专业间协同工作避免产生大量的专业冲突问题，即协同设计；另一种是通过对 3D 模型进行冲突检查，查找并修改冲突，即冲突检查。至今，冲突检查已成为人们认识价值的代名词，实践证明，BIM的冲突检查已取得良好的效果。

（1）协同设计

如果设计团队中的全体成员共享同一个BIM模型数据源，每个人的设计成果及时反映到BIM模型上，则每个设计人员即可及时获取其他设计人员的最新设计，这样，各个专业之间形成了以共享的BIM模型为纽带的协同工作机制，有效避免专业之间因信息沟通不足而产生设计冲突。协同设计将改变基于2D技术的专业沟通方式，进而影响工程设计的组织流程，工程设计企业需要为这种基于BIM的协同设计提供更新的软硬件系统配置和技术培训，并采用新的项目管理方法，因而可能会在实施初期提高设计成本。在不同软件之间的数据共享是支持协同设计的关键因素，早在IFC的第一个版本发布时，国际协同联盟（IAI）就提出了这样的设想：IFC作为各专业共享信息的数据交换格式，是公开的数据标准，不同品牌、不同功能的软件可以通过兼容这种数据格式支持数据共享。而在实际的商业环境下，由于涉及商业利益，在不同品牌的软件之间实现所提出的这种设想并不是一件简单的事情，而相同品牌软件之间的数据共享则比较可靠。

（2）冲突检查

将两个不同专业的模型集成为一个模型，通过软件提供的空间冲突检查功能查找两个专业构件之间的空间冲突可疑点，软件可以在发现可疑点时向操作者报警，经人工确认该冲突，这是目前BIM应用中最常见的模型冲突检查方式。在设计过程中，冲突检查一般从初步设计后期开始进行，随着设计的进展，反复进行"冲突检查—确认修改—更新模型"的BIM设计过程，直到所有冲突都被检查出来并修正，最后一次检查所发现的冲突数为零，则标志着设计已达到100%的协调。一般情况下，由于不同专业是分别设计、分别建模的，所以，任何两个专业之间都可能产生冲突，因此，冲突检查的工作将覆盖任何两个专业之间的冲突关系。冲突检查过程是需要计划与组织管理的过程，冲突检查人员也被称作"BIM协调工程师"，他们将负责对检查结果进行记录、提交、跟踪提醒与覆盖确认。

4. 设计阶段造价控制

设计阶段是控制造价的关键阶段。如图3-2所示，在方案设计阶段，设计活动对工程

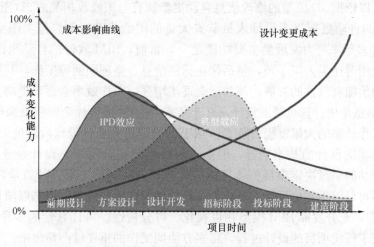

图3-2 项目周期造价控制影响图

造价影响能力高达 95%。理论上，我国建设项目在设计阶段的造价控制主要是方案设计阶段的设计估算和初步设计阶段的设计概算，而实际上大量的工程并不重视估算和概算，而将造价控制的重点放在施工阶段，错失了造价控制的有利时机。其主要原因是在传统设计方式下，设计业务与造价业务往往是两条相互独立的业务条线，设计与造价控制之间信息共享与协同工作不足，设计信息不能及时被造价人员共享，当造价人员进行估算或概算时，该阶段的设计工作往往已经趋于结束，即便估算或概算显示某项经济指标超出预期的投资目标，由于业主要考虑投资的时间效益和项目的整体进展，一般情况下，设计业务也很少会因此而返工修改。这种现象使得估算或概算成为"事后诸葛"，形同虚设。

基于 BIM 模型进行设计过程的造价控制具有较高的可实施性。由于 BIM 模型中不仅包括建筑空间和建筑构件的几何信息，还包括构件的材料属性，可以将这些信息传递到专业化的工程量统计软件中，由工程量统计软件自动产生符合相应规则的构件工程量。这一过程基于对 BIM 模型的充分利用，避免了在工程量统计软件中为计算工程量而专门建模的工作，可以及时反映与设计对应的工程造价水平，为限额设计和价值工程在优化设计上的应用提供了必要的基础，使适时的造价控制成为可能。

5. 施工图生成

设计成果中最重要的表现形式就是施工图，施工图是含有大量技术标注的图纸，在建筑工程的施工方法仍然以人工操作为主的技术条件下，2D 施工图有其不可替代的作用。BIM 的应用大幅度提升了设计人员绘制施工图的效率，但是，传统的 CAD 方式存在的不足也是非常明显的：当产生了施工图之后，如果工程的某个局部发生设计更新，则会同时影响与该局部相关的多张图纸，如一个柱子的断面尺寸发生变化，则含有该柱的结构平面布置图、柱配筋图、建筑平面图、建筑详图等都需要再次修改，这种问题在一定程度上影响了设计质量的提高。

BIM 模型是完整描述建筑空间与构件的 3D 模型，2D 图纸可以看作 3D 模型在某一视角上的平行投影视图。基于 BIM 模型自动生成 2D 图纸是一种理想的 2D 图纸产出方法，理论上，基于唯一的 BIM 模型数据源，任何对工程设计的实质性修改都将反映在 BIM 模型中，软件可以依据 3D 模型的修改信息自动更新所有与该修改相关的 2D 图纸，由 3D 模型到 2D 图纸的自动更新将为设计人员节省大量的图纸修改时间。施工图生成也是优秀 BIM 建模软件多年来努力发展的主要功能之一，目前，BIM 软件的自动出图功能还在发展中，实际应用时还需人工干预，包括修正标注信息、整理图面等工作，其效率还不十分令人满意，相信随着软件的发展，该功能会逐步增强，工作效率会逐步提高。

CAD 的本意是用计算机辅助设计，几十年来，CAD 被设计企业积极采纳的主要原因是其对设计工作效率的大幅度提升能力。从上面的分析来看，设计阶段的 BIM 应用仍然保持了计算机辅助设计的基本功能，但是，BIM 主要提升的不是设计企业的生产效率，而是其服务产品的质量决定项目整体目标能否按计划实现的工程设计质量，BIM 发挥作用的方式也不再局限于每个设计人员应用一种软件所产生的效果，而是以项目主要参与方共享 BIM 模型，充分发挥 BIM 模型在可视化、可分析性、可计算性的多种能力为特征，这种特征改变了传统项目的设计过程，将多方协同工作的重要性凸显出来。

设计管理是为了更好地指导施工，而施工管理是为了更好地实施图纸，完成项目目标。施工阶段的设计管理是为了在实施过程中更好地了解设计意图，对施工、材料的工艺进行技术指导和支持。其中包括以下几个方面：

（1）配合工程部门处理施工中出现的技术问题；

（2）对施工过程中出现的图纸问题及时提供专业的技术支持，协调重大的设计变更，确保施工的问题得到及时有效的解决；

（3）配合成本部门、工程部门对材料设备招投标进行技术把关并提出专业要求。

这段时期是采用 BIM 的第二阶段，由于 BIM 模型本身是随着项目的发展逐步成长的，什么阶段做什么阶段的 BIM 模型，什么目的做什么目的的 BIM 模型，"前人栽树后人乘凉"（前面做的 BIM 模型后面可以继承发展）。此时，BIM 针对的是施工过程中的模拟与控制，对项目的建设周期、施工计划、施工组织设计等进行协调与制定。

在前期设计图纸过程中，如已经经过 BIM 的 MEP 管线综合碰撞检测，那么可以加快施工阶段中预留预埋的施工进程，使预留预埋的管线更加准确，对于精装工程的吊顶标高影响最小化。

### 3.1.3 BIM 项目管理在施工阶段的应用

建设项目施工过程的特点呈现综合性、动态性，对现场人员彼此间工作的配合性要求很高；建设项目本身又具有固定性、单件性、露天性、周期长等特征；在建设项目施工过程中涉及建筑、结构、水电等多个专业，需要监控的环节很多；现场管理人员需要协调考虑的内容烦琐，对管理人员的专业能力和综合素质要求高；现场需调配的资源众多，施工过程易发生突发事件，部分工作需要现场进行临时部署，对管理人员的应变能力要求较高。

为保证建设项目的顺利实施，项目技术人员需要具备丰富的经验，在厚厚的 CAD 图纸中读取工程信息，把虚拟的建筑变成现实的建筑，管理人员需要花费大量的时间和精力去对项目进行分解，形成施工管理文件、技术文件、施工组织方案等资料来组织施工。长期以来，这种管理模式存在的缺陷严重制约了施工管理的现代化；工程进度安排得不合理，经常导致工期拖延；技术交底得不全面，造成结构之间碰撞，给工程质量留有隐患；生产组织协调得不合理，严重降低施工的效率；施工信息领悟得不全面，容易造成施工的盲目性，导致窝工或中途返工；安全管理的缺失，安全管理体系的不健全，现场布置杂乱，专业协调混乱，易发生安全事故。

下面从施工阶段的质量、成本、安全及进度四个方面说明 BIM 项目管理的应用。

1. BIM 项目管理在工程项目质量管理中的应用

在项目质量管理中，BIM 通过数字建模可以模拟实际的施工过程和存储庞大的信息。对于那些对施工工艺有严格要求的施工流程，应用 BIM 除了可以使标准操作流程"可视化"外，也能够做到对用到的物料以及构件需求的产品质量等信息随时查询，以此作为对项目质量问题进行校核的依据。对于不符合规范要求的，则可依据 BIM 模型中的信息提出整改意见。

同时，要注意到传统的工程项目质量管理方法经历了多年的积累和沉淀，有其实际的合理性和可操作性。但是，由于信息技术应用的落后，这些管理方法的实际作用得不到充分发挥，往往只是理论上的可能，实际应用时会困难重重。BIM 的引入可以充分发挥这些技术的潜在能量，使其更充分、更有效地为工程项目质量管理工作服务。

（1）BIM 在质量控制系统过程中的应用

质量控制的系统过程包括：事前控制、事中控制、事后控制，而有关 BIM 的应用，主要体现在事前控制和事中控制中。

应用 BIM 的虚拟施工技术，可以模拟工程项目的施工过程，对工程项目的建造过程在计算机环境中进行预演，包括施工现场的环境、总平面布置、施工工艺、进度计划、材料周转等情况都可以在模拟环境中得到表现，从而找出施工过程中可能存在的质量风险因素，或者某项工作的质量控制重点。对可能出现的问题进行分析，从技术上、组织上、管理上等方面提出整改意见，反馈到模型当中进行虚拟过程的修改，从而再次进行预演。反复几次，工程项目管理过程中的质量问题就能得到有效规避。用这样的方式进行工程项目质量的事前控制比传统的事前控制方法有明显的优势，项目管理者可以依靠 BIM 的平台做出更充分、更准确的预测，从而提高事前控制的效率。

BIM 在事前控制中的作用同样也体现在事中控制中。另外，对于事后控制，BIM 能做的是对于已经实际发生的质量问题，在 BIM 模型中标注出发生质量问题的部位或者工序，从而分析原因，采取补救措施，并且收集每次发生质量问题的相关资料，积累对相似问题的预判经验和处理经验，为以后做到更好的事前控制提供基础和依据。BIM 的引入更能发挥工程质量系统控制的作用，使得这种工程质量的管理办法更能够尽其责，更有效地为工程项目的质量管理服务。

（2）BIM 在影响工程项目质量的五大因素控制中的作用

影响工程的因素有很多，归纳起来有五个方面，分别是人（Man）、材料（Material）、机械（Machine）、方法（Method）和环境（Environment）。对这五大因素进行有效的控制，就能在很大程度上保证工程项目建设的质量。BIM 的引入在这些因素的控制方面有着特有的作用和优势。

1）BIM 对现场人员的控制

现场人员是指直接参与工程施工的组织者、指挥者和操作者，现场人员在施工阶段的质量管理过程中起决定性作用，应避免现场人员的失误，充分调动现场人员的主观能动性，发挥人的主导作用，确保项目建设的质量。BIM 在施工阶段的应用，对处在质量管理关键位置的现场人员有积极的影响，提升了现场人员的兴趣，调动了大家的积极性，改变了现场质量管理的方式和人员分工。

对于项目的组织者和指挥者来说，掌握 BIM 技术并将其应用到施工阶段并不是一件困难的事情。利用 BIM 软件建立三维模型，将与建设项目相关的设计图纸、法律法规、技术标准、施工方案、施工组织设计、进度计划等信息与三维模型进行关联。组织者和指挥者通过 BIM 进行形象化的图纸会审，提高图纸会审的效率和准确性，避免因审图不详不能及时发现问题；同时，利用 BIM 进行三维场地布置、施工模拟、碰撞检查等，提前发现施工过程的质量问题，避免返工；通过 BIM 可视化技术对操作人员进行有针对性的质量培训，可以让现场人员提前预知项目表观质量要求，把握质量的实施标准，实现提升培训效率和学习效果的目的；另外，BIM 的三维可视化、可协调性、模拟性、优化性及可出图性等特点可以进一步增强大家质量管理的意识和责任心，调动大家的兴趣，发挥现场人员的主观能动性，使质量控制点更清晰。

BIM 改变了组织者和指挥者的工作方式，不再像以前那样拿着一大摞图纸和方案，在现场和办公室两个地方来回奔波,每天需要处理的事情太多,很多技术问题来不及思考,太多问题得不到现场确认和处理,信息之多以致于根本无暇顾及。这种传统的每个现场都要亲力亲为、事必躬亲的工作模式,不仅降低工作效率,而且也很容易造成管理上的涣散,使项目沟通出现障碍,产生质量问题。采用 BIM 后,现场管理人员可以手持移动终端,对任何部位的质量信息只需通过关联 BIM 模型,进行质量查认、对比、标注、拍照、上传等,质量管理方便而且及时,项目上层管理人员可以实时同步查询项目施工质量情况,并及时进行回复和批示,可以实现远程多方协同办公。

现场操作人员则在 BIM 的帮助下,可以进行三维施工模拟、构造节点施工分析、可视化技术交底、建筑漫游、多角度观察工程表观质量和施工技术操作方法以及施工工艺流程等,形象立体的技术交底和培训学习有种身临其境的感觉,使操作人员不断提高自身技能,对现场施工环境和质量标准要求有更加清晰的认识,可以有效降低失误,很好地提高了现场人员的质量管理水平。

2)BIM 对材料、机械的控制

在质量管理中,对材料和机械进行控制是关键。一方面,材料作为建设项目的物质基础,是构成建设项目实体的组成部分,材料质量合格与否决定了项目质量能否达标。另一方面,机械作为建设项目施工的物质基础,是现代化施工中必不可少的设备,机械选用是否适用合理,也直接关系到项目质量的好坏。

利用 BIM 在挑选材料供应商阶段,通过对过去建设项目所用材料数据进行收集,掌握材料的信息,通过分析论证确定最优的材料供应商,保证材料从源头供应的质量安全;在材料进场阶段,通过 BIM 模型提供的材料清单和验收标准单据,方便快捷地依照规范标准要求,对进场材料实施检查验收,保证材料规格、型号、品种和技术参数等与设计文件相符,确保材料质量;在材料领取使用阶段,可以参照施工进度计划,提供材料明细表,确定材料用量,保证限额领料。将 BIM 和射频识别技术(RFID)结合,可以对建筑材料实施自动化实时追踪管理,对现场材料实施更加精准高效的管理。

将 BIM 应用到施工机械三维场地平面布置上,根据现场环境和施工工序,结合施工方法和工艺,合理确定施工机械的数量、型式和性能参数,确保选取到适用、先进、合理的机械,避免因机械选型不合理造成中途退场和质量问题。BIM 无疑对合理组织材料采购供应、加工生产、运输保管、现场调度、追踪管理以及机械的选取等质量管理方面提供了解决方案。

3)BIM 对方法的控制

建设项目施工规模大,建设周期长,如果工程质量不能得到有效的保证,一旦出现失误,就会造成严重的经济损失。采取恰当的施工方法(比如施工组织设计、施工方案、施工工艺、施工技术措施等)可以在保证施工质量的同时,还能加快项目施工进度和节省开支。依托传统技术无法验证施工方法在技术上是否可行、经济上是否合理、方法上是否先进,采用 BIM 可以对施工方法进行提前模拟,分析论证施工方法在项目质量管理上是否可行。

4)BIM 对环境的控制

环境对项目质量的影响,可以概括为工程技术环境、劳动环境和工程管理环境的不断变化对工程项目质量的影响。BIM 通过建立三维模型优化场地布置,模拟施工现场作业区、生活区、办公区的工程技术环境和劳动环境,第三方动态漫游功能提前预知环境对项目质量的影响。利用信息协调和共享功能，及时协调因工程管理环境变化产生的影响，创造最佳的质量管理环境。

5）BIM 在质量管理 PDCA 循环中的应用

PDCA 循环是通过长期的生产实践和理论研究形成的，是建立质量体系和进行质量管理的基本方法。BIM 的引入可以在很大程度上提升 PDCA 循环（图 3-3）的作用效果，使其更好地为工程项目的质量管理服务。

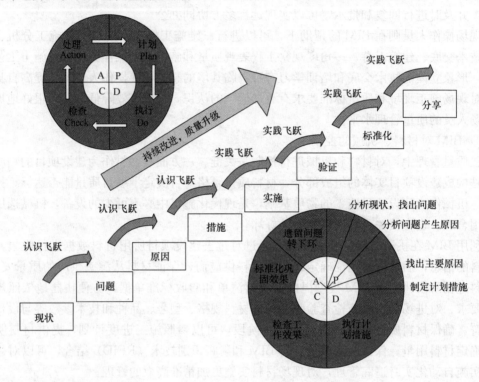

图 3-3　PDCA 循环

①计划（Plan）

BIM 的引入可以使项目的各个参与方在一个明确统一的环境下，根据其在项目实施中所承担的任务、责任范围和质量目标，分别制定各自的质量计划；同时，保证各自的计划之间逻辑准确、连接顺畅、配合合理；再将各自制订的质量计划形成一个统一的质量计划系统，并保证这一系统的可行性、有效性和经济合理性。

②实施（Do）

BIM 由于其可视性强，所以有助于行动方案的部署和技术交底。由于计划的制定者和具体的操作者往往并不是同一个人，所以两者之间的沟通就显得非常重要。在 BIM 环境下进行行动方案的部署和交底，可以使具体的操作者和管理者更加明确计划的意图和要求，掌握质量标准及其实现的程序和方法。从而做到严格执行计划的行动方案，规范行为，把质量管理计划的各项规定和安排落实到具体的资源配置和作业技术活动中去，保证工程项目实施的质量。

③检查（Check）

BIM 的引入可以帮助操作者对计划的执行情况进行预判。结合自己这一阶段的工作内容，以及 BIM 环境下的下一阶段计划内容，判断两者连接是否顺利顺畅，确定实际条件是否发生了变化、原来计划是否依然可行、不执行计划的原因等。BIM 技术可以方便快捷地对工程项目的实际情况和预先的计划进行比较，清楚地找出计划执行中存在的偏差，判断实际产出的质量是否达到标准的要求。

④处理（Action）

对于处理职能，BIM 的优越性主要体现在预防改进上，即：将工程项目目前质量状况信息反馈到管理部门，反思问题症结，确定改进目标和措施。可以在 BIM 模型上出现质量问题的地方进行批注，形成历史经验，以便更好地指导下一次的工程实践，为今后类似质量问题的预防提供借鉴。例如，上海中心大厦的 BIM 应用。

上海中心大厦项目位于上海浦东陆家嘴地区，主体建筑结构高度为 580m，总高度 632m，共 121 层，机动车位布置在地下，可以停放 2000 辆车。上海中心总建筑面积 57.6 万 $m^2$，其中地上建筑面积 38 万 $m^2$，绿化率 33%。总投入将达 148 亿元，项目在 2012 年 12 月低区办公及裙房部分试营业，2013 年 12 月主楼结构封顶，2014 年 12 月公共交付使用，建设周期为 72 个月（图 3-4）。

图 3-4 上海中心大厦效果图

上海中心项目从 2008 年底开始全面规划和实施 BIM 技术，通过项目设计方、施工方和业内专家的合作，推动项目在设计和施工过程中全方位实施 BIM 技术。首先，设计方应用 BIM 工具创建了项目的模型，并通过模型的碰撞检测，发现了众多二维图纸各专业设计冲突的问题。通过反复检查和修改，这些问题得以及时解决，确保了提交的施工图纸的质量。进入施工阶段，BIM 模型继续用于支持施工的方案优化、四维施工模拟、施工现场管理和质量监控，提高施工过程的数字化水平，确保工程的质量。

2. BIM 项目管理在工程项目成本管理中的应用

将 BIM 引入到施工阶段的成本管理上来，真正实现项目成本全过程管理。施工单位利用 BIM 可以有效实现自身在工程项目造价管理中的多维控制，可以根据多套标准和评价体系对工程造价的数据进行拆分、组合，合理利用。

在合约部分利用 BIM 对成本确认，根据与业主签订的合同和各项与业主沟通确认的成本文件进行工程价款的确定，并同时根据相关资料创建相关资料成本类的 BIM 模型，以确保 BIM 可以真实合理地表达施工单位与业主相关造价部分的内容，从而与业主进行工程进度款的支付申请和工程造价的结算。

在施工成本部分利用 BIM 进行自身成本的有效控制，根据自身施工方案和资料进行施工 BIM 的创建，同时根据项目实际情况进行模型的动态调整，并根据 BIM 的数据进行分析统计，确保材料计划的控制、限额领料、施工组织部署、施工产值统计等工作的准确进行。

另外，BIM 对成本管理将带来重大变革，比如可视化、动态化、系统性等。BIM 在造价方面的应用优势主要表现在：提高工程量计算的效率，可以将造价工程师从繁重的重复性劳动中解放出来，节省的时间和精力可以用到更具价值的地方；提高工程量计算的准确性，BIM 模型可以给造价人员提供更加客观真实的工程量信息，方便存储和调取，大大提高工作效率；提高施工阶段的成本控制能力，基于 BIM 的碰撞检查，可以确定好预留洞口的位置，避免二次开洞，节省项目开支。

3. BIM 项目管理在工程项目进度管理中的应用

（1）模型构建

BIM 技术在进度管理中的应用主要通过 4D 虚拟施工来实现，具体步骤如下：

1）通过 3D 模型设计软件进行工程项目各专业模型的建立；

2）根据项目的资源限制和总工期需求，编制工程项目的进度计划，并应用进度管理优化方法，进行工期优化，得到项目优化工期和优化进度计划；

3）将 3D 模型的构件与进度表联系，形成 4D 模型以直观展示施工进程。一般通过两种方式实现：一是根据进度计划中各工作的开始、结束时间，给 3D 模型中的对应构件逐一附加时间值。二是将外部进度计划编制软件，如：Project、P6 等编制好的进度计划与 3D 模型相关联，也可生成 4D 模型，这种方法要求进度计划中的各工作名称与 3D 模型中的对应构件名称相同，计算机才能进行自动关联。

4D 模型建立好之后，在软件平台上 3D 模型就可以根据计划、实际完成情况来分别表示"已建""在建""延误"等模型形象。已建的模型用青色（图 3-5 中为浅色）表示，在建的模型用紫色（图 3-5 中为深色）表示，同时在屏幕的左上方显示在建的时间，如果有必要的话，对于没有按计划施工的延误的模型，还可以用其他颜色来表示，如图 3-5 所示虚拟施工过程图。这样的形象表达基本上不用专业的解释，绝大部分人都能看懂。清晰的沟通可以缩短沟通的时间，甚至减少沟通的次数，4D 虚拟施工就是"清晰"沟通的一个有效的方法。

图 3-5　虚拟施工过程图

施工进度计划的制定和执行都必须清楚整个施工流程、工程量的多少、人员的配置情况等。BIM 可以通过 4D 虚拟施工技术，给计划的制定、执行和调整都带来很大的改进。

（2）进度计划制定

BIM 模型的应用为进度计划制定减轻了负担。进度计划制定的依据除了各方对里程碑时间点的要求和总进度要求外，重要的依据就是工程量。一般该工作由手工完成，烦琐、复杂且不精确，在通过 BIM 软件平台的应用后，这项工作简单易行。利用 BIM 模型，通过软件平台将数据加以整理统计，可精确核算出各阶段所需的材料用量，结合国家颁布的定额规范及企业实际施工水平，就可以简单计算出各阶段所需的人员、材料、机械用量，通过与各方充分沟通和交流建立 4D 可视化模型和施工进度计划，方便物流部门及施工管理部门为各阶段工作做好充分的准备。

（3）进度计划控制

BIM 的应用使得进度计划控制有据可循、有据可控。在 BIM 的施工管理中，把经过各方充分沟通和交流建立的 4D 可视化模型和施工进度计划作为施工阶段工程实施的指导性文件。在施工阶段，各专业分包商都将以 4D 可视化模型和施工进度为依据进行施工的组织和安排，充分了解下一步的工作内容和工作时间，合理安排各专业材料设备的供货和施工的时间，严格要求各施工单位按图（模型）施工，防止返工、进度拖延的情况发生。

（4）进度计划调整

BIM 的 4D 模型是进度调整工作有力的工具。当变更发生时，可通过对 BIM 模型的调整使管理者对变更方案带来的工程量及进度影响一目了然，管理者以变更的工程量为依据，及时调整人员物资的分配，将由此产生的进度变化控制在可控范围内。同时，在施工管理过程中，可以通过实际施工进度情况与 4D 虚拟施工的比较，直接了解各项工作的执行情况。当现场施工情况与进度预测有偏差时，及时调整并采取相应的措施。通过将进度计划与企业实际施工情况不断地对比，调整进度计划安排，使企业在施工进度管理工作上能全面掌控。

传统方法虽然可以对前期阶段所制定的进度计划进行优化，但是由于其可视性弱，不易协同，以及横道图、网络计划图等工具自身存在着缺陷，所以项目管理者对进度计划的优化只能停留在一定程度上，即优化不充分。这就使得进度计划中可能存在某些没有被发现的问题，当这些问题在项目的施工阶段表现出来时，对建设项目产生的影响就会很严重。

BIM 的进度管理是通过虚拟施工对施工过程进行反复的模拟，让那些在施工阶段可能出现的问题在模拟的环境中提前发生，逐一修改，并提前制定应对措施，使进度计划和施工方案最优，再用来指导实际的项目施工，从而保证项目施工的顺利完成。

4. BIM 项目管理在工程项目安全管理中的应用

传统施工过程中安全管理存在很多问题，但归结起来安全管理问题产生的原因如下：施工企业忽视安全管理工作，安全责任制没有落实；现场安全管理人员不足，现场安全技术交底和安全教育培训不到位；对现场安全隐患和危险源不能识别或处理不当，现场安全场地布置混乱；现场安全色标管理和"五牌一图"缺失，缺乏季节性施工和交叉作业施工的安全技术措施；忽视安全防护、安全用电、消防安全管理和灾害性天气应对措施等工作。BIM 项目管理提出的解决方案主要从以下几个方面考虑。

（1）现场安全技术交底和安全教育培训

凭借 BIM 的 3D 漫游动画、4D 虚拟建造等可视化手段，解决施工阶段建筑、结构、水电气暖等交叉作业带来了安全隐患，使施工现场的人、材、机、场地等聚集在一起按时间进度有序进行，将施工技术方案和安全管理措施以放视频的方式讲解给大家，让现场人员一目了然，规避现场可能发生的安全事故，提高安全技术交底的效率和效果，避免了以往死气沉沉不求甚解的背书式安全技术交底。

基于 BIM 的安全教育培训，通过虚拟现场工作环境、演示动画等，使现场人员熟悉自己的工作岗位，使工人明白自己在哪干、干什么、怎么干的问题，帮助新进场工人进行入场教育，熟悉工作环境，避免了枯燥无味走过场的教育方式，使安全教育的目的真正落到实处。令人耳目一新有针对性的安全教育模式，使施工现场人员强化安全意识，熟悉现场安全隐患和安全注意事项，明白现场安全生产的技术措施和处理突发事件的应对办法。

（2）机械设备模拟、临边防护、安全色标管理

利用 BIM 技术可以在建筑模型中演示机械设备的实际运行状况。比如，对进场车辆进行模拟，验证道路宽度和转弯半径是否满足安全间距的要求；还可以对塔吊进行模拟，验证塔吊与塔吊、塔吊和建筑物间的距离是否满足安全要求，避免使用过程中发生碰撞。提前在 BIM 模型中对施工现场的基坑周边、尚未安装栏板的阳台料台与各种平台周边、雨篷与挑檐边、无外脚手架的屋面和楼层边、楼梯口和梯段边、垂直设备与建筑物相连接的通道两侧边以及水箱周边等处，按照规定需要安装防护栏杆、张挂安全网、摆放警示标牌的地方进行 3D 漫游，检查安全防护措施是否落实到位，现场安全色标管理是否符合规范要求等。工程技术人员依据 BIM 模型提前制定临边防护方案，给出 3D 效果图和平面尺寸图，直观方便地对机械设备、临边防护和安全色标等进行管理。

（3）现场安全检查、突发紧急情况预演

施工现场安全检查方面，现场安全管理人员可以通过 BIM 移动终端，对现场的生产情况、设备设施状况、不安全不文明行为、安全隐患等问题进行视频拍照上传，有疑问的地方可以立即关联 BIM 模型进行准确核对，安全问题检查有理有据、一目了然，信息的协同共享可使公司管理者足不出户就能远程了解现场安全情况，便于安全问题的及时反馈和快速解决，大大提升工作的成效。运用 BIM 还可以有针对性地对项目进行周围路况信息收集、季节性施工、消防疏散演练、恶劣极端气候等紧急情况进行模拟预演，制定相对应的预防措施，便于项目安全管理工作的顺利开展和有效执行，公司安全管理部门可以对遍布世界各地的项目更加高效地进行管理，做到对项目安全状况了如指掌，使安全工作万无一失。

### 3.1.4　BIM 项目管理在运营维护阶段的应用

相关的研究显示，在过去的几十年里世界范围内的建筑业生产力水平没有根本性的进步。导致这一现象的原因主要有两点：第一点就是工程项目愈加复杂，管理过程越不规范，使得各个专业之间的协同变得很难进行，要将大量的建筑成本浪费在管理内部的协调上，这不符合科学管理的要求；第二点就是在管理过程中对于数据信息的掌握能力较差，在建筑工程管理过程中涉及海量的数据，当时很难从中发掘有价值的东西，使得很多决策都是凭借经验，没有数据支持。这两点原因的存在使得建筑业生产力发展速度缓慢甚至出现停滞不前的现象，而传统的管理模式和管理方法又很难解决这个问题。

BIM 3D 技术的出现对于解决上述两个问题具有重要的作用。正是因为工程项目比较复杂，管理过程又不规范，才使得工程管理中各个专业之间的协同工作难以进行。而庞大的数据信息之间又具有一定的关系，单纯依靠人工很难对其进行整理和归纳，尤其是需要使用某些特定数据信息时，更是难以查找。BIM 与传统的工程管理技术不一样，它以计算机技术为基础建立了三维模型的数据库，不仅能存储大量的数据信息，还可以根据信息

的变化对数据进行动态化管理。在建筑工程项目运营阶段使用 BIM 技术，可以提高管理的效率。

1. 运营维护管理的定义

运营维护管理可以简称为运维管理，在国外被称为设施管理（Facility Management，FM），这种叫法近年来在国内逐渐流行起来。运维管理是基于传统的房屋管理经过演变而来。近几十年来，随着全球经济的快速发展和城市化建设的持续推进，特别是随着人们生活和工作环境的丰富多样，建筑实体功能呈现出多样化的发展现状，使得运维管理成为一门科学，发展成为整合人员、设备以及技术等关键资源的管理系统工程。运营维护管理包括空间管理、资产管理、维护管理、公共安全管理和能耗管理这五个方面。

2. BIM 在运营维护阶段的应用

（1）结构安全管理

建筑项目全寿命周期中的运营维护阶段是从项目竣工交付使用开始到结构报废或拆迁为止，因此建筑寿命终结时也是运营维护管理终止的时刻。由此可见，以建筑寿命的监控与预测为主要内容的建筑结构安全管理应该作为公共建筑运维管理中的必要方面。但是目前现有的运维管理更多地侧重于日常运营、设备维修等方面的管理，更像是加强版的物业管理，从而偏离了运维管理的本质，无法发挥建筑运维管理的最大作用。因此，在建筑运营维护阶段进行结构安全管理，对建筑结构耐久性进行评估，对建筑寿命进行把控，就显得至关重要。

（2）空间管理

空间管理是针对建筑空间的全面管理，有效的空间管理不仅可以提高空间和相关资产的实际利用率，而且还能对在这个空间中工作、生活的人有着激发生产力、满足精神需求等积极影响。通过对空间特点、应用进行规划分析，BIM 可帮助合理整合现有的空间，实现工作场所的最大化利用。应用 BIM 可以更好地满足建筑在空间管理方面的各种分析和需求，更快捷地响应企业内部各部门对空间分配的请求，同时可高效地进行日常相关事务的处理，准确计算空间相关成本，然后通过合理的成本分摊、去除非必要支出等方式，有效地降低运营成本，同时能够促进企业各部门控制非经营性成本，提高运营阶段的收益。

（3）设备管理

建筑设备管理是使建筑内设备保持良好的工作状态，尽可能延缓其使用价值降低的进程，在保障建筑设备功能的同时，最好地发挥它的综合价值。设备管理是建筑运营维护管理中最主要的工作之一，关系着建筑能否正常运转。近些年来智能建筑不断涌现，使得设备管理工作量、成本等方面在建筑运维管理中的比重越来越大。BIM 应用于建筑设备管理，不仅可将繁杂的设备基本信息以及设计安装图纸、使用手册等相关资料进行系统存储，方便管理者和维修人员快速获取查看，避免了传统的设备管理存在的设备信息易丢失、设备检修时需要查阅大堆资料等弊端，而且通过监控设备运行状态，能够对设备运行中存在的故障隐患进行预警，从而节约设备损坏维修所耗费的时间，减少维修费用，降低经济损失。

1）设备信息查询与定位识别

管理者将包括设备型号、重量、购买时间等基本信息以及设计安装图纸、操作手册、

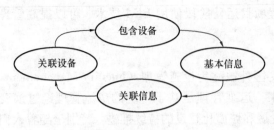

图 3-6　信息环

维修记录等其他设备相关的图形与非图形信息通过手动输入、扫描等方式存储于建筑信息模型中，基于 BIM 的设备管理系统将设备所有相关信息进行关联，同时与目标设备及相关设备进行关联，形成一个闭合的信息环，如图 3-6 所示。维修人员等用户通过选择设备，可快速查询该设备所有的相关信息、资料，同时也可以通过查找设备的信息，快速定位该设备及其上游控制设备，通过这种方式可实现设备信息的快速获取和有效利用。

BIM 通过与 RFID 技术（无线射频识别技术）相结合，可以实现设备的快速精准定位。RFID 技术为所有建筑设备设计提供一个唯一的 RFID 标签，并与 BIM 模型中设备的 RFID 标签一一对应，管理人员通过手持 RFID 阅读器进行区域扫描获取目标设备的电子标签，就可快速查找目标设备的准确位置。到达现场后，管理人员通过扫描目标设备对应的二维码，可以在移动终端设备上查看与之关联的所有信息，维修管理人员也因此不必携带大量的纸质文件和图纸到实地，实现运维信息电子化。

2）设备维护与保修

基于 BIM 的设备运维管理系统能够允许运维管理人员在系统中合理制定维护计划，系统会根据计划为相应的设备维护进行定期提醒，并在维修工作完成后协助填写维护日志并录入系统之中。这种事前维护方式能够避免设备出现故障之后再维修所带来的时间浪费，降低设备运行中出现故障的概率以及故障造成的经济损失。

当设备出现故障需要维修时，用户填写保修单并经相关负责人批准后，维修人员根据报修的项目进行维修，如果需要对设备组件进行更换，可在系统中查询备品库寻找该组件，维修完成后在系统中录入维修日志作为设备历史信息备查，设备报修流程如图 3-7 所示。

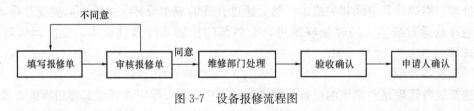

图 3-7　设备报修流程图

3）资产管理

房屋建筑及其机电设备等资产是业主获取效益、实现财富增值的基础。有效的资产管理可以降低资产的闲置浪费，节省非必要开支，减少甚至避免资产的流失，从而实现资产收益的最大化。基于 BIM 的资产管理将资产相关的海量信息分类存储和关联到建筑信息模型之中，并通过 3D 可视化功能直观展现各资产的使用情况、运行状态，帮助运维管理人员了解日常情况，完成日常维护等工作，同时对资产进行监控，快速准确定位资产的位置，减少因故障等原因造成的经济损失和财产流失。

基于 BIM 的资产管理还能对分类存储和反复更新的海量资产信息进行计算分析和总结。资产管理系统可对固定资产的新增、删除、修改、转移、借用、归还等工作进行处理，并及时更新 BIM 数据库中的信息；可对资产的损耗折旧进行管理，包括计提资产月折旧、打印月折旧报表、对折旧信息进行备份等，提醒采购人员制定采购计划；对资产盘点的数据与 BIM 数据库里的数据进行核对，得到资产的实际情况，并根据需要生成盘盈明细表、盘亏明细表、盘点汇总表等报表。管理人员可通过系统对所有生成的报表进行管理、分析，识别资产整体状况，对资产变化趋势做出预测，从而帮助业主或者管理人员做出正确决策，通过合理安排资产的使用，降低资产的闲置浪费，提高资产的投资回报率。

4）能耗管理

建筑能耗管理是针对水、电等资源消耗的管理。对于建筑来说，要保证其在整个运维阶段正常运转，产生的能耗总成本将是一个很大的数字，尤其是如地标性超高层建筑这样复杂的大型公共建筑，在能耗方面的总成本将更为庞大，如果缺少有效的能耗管理，有可能出现资源浪费现象，这对业主来说是一笔非必要的巨大开支，对社会而言也有可能造成不可忽视的巨大损失。近些年来智能建筑、绿色建筑不断增多，建筑行业乃至社会对建筑能耗控制的关注程度也越来越高。BIM 应用于建筑能耗管理，可以帮助业主实现能耗的高效管理，节约运营成本，提高收益。

①数据自动高效采集和分析

BIM 在能耗管理中的作用首先体现在数据的采集和分析上。传统能耗管理耗时、耗力、效率比较低，拿水耗管理来说，管理人员需要每月按时对建筑内每一处水表进行查看和抄写，再分别与上月抄写值进行计算才能得到当月所用水量。在 BIM 和信息化技术的支持下，各计量装置能够对各分类、分项能耗信息数据进行实时的自动采集，并汇总存储到建筑信息模型相应数据库中，管理人员不仅可以通过可视化图形界面对建筑内各部分能耗情况进行直观浏览，还可以在系统对各能耗情况逐日、逐月、逐年汇总分析后，得到系统自动生成的各能耗情况相关报表和图表等成果。同时，系统能够自动对能耗情况进行同比、环比分析，对异常能耗情况进行报警和定位示意，协助管理人员对其进行排查，发现故障及时修理，对浪费现象及时制止。

②智能化、人性化管理

BIM 在能耗管理中的作用还体现在建筑的智能化、人性化管理上。基于 BIM 的能耗管理系统通过采集设备运行的最优性能曲线、最优寿命曲线及设备设施监控数据等信息，并综合 BIM 数据库内其他相关信息，对建筑能耗进行优化管理。同时，BIM 可以与物联网技术、传感技术等相结合，可以实现对建筑内部的温度、湿度、采光等的智能调节，为工作、生活在其中的人们提供既舒适又节能的环境。以空调系统为例，建筑管理系统通过室外传感器对室内外温湿度等信息进行收集和处理，智能调节建筑内部的温度，达到舒适性和能源效率之间的平衡。

5）灾害应急管理

公共建筑作为人们进行政治、经济、文化、福利等社会活动的场所，人流量往往非常密集，如果发生地震、火灾等灾害事件却应对滞后，将会给人身、财产安全造成难以挽回的巨大损失，因此，针对灾害事件的应急管理极其必要。在 BIM 支持下的灾害应急管理，不仅能出色地完成传统灾害应急管理所包含的灾害应急救援和灾后恢复等工作，而且还可以在灾害事件未发生的平时进行灾害应急模拟和灾害刚发生时的示警和应急处理，从而有效地减少人员伤亡，降低经济损失。

①灾害应急救援和灾后恢复

在火灾等灾害事件发生后，BIM 系统可以对其发生位置和范围进行三维可视化显示，同时为救援人员提供完整的灾害相关信息，帮助救援人员迅速掌握全局，从而对灾情做出正确的判断，对被困人员及时实施救援。BIM 系统还可为处在灾害中的被困人员提供及时的帮助。救援人员可以利用可视化 BIM 模型为被困人员制定疏散逃生路线，帮助其在最短时间内脱离危险区域，保证生命安全。

凭借数据库中保存的完整信息，BIM 系统在灾后可以帮助管理人员制定灾后恢复计划，同时对受灾损失等情况进行统计，也可以为灾后遗失资产的核对和赔偿等工作提供依据。

②灾害应急模拟和处理

在灾害未发生时，BIM 系统可对建筑内部的消防设备等进行定位和保养维护，确保消火栓、灭火器等设备一直处于可用状态，同时综合 BIM 数据库内建筑结构等信息，与设备等其他管理子系统相结合，对突发状况下人员紧急疏散等情况进行模拟，寻找管理漏洞并加以整改，制定出切实有效的应急处置预案。

在灾害刚发生时，BIM 系统自动触发报警功能，向建筑管理人员以及内部普通人员示警，为其留出更多的反应时间。管理人员可以通过 BIM 系统迅速做出反应，对于火灾可以采取通过系统自动控制或者人工控制断开着火区域设备电源、打开喷淋消防系统、关闭防火调节阀等措施；对于水管爆裂情况可以指引管理人员快速赶到现场关闭阀门，有效控制灾害波及范围，同时开启门禁，为人员疏散打开生命通路。

不同类型的建筑工程项目在运营管理阶段需要采用的维护措施不一样，自然就会影响建筑运营和维护的成本。相比于其他类型的建筑工程项目而言，公共建筑和基础设施的后期维护运营费用比较高。这一方面与公共建筑和基础设施的属性有关，另一方面也和管理的方法和技术水平有关。将 BIM 应用于建筑工程运营阶段，可以为管理工作提供工程项目所有的数据信息，使得运营管理工作有据可依。依靠 BIM 可以大大降低运营阶段的维护管理费用，从而减少业主和运营商的经济损失。

此外，在运营阶段应用 BIM 不仅能提供建筑工程项目的相关数据信息，还可以提供建筑工程项目交付使用以后的一些数据信息，包括建筑的使用年限、入住率等信息，同时还可以对相关的数据信息进行更新处理，便于运营商进行管理。在运营阶段应用 BIM 还有利于进行规划管理。如很多零售商品牌都将连锁店开在不同的地理位置上，至于如何合理安排这些零售店就可以应用 BIM 进行规划，可以根据不同地段消费数据信息、居住人数信息等内容对在某地成立零售店是否合理进行判断。

在我国已完工的建筑工程项目中，2008 年奥运村项目就充分应用了 BIM 进行运营阶段的规划管理。在进行奥运村设计规划的过程中就建立了完整的数据库系统，在完成奥运村规划设计后，BIM 系统自动生成了周边的配套设施模型，如奥运村的物质保障、物流服务等。现阶段，在运营维护阶段应用 BIM 的案例还没有太多，BIM 的很多优势还没有被充分地挖掘出来。但无论如何，运营维护阶段的管理工作需要相关数据信息的支持这是一个客观的事实。

销售过程应用 BIM 的益处主要体现在两个方面，第一个方面就是可以应用 BIM 较为逼真的三维效果图展示产品。目前，我国很多开发商都选择用 BIM 三维技术进行房产模拟，并将三维模型上传到官方网站上，客户即使不亲自来看房也能对房子的三维空间结构有一个比较全面的了解。第二个方面就是可以应用 BIM 进行虚拟漫游。有了 BIM 就可以将虚拟现实的技术引入到房地产销售过程中。一般进行房地产销售都是以二维平面图的方式进行建筑效果展示，常见的有平面图、样本间装修效果图等。但由于客户很难通过二维平面图将房子的结构空间构成想象出来，从而使得客户和销售人员之间的沟通交流变得比较困难。但通过 BIM 引入虚拟漫游技术，可以让客户通过鼠标的移动在虚拟的世界中进行漫游，使客户仿佛置身样板房中，能让客户对房子的结构有一个直观的感受。这样既有利于客户和销售人员进行沟通交流，同时也便于客户做出选择。此外，这种虚拟漫游技术不仅应用在房地产销售过程中，在很多购物中心的产品网站上也引进类似的技术，客户可以放在虚拟的购物中心漫游，感受商业中心的热闹气氛。

## 3.2　BIM 项目管理应用的信息管理平台

### 3.2.1　项目信息管理平台

项目信息管理平台，其内容主要涉及施工过程中的五个方面：人、机、料、法、环，即施工人员管理、施工机具管理、工程材料管理、施工工法管理、工程环境管理，如图 3-8 所示。

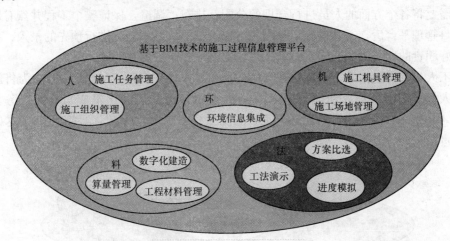

图 3-8　施工过程信息管理平台

1. 施工资料管理

施工单位在工程施工过程中形成大量的图纸类和文字类的信息资料，是施工全过程的记录文件。可分为施工质量保证资料、技术资料、安全资料。施工资料应该严格按照规范编写，真实地反映施工现场的技术、质量情况。

施工项目中都会产生大量的施工图纸和变更图纸，其作为现场施工的指导依据，在施工中发挥着关键性的作用。在整个项目全生命周期中，此类信息都是至关重要的，需要被很好地整理和保存。利用项目信息管理平台，可以将项目的所有信息进行汇总、分类、保存，这对于整个项目的管理都会起到积极的作用。

项目信息管理平台为 BIM 的相关项目管理软件和成果集成平台，能够为施工现场各参与方提供沟通和交流的平台，方便协调项目方案，论证项目施工可行性，及时排除隐患，减少由此产生的变更，从而缩短施工时间，降低因设计协调造成的成本增加，提高施工现场生产效率。

不仅如此，利用项目信息管理平台可轻松方便地完成竣工交付。BIM 竣工模型包括施工过程记录的信息，可以正确反映真实的设备状态、材料安装使用情况、施工质量等与运营维护相关的文档和资料，实现包括隐蔽工程资料在内的竣工信息的集成，为后续的运维管理带来便利，也在未来进行的翻新、改造、扩建过程中为项目团队提供有效的历史信息。BIM 辅助施工资料管理内容及相互关系如图 3-9 所示。

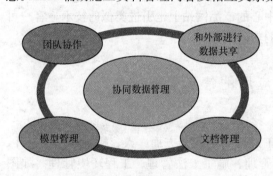

图 3-9　施工资料管理

**2. 施工人员管理**

一个项目的实施阶段，需要大量的人员进行合理的配合，包括业主方人员、设计方人员、勘察测绘人员、总包方人员、各分包方人员、监理方人员、供货方人员，甚至还有对设计、施工的协调管理人员。这些人将形成一个庞大的群体，共同为项目服务。并且规模越大的工程，此群体的数量就越庞大。要想使在建工程能顺利完成，就需要将各个方面的人员进行合理的分配、排布、调遣，保证整个工程井然有序。在引入项目管理平台后，通过对施工阶段各组成人员的信息、职责进行预先的录入，在施工前就做好职责的划分，保证施工时施工现场的秩序和施工的效率。

施工人员管理包括施工组织管理（OBS）和工作任务管理（WBS），方法为将施工过程中的人员管理信息集成到 BIM 模型中，并通过模型的信息化集成来分配任务。随着 BIM 技术的引入，企业内部的团队分工必然发生根本改变，所以对配备 BIM 技术的企业人员职责结构的研究需要日益明显。施工人员管理的关系如图 3-10 所示。

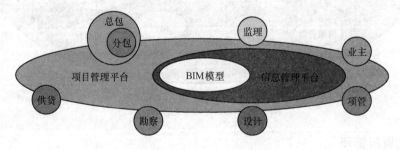

图 3-10　施工人员管理

**3. 施工机具管理**

施工机具是指在施工中为了满足施工需要而使用的各类机械、设备、工具。如塔吊、内爬塔、爬模、爬架、施工电梯、吊篮等。仅仅依靠劳务作业人员发现问题并上报，很容易发生错漏，而好的机具管理能为项目节省很多资金。

施工机具在施工阶段，需要进行进场验收、安装调试、使用维护等管理过程，这也是施工企业质量管理的重要组成部分。对于施工企业来说，对性能差异、磨损程度等技术状态导致的设备风险进行预先规划是很重要的。并且还要策划对施工现场的设备进行管理，制定机具管理制度。

利用项目信息管理平台可以明确主管领导在施工机具管理中的具体责任，规定各个管理层及项目经理部在施工机具管理中的管理职责及方法。如企业主管部门、项目经理部、项目经理、施工机具管理员和分包等在施工机具管理中的职责，包括计划、采购、安装、使用、维护和验收的职责，确定相应的责任、权利和义务，保证施工机具管理工作符合施工现场的需要。

基于 BIM 的施工机具管理包括机具管理和场地管理，如图 3-11 所示。其中，施工场地管理包括群塔防碰撞模拟、施工场地功能规划、脚手架统计等技术内容，如图 3-12所示。

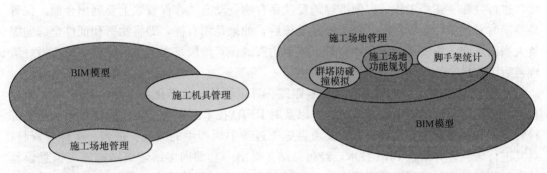

图 3-11　基于 BIM 的施工机具管理内容　　　　　　图 3-12　施工场地管理内容

群塔防碰撞模拟：因施工需要塔机布置密集，相邻塔吊之间会出现交叉作业区，当相交的两台塔吊在同一区域施工时，有可能发生塔吊间的碰撞事故。利用 BIM 技术，通过Timeliner 将塔吊模型赋予时间轴信息，对四维模型进行碰撞检测，逼真地模拟塔吊操作过程，并且导出的碰撞检测报告可用于指导修改塔吊方案，技术方案如图 3-13 所示。

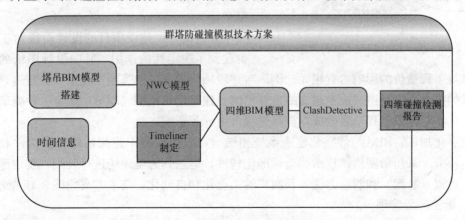

图 3-13　群塔防碰撞模拟技术方案

4. 施工材料管理

在施工管理中还涉及对施工现场材料的管理。施工材料管理应按照国家和上级颁发的有关政策、规定、办法，制定物资管理制度与实施细则。在材料管理时还要根据施工组织设计，做好材料的供应计划，保证施工需要与生产正常运行；减少周转次数，简化供需手续，随时调整库存，提高流动资金的周转效率；填报材料、设备统计报表，贯彻执行材料消耗定额和储备定额。

根据施工预算，材料部门要编制单位工程材料计划，报材料主管负责人审批后，作为物料器材加工、采购、供应的依据。月度材料计划，根据工程进度、现场条件要求，由各工长参加，材料员汇总出用料计划，交有关部门负责人审批后执行。在施工材料管理的物资入库方面，保管员要亲自同交货人办理交接手续，核对清点物资名称、数量是否一致。物资入库，应先入待验区，未经检验合格不准进入货位，更不准投入使用。对验收中发现的问题，如证件不齐全，数量、规格不符，质量不合格，包装不符合要求等，应及时报有关部门，按有关法律、法规的规定及时处理。物资经过验收合格后，应及时办理入库手续，进行登账、建档工作，以便准确地反映库存物资动态。在保管账上要列出金额，保管员要随时掌握储存金额状况。物资经过复核后，如果是用自提，即将物资和证件全部向提货人当面点交，物资点交手续办完后，该项物资的保管阶段基本完成，保管员即应做好清理善后工作。

基于 BIM 的施工材料管理包括物料跟踪、算量统计、数字化加工等，利用 BIM 模型自带的工程量统计功能实现算量统计，以及对 RFID 技术的探索来实现物料跟踪。施工资料管理，需要提前搜集整理所有有关项目施工过程中所产生的图纸、报表、文件等资料，对其进行研究，并结合 BIM 技术，经过总结，得出一套面向多维建筑结构施工信息模型的资料管理技术，应用于管理平台中。BIM 辅助施工材料管理内容及相互关系如图 3-14 所示。

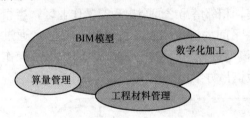

图 3-14　基于 BIM 的施工材料管理内容

物料跟踪：BIM 模型可附带构件和设备更全面、详细的生产信息和技术信息，将其与物流管理系统结合，可提升物料跟踪的管理水平和建筑结构行业的标准化、工厂化、数字化水平。

算量统计：建设项目的设计阶段对工程造价起到了决定性的作用，其中设计图纸的工程量计算对工程造价的影响占有很大比例。对建设项目而言，预算超支现象十分普遍，而缺乏可靠的成本数据是造成成本超支的重要原因。建筑信息模型（BIM）作为一种变革性的生产工具将对建设工程项目的成本核算过程产生深远影响。

数字化加工：BIM 与数字化建造系统相结合，直接应用于建筑结构所需构件和设备的制造环节，采用精密机械技术制造标准化构件，运送到施工现场进行装配，实现建筑结构施工流程（装配）和制造方法（预制）的工业化和自动化，技术方案如图 3-15 所示。

5. 施工环境管理

绿色施工是建筑施工环境管理的核心，是可持续发展战略在工程施工中应用的主要体现，是可持续发展的建筑工业的重要组成，在施工阶段落实可持续发展思想对促进建筑业可持续发展具有重要的作用和意义。施工中应贯彻节水、节电、节材、节能，保护环境的理念。利用项目信息管理平台可以有计划、有组织地协调、控制、监督施工现场的环境问

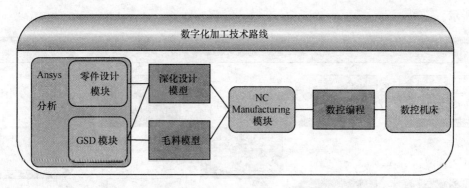

图 3-15　数字化加工技术路线

题，控制施工现场的水、电、能、材，从而使正在施工的项目达到预期环境目标。

在施工环境管理中可以利用技术手段来提高环境管理的效率，并使施工环境管理能收到良好的效果。在施工生产中可以借助那些既能提高生产率、又能把对环境污染和生态破坏控制到最小限度的技术以及先进的污染治理技术来达到保护环境目的的手段。应用项目信息平台进行环境监测，实现环境管理的科学化。

施工环境包括自然环境和社会环境。自然环境指施工当地的自然环境条件、施工现场的环境；社会环境包括当地经济状况、当地劳动力市场环境、当地建筑市场环境以及国家施工政策大环境。这些信息可以通过集成的方式保存在模型中，对于特殊需求的项目，可以将这些情况以约束条件的形式在模型中定义，进行对模型的规则制定，从而辅助模型的搭建。BIM 辅助施工环境管理内容及相互关系如图 3-16 所示。

6. 施工工法管理

施工工法管理包括施工进度模拟、工法演示、方案比选，通过对基于 BIM 技术的数值模拟技术和施工模拟技术进行研究，实现施工工法方面的标准化应用。施工工法管理，需要提前搜集整理所有有关项目施工过程中所涉及的单位和人员，对其间关系进行系统的研究，提前搜集整理所有有关施工过程中所需要展示的工艺、工法，并结合 BIM 技术，经过总结，得出一套面向多维建筑结构施工信息模型的工法管理技术，应用于管理平台中。BIM 辅助施工工法管理内容及相互关系如图 3-17 所示。

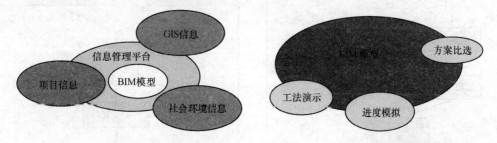

图 3-16　BIM 辅助施工环境管理内容　　　图 3-17　BIM 辅助施工工法管理内容

施工进度模拟：将 BIM 模型与施工进度计划关联，实现动态的三维模式模拟整个施工过程与施工现场，将空间信息与时间信息整合在一个可视的四维模型中，可直观、精确地反映整个项目施工过程，对施工进度、资源和质量进行统一管理和控制，技术路线如图

3-18 所示。

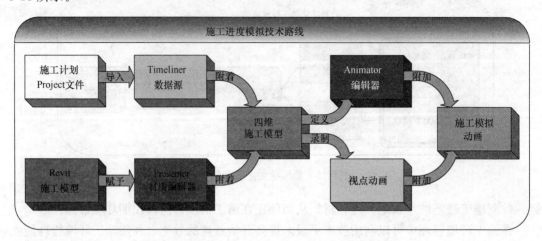

图 3-18　施工进度模拟技术路线

施工方案比选：基于 BIM 平台，应用数值模拟技术，对不同的施工过程方案进行仿真，通过对结果数值的比对，选出最优方案。基于 BIM 的施工方案比选技术路线如图 3-19 所示，基于 BIM 的数值模拟技术流程如图 3-20 所示。

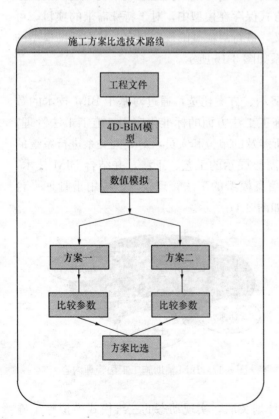

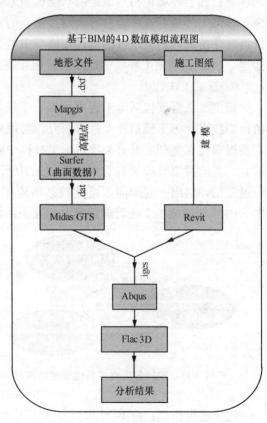

图 3-19　施工方案比选　　　　　　图 3-20　数值模拟技术流程

### 3.2.2 项目信息管理平台框架

项目信息管理平台应具备前台功能和后台功能。前台提供给大众浏览操作，如图形显示编辑平台，各专业深化设计、施工模拟平台等，其核心目的是把后台存储的全部建筑信息、管理信息进行提取、分析与展示；后台则应具备建筑工程数据库管理功能、信息存储和信息分析功能，如 BIM 数据库、相关规则等。一是保证建筑信息的关键部分表达的准确性、合理性，将建筑的关键信息进行有效提取；二是结合科研成果，将总结的信息准确地用于工程分析，并向用户对象提出合理建议；三是具有自学习功能，即通过用户输入的信息学习新的案例并进行信息提取。

1. 项目信息管理平台框架构成

一般来讲，基于 BIM 的项目信息管理平台框架由数据层、图形层及专业层构成，从而真正实现建筑信息的共享与转换，使得各专业人员可以得到自己所需的建筑信息，并利用其图形编辑平台等工具进行规划、设计、施工、运营维护等专业工作，工作完成后，将信息存储在数据库中，当一方信息出现改动时，与其有关的相应专业的信息会发生改变。基于 BIM 的项目信息管理平台架构，如图 3-21 所示。

下面将分别介绍数据层、图形平台层及专业层。

（1）数据层

BIM 数据库为平台的最底层，用以存储建筑信息，从而可以被建筑行业的各个专业共享使用。该数据库的开发应注意以下三点：

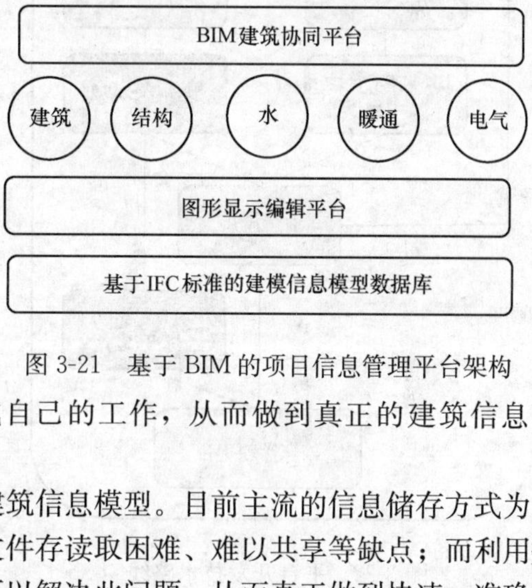

首先，此数据库用以存储整个建筑在全生命周期中所产生的所有信息。每个专

图 3-21 基于 BIM 的项目信息管理平台架构

业都可以利用此数据库中的数据信息来完成自己的工作，从而做到真正的建筑信息的共享。

其次，此数据库应能够储存多个项目的建筑信息模型。目前主流的信息储存方式为以文件为单位的储存方式，存在着数据量大、文件存读取困难、难以共享等缺点；而利用数据库对多个项目的建筑信息模型进行存储，可以解决此问题，从而真正做到快速、准确地共享建筑信息。

最后，数据库的储存形式，应遵循一定的标准。如果标准不同，数据的形式不同，就可能在文件的传输过程中出现缺失或错误等现象。目前常用的标准为 IFC 标准，即工业基础类，是 BIM 技术中应用比较成熟的一个标准，用以储存建筑模型信息，它是一个开放、中立、标准的用来描述建筑信息模型的规范，是实现建筑中各专业之间数据交换和共享的基础。它是由 IAI（现为 buildingSMART International）在 1995 年制定的，使用 EXPRESS 数据定义语言编写，标准的制定遵循了国际化标准组织（ISO）开发的产品模型数据交换标准，其正式代号为 ISO 10303－21。

（2）图形层

第二层为图形显示编辑平台，各个专业可利用此显示编辑平台，完成建筑的规划、设计、施工、运营维护等工作。在 BIM 理念出现初期，其核心在于建模，在于完成建筑设计从 2D 到 3D 的理念转换。而现在，BIM 的核心已不是类似建模这种单纯的图形转换，而是建筑信息的共享与转换。同时，3D 平台的显示与 2D 相比，也存在着一些短处：如在显示中，会存在着一定的盲区等。

（3）专业层

第三层为各个专业的使用层，各个专业可利用其自身的软件，对建筑完成如规划、设计、施工、运营维护等专业工作。首先，在此平台中，各个专业无需再像传统的工作模式那样从其他专业人员手中获取信息，经过信息的处理后，才可以为己所用，而是能够直接从数据库中提取最新的信息，此信息在从数据库中提取出来时，会根据其工作人员的所在专业，自动进行信息的筛选，能够供各专业人员直接使用，当原始数据发生改变时，相关数据会自动随其发生改变，从而避免了因信息的更新而造成错误。

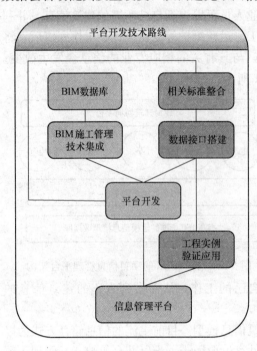

图 3-22　平台开发技术路线

2. 项目信息管理平台框架开发

在确定了平台架构后，下一步即完成平台的开发。平台的开发涉及多学科的交叉应用，融合了 BIM 技术、计算机编程技术、数据库开发技术及射频识别（RFID）技术。平台开发过程如下：首先，根据工程项目数据实际，结合 BIM 建模标准开发 BIM 族库与相应工程数据库；其次，整合相关工程标准，并根据特定规则与数据库相关联；然后，基于数据库和建筑信息管理平台架构，开发二次数据接口，进行信息管理平台开发；接着，配合工程实例验证应用效果；最后，完成平台开发。其技术路线图如图 3-22 所示。

下面将从平台接口、文件类型转换及常用功能等角度简要介绍平台开发关键技术，最后给出项目信息管理平台示例图。

（1）平台接口

软件的开发利用 SQLServer 2005 数据库，利用 Visual Studio 2008 为此数据库开发功能接口，实现 IFC 文件的输入、输出、查询等功能，并支持多个项目、多个文件的储存。

（2）多种专业软件文件类型的转换

在前期已完成的 IFC 标准与 XML 格式、SAP 模型、ETABS 模型等其他软件模型转换的基础上，进行更深入的基于 BIM 数据库的开发研究，在基于 IFC 标准的 BIM 数据库下完成对多种专业软件文件类型转换功能的开发。传统的转换工作是以文件为单位，利用内存来对文件格式进行转换，而平台上的转换工作是在基于 IFC 标准的 BIM 数据库上进行文件格式的转换，从而使文件格式转换的信息量更大，速度更快捷。

（3）概预算等功能的开发

在数据库基础上对各专业软件的功能进行开发。首先，对工程概预算的功能进行初步的研究。在 IFC 标准中，包含有 Ifc Material Resource，Ifc Geometry Resource 等实体，用以描述建筑模型中的材料、形状等建筑信息，结合材料的价格，可以实现其建筑材料统计、价格概预算等功能。其次，对概预算功能进行初步的开发，实现其概预算功能。

（4）项目信息管理平台示例图

下面给出某工程按上述方法搭建的建筑结构施工过程信息管理平台示例。

本平台是应用于施工管理的项目级平台。其建立内容与使用功能是根据施工方的管理特点和所提要求进行开发的，其使用范围只针对本项目工程，但其包含的各个模块却适用于所有的工程。

由于平台为项目级的管理平台，这也使得平台的建立成本降到了最低，但又能最大限度地提供施工管理中最亟待解决的方案，能够真正地针对施工项目中特定方面的管理进行服务，并且简单而专项的施工管理界面又极大地减少了使用者的上手时间。其平台主界面如图 3-23 所示。

图 3-23　项目信息管理平台主界面

本平台针对工程项目在施工进度方面也做了具体的功能设定，对于施工阶段重点关注的施工进度问题，可以以甘特图、Project 图标、Excl 表格、实体模型等多种形式进行展示，可以直观地展示施工中的进度问题。某工程建筑结构施工进度控制界面如图 3-24 所示。

对于大型公共建筑，管线综合是常见的问题，平台对项目中的管线和设备的碰撞点也能进行相应的显示。某工程 BIM 建筑结构中的碰撞点界面如图 3-25～图 3-27 所示。

在施工人员管理方面，本项目信息平台能够兼容相应的施工任务管理和施工组织管理，施工人员管理界面如图 3-28、图 3-29 所示。

在施工管理中的机具管理界面，施工机具管理与施工场地管理如图 3-30 所示。

在施工管理中的材料管理界面，施工的数字化建造、算量管理、工程材料管理如图 3-31 所示。

在施工管理中的施工环境管理，建筑的社会环境信息、项目信息与自然环境信息如图 3-32 所示。

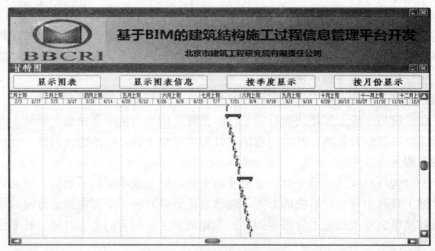

图 3-24  项目信息管理平台进度控制

图 3-25  项目信息管理平台碰撞信息

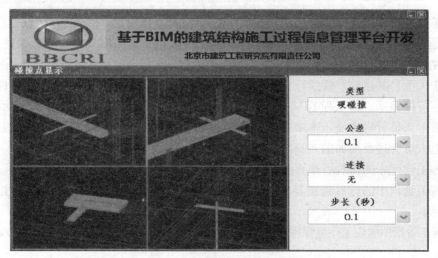

图 3-26  项目信息管理平台碰撞点

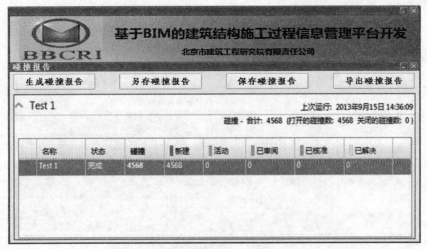

图 3-27　项目信息管理平台碰撞报告

图 3-28　项目信息管理平台施工人员管理

图 3-29　项目信息管理平台人员组织划分

图 3-30　项目信息管理平台施工机具管理

图 3-31　项目信息管理平台材料管理

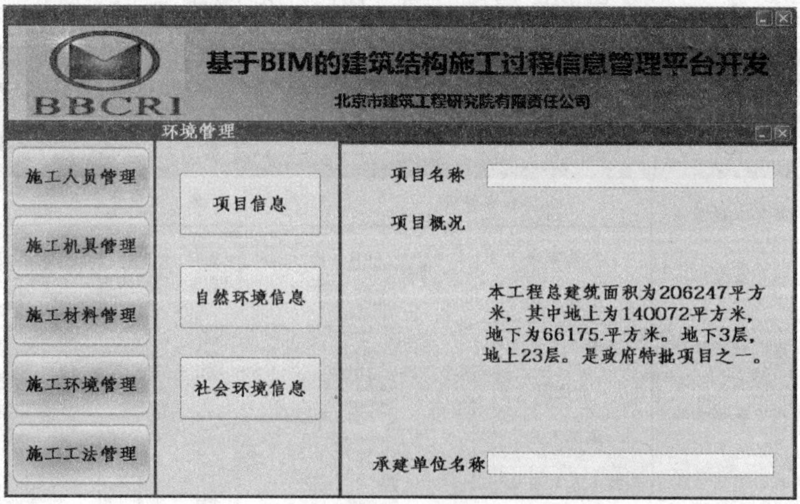

图 3-32　项目信息管理平台施工环境管理

在施工管理中的工法管理，建筑的工法管理如图 3-33 所示。

在施工管理中的安全管理，建筑的安全管理与数据显示如图 3-34 所示。

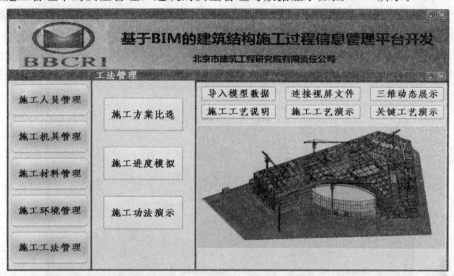

图 3-33　项目信息管理平台工法管理

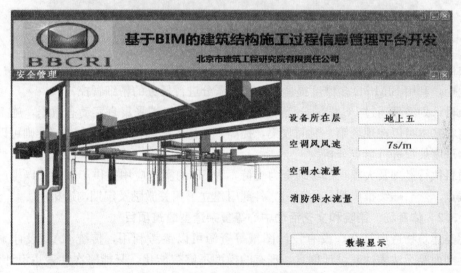

图 3-34　项目信息管理平台安全管理

## 3.3　BIM 项目管理的应用项目类型

### 3.3.1　住宅和常规商业建筑项目

此类建筑物造型比较规则，有以往成熟的项目设计图纸等资源可供参考，使用常规三维 BIM 设计工具即可完成，且此类项目是组建并锻炼 BIM 团队的最佳选择。从建筑专业开始，先掌握最基本的 BIM 设计功能、施工图设计流程等，再由易到难逐步向复杂项目，多专业、多阶段设计全程拓展，规避风险。

天投国际商务中心二期项目位于国家级新区天府新区秦皇寺中央商务区的核心区域，成都市天府新区天府大道南二段与广州路东段交汇处（图 3-35）。建设地南侧为鹿溪河湿地公园，西侧为公园绿地，东侧为西博城，北侧为商业服务设施用地。项目包括两栋超高层建筑、裙楼商业以及公园绿地。其中，B 栋超高层地下 4 层，地上 55 层，建筑高度 284.4m；C 栋超高层地下 4 层，地上 38 层，建筑高度 198.2m。该项目工期长，参与单位较多。

图 3-35　天投国际商务中心

项目在生产部形成了一套新型 BIM 5D 进度应用思路，利用斑马进度前锋线进行总体进度把控，利用 BIM 5D 多维度提量以及任务派分进行任务的精细管控。

项目计划经理通过 PC 端派分任务，工长则利用手机端采集真实动态数据，施工日志相关内容基本可以在现场第一时间收集，提高了工作效率和便利性。生产例会则可以通过网页端进度展板进行盘点分析。

项目执行经理及大项目部经理全力支持，为 5D 的实施应用提供了保障，以生产部为突破试点，然后陆续推广到其他部门。各部门建立了相关激励及定期沟通机制。

### 3.3.2　体育场、剧院和文艺活动中心等复杂造型建筑项目

此类建筑物造型复杂，没有设计图纸等资源可以参考利用，传统 CAD 设计工具的平、立剖面等无法表达其设计创意，现有的模型不够智能化，只能一次性表达设计创意，且此类项目可以充分发挥和体现 BIM 设计的价值。为提高设计效率，设计人员应从概念设计或方案设计阶段入手，使用可编写程序脚本的高级三维 BIM 设计工具或基于 Revit Architecture 等 BIM 设计工具编写程序、定制工具插件等完成异形设计和设计优化，再在 Revit 系列中进行管线综合设计。

如东县文化体育中心（图 3-36）。建设工程位于如东县新城区东北片区，掘苴河以东，龙腾路以南，中间横穿东西向的长江路、南北向解放路，地处如东县新城核心地带，建成后为如东县地标性建筑。本工程由体育中心和文化中心两大建设区域组成，总建筑面积约 88080.2m²。通过对本工程进行建造阶段的施工模拟，即将实际建造过程在计算机上的虚拟仿真实现，及早地发现工程中存在或者可能出现的问题。该技术采用参数化设计、虚拟现实、结构仿真、计算机辅助设计等技术，在高性能计算机硬件等设备及相关软件本

图 3-36　如东县文化体育中心

身发展的基础上协同工作，对施工中的人、财、物信息流动过程进行全真环境的三维模拟，为各个参与方提供一种可控制、无破坏性、耗费小、低风险并允许多次重复的试验方法，通过 BIM 技术可以有效地提高施工技术水平，消除施工隐患，防止施工事故，减少施工成本与时间，增强施工过程中决策、控制与优化的能力。

### 3.3.3　工厂和医疗等建筑项目

此类建筑物造型较规则，但专业机电设备和管线系统复杂，管线综合是设计难点，可以在施工图阶段介入，特别是对于总承包项目，可以充分体现 BIM 设计的价值。

不同的项目设计师和业主关注的内容不同，将决定项目中实施 BIM 的异型设计、施工图设计、管线综合设计、性能分析等。

华晨宝马铁西新工厂 60U 车身车间项目（图 3-37）。该项目机电安装总承包方为鞍钢

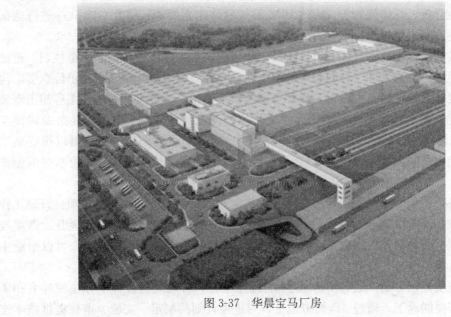

图 3-37　华晨宝马厂房

工程建设机电分公司。该工程占地面积为 102852.8m²。施工项目有：车身车间给水排水系统，冷却水系统，消火栓系统，喷淋系统，通风系统，车间采暖水、空调系统，车身车间动力系统，车间照明系统、IT 系统和消防电系统等。项目采用 MagiCAD 进行三维模型搭建后，对标高、管线、支吊架等进行优化。在施工前期对施工方案优化，提高施工效率，减少返工，确保了工程的顺利实施，减少了材料的浪费，同时使现场布线更加美观。由于这是个工厂项目，所以高空作业多，可利用 MagiCAD 事先对管道进行预制，减少高空作业，确保施工安全，同时三维模型的搭建，不仅让管理人员快速了解项目的建筑功能、结构空间、设计意图和管线的走向，同时其任意的模型剖切及旋转，使得复杂工程结构一目了然。

## 3.4　BIM 项目管理应用的意义

### 3.4.1　业主方 BIM 项目管理应用的意义

业主方的项目管理贯穿于项目的整个实施阶段，项目全生命周期各个阶段工作的有序进行均需要业主方的推动，项目各参建方的工作均需要业主方进行管理、协调。业主的项目管理是在项目整个生命周期中，提供一个平台进行沟通，确保项目管理工作能够有序进行。

在项目决策阶段，BIM 模型可以涵盖相关建筑物的各类其他信息，横向对比类似项目，为业主提供更加可靠全面的信息支持，包括地形地貌、水文地质、方位朝向、外形高度等信息，模拟日照、风向、噪声、热环境等因素，分析模型数据，能够为业主提供更全面可靠的技术支撑。除此之外，还可以进行建设环境及条件调查分析、目标论证、项目功能分析、面积分配、组织论证、经济论证、技术论证、管理论证、决策风险分析等。目前，大型建设项目较为重视前期策划，传统方式的策划阶段往往需要反复论证、调整、修改、优化，引入 BIM 技术则可以快速解决这些问题。BIM 技术主要可以应用在方案阶段的建模、场地分析、总体规划等。通过 BIM 系列软件建立模型，结合 GIS 软件进行数据分析，为最优方案决策过程提供有力的数据和技术支撑。

设计阶段包括设计准备阶段和设计阶段，该过程主要包括投资控制、质量控制、进度控制、安全控制、信息管理、合同管理和组织协调。在该阶段中，项目参建单位众多，沟通与协调难度较大，信息流失较多，设计意图落实不到位，设计方案与施工图容易出现较大偏差，因此造成从方案到施工图偏离原定目标的问题，尤其对于大型、复杂的建设工程。而 BIM 技术的可视化、协同性、动态多维、参数化、可出图性的特质可以很好地给予设计阶段助力。应用 BIM 技术可以充分与项目参建各方进行沟通，策划阶段的模型亦可用于设计阶段，其技术方法更能轻松解决复杂形体设计。

施工阶段是将图纸中的设计产品转换为建筑实体的关键环节，也是整个项目管理工作最繁杂的阶段，该阶段业主的项目管理工作主要围绕项目管理的三大目标展开：进度控制、投资控制、质量控制。BIM 技术在工程项目应用中所具备的强大能力，可以给业主带来巨大的价值。

（1）在进度控制方面：通过 BIM 技术的碰撞检查，有效规避设计中存在的冲突和矛盾，避免不必要的返工；通过 4D 模拟施工，对进度计划的制定、实施、审核提供技术支持；形象直观的施工技术交底，有效提高施工队伍的工作水平；基于同一数据模型，各参与方配合制定相互的进度计划、材料计划、资金计划等，实现各参与方的协同化施工。

（2）在投资控制方面：业主运用 BIM 技术将大大简化原有的造价管理流程，提高了工程量计算等烦琐工作的效率，让投资管理人员有更多精力投入到造价管理工作；依托于 BIM 技术，可以做到对单一构件的工程量计算，造价分析，能对现行计价模式中存在的粗放管理、难以提取单一部件的造价信息等进行针对性的解决，实现从构件角度的造价管理。BIM 技术应用于造价管理为业主带来的是一种全新的思考方式，使造价管理更加清晰，增加了业主在投资管理上的话语权；当发生设计变更时对于投资的影响将不再是被动接受，而是做到有据可依；对进度款的支付，通过 BIM 模型可以形象地了解当月的实际完成情况，细化到每一构件的支付，充分利用资金的时间价值。

（3）在质量控制方面：业主运用 BIM 技术将有效发挥传统质量管理方法的潜力。

1）在事前控制中实现预管理，对不定因素做出充分的考量，有效规避不利影响因素，降低风险；在事中控制中做到管理的实时监控；在事后控制中加强经验的积累。

2）对 PDCA 循环：切实做到计划可行、准确落实、检查有据、处置得当；增强管理者对工程质量的把控力度；保证原材料及各种资源按质按量投入使用，从源头保证工程质量；优化机械使用情况，降低过程质量管理的难度；对施工方案、组织设计、施工工艺及环境因素在 BIM 模型中做出相应考虑，对影响工程质量的因素做到事前干预和排除。BIM 技术帮助业主切实做到项目管理的全要素管控，最终提高建筑物整体质量。

传统的运营维护阶段存在信息凌乱不全、信息分离等问题，增加了运营管理的难度，此时借助 BIM 信息模型，可以对设施信息进行有效管理，项目所有信息都包含在一个模型中，避免信息的分散或丢失，根据其中的设备信息，制定专项更新、维护计划，与 BIM 接口相连接，做到信息实时反馈，科学、合理地进行运营管理。

业主方在建设工程全生命周期项目管理中的各个阶段，工作内容与管理任务不尽相同，传统的项目管理方式存在人员变更、工作思路不同、信息链支离、信息流失等问题，工作任务和目标容易交接不清，上一阶段与下一阶段衔接中存在一定偏差。引入 BIM 技术后，能够使信息无缝对接，可以协调各个项目参建方，避免出现沟通困难。

### 3.4.2 设计方 BIM 项目管理应用的意义

设计方的项目管理主要应用于设计阶段中。设计方的施工配合工作往往会被人们所忽略，但设计方对于项目管理恰恰是非常重要的。设计方是项目的主要创造者，是最先了解业主需求的参建方，设计方通过应用 BIM 来获得以下效果：

（1）突出设计效果。通过创建模型，更好地表达设计意图，满足业主需求。

（2）便捷地使用并减少设计错误。利用模型进行专业协同设计，通过碰撞检查，把类似空间障碍等问题消灭在出图之前。

（3）可视化的设计会审和专业协同。基于三维模型的设计信息传递和交换将更加直观、有效，有利于各方沟通和理解。

大多数公司在技术与施工知识方面都缺乏足够的经验，因而无法充分地利用 BIM，这并不是理想的 BIM 应用方式。除施工文档以外，其他任何的交付成果并不在建筑设计师的工作范围内，而且会增加建筑设计师职业负担和责任。建筑设计师的 BIM 模型是由建筑设计师为自身创建，唯一的目的就在于生成施工文档。这很好地利用了 BIM 的内置数据分析及质量管理的特性，建筑设计师实际上利用 BIM 创建了一套更高质量的施工文档。通过 BIM 与不同设计版本的平面视图链接可以实时查看设计改动，这个功能对建筑设计师是非常有益的。同时，利用碰撞检查以加强专业协同的方式同样驱使更高水平的施工文档产生。以建筑设计师处理模型中的墙体为例，如果研究建筑设计师创建的大量模型样本，我们会发现几乎每面墙都被创建为活动墙。活动墙是区分租户与租户之间以及公共走廊之间空间划分的边界。然而，现实世界中建筑并不是这样建造的。建筑设计师并不关心工程量的准确性，只关心绘制出施工图纸，因为工程量只对分包商有重要意义。总承包商需要订购建筑施工所需要的材料，如果总承包商有准确的工程量，那么就只需要购买施工必需的材料，而无需为那些不需要使用的材料买单。总承包商手下有预算员，他们唯一的工作就是审阅施工文档以确定工程量。此外，施工图纸是必须经过批准才可用于施工的文档，但平面图纸通过审批与能根据这些图纸进行施工是两个截然不同的问题。例如建筑设计师将所有墙体都设为活动墙，在图纸中并没有区别，因为它们仅仅是用直线和图表示的。

### 3.4.3　施工方 BIM 项目管理应用的意义

施工方是项目的最终实现者，是竣工模型的创建者，施工企业的关注点是现场实施，关心 BIM 如何与项目结合，如何提高效率和降低成本。应用 BIM 项目管理可以为施工方带来以下帮助：

（1）理解设计意图。可视化的设计图纸会审能帮助施工人员更快更好地解读工程信息，并尽早发现设计错误，及时进行设计联络。

（2）降低施工风险。利用模型进行直观的"预施工"，预知施工难点，更大程度地消除施工的不确定性和不可预见性，保证施工技术措施的可行、安全、合理和优化。

（3）辅助把握施工细节。在设计方提供的模型基础上进行施工深化设计，解决设计信息中没有体现的细节问题和施工细部做法，更直观更切合实际地对现场施工工人进行技术交底。

（4）更多的工厂预制。为构件加工提供最详细的加工详图，减少现场作业、保证质量。

（5）提供便捷的管理手段。利用模型进行施工过程荷载验算、进度物料控制、施工质量检查等。

BIM 为施工方提供了在施工设备进场前识别出设计文档存在问题的能力，为实现这一目的，施工方必须根据施工图纸和说明利用 BIM 在计算机中实现建筑的虚拟"建造"，以发现任何可能出现的问题，这也被称作为施工可行性模拟。相比其他团队，施工方更倾向于利用 BIM 进行施工过程的模拟。通过在计算机上模拟施工过程并预测施工结果，施工方能够发现可能影响造价、进度和质量的风险点。也就是说，他们在施工前就可获取到决策支持数据。为此，施工方必须配备熟悉施工过程的建模人员，因为 BIM 的创建必须反映真实的施工状态。通过这种方式，很多设计问题能够被核查出来，而这些在 2D 图纸中通常是很难发现的。通过建筑施工的方式创建 BIM 模型，施工方能够在施工开始前发现设计问题并将其解决。

### 3.4.4　运营维护方 BIM 项目管理应用的意义

运营维护期一般远远长于决策、设计、施工等其他阶段，运营方的 BIM 项目管理也主要运用在运营维护阶段。运营维护方通过使用 BIM 项目管理达到以下目的：

（1）方便快捷地进行数据统计。BIM 富含的大量建筑信息数据，可以详尽记录建筑构件、设备信息。

（2）基于可视化功能的运用。实现漫游、二次装修（管线、承重结构的示意）以及事故紧急预案展示。

（3）系统嵌入公用设备、设施。关联摄像头、感应设备，将建筑实体与 BIM 模型相关联。实现建筑监控（温度感应调节空调、门窗电源开关情况示意）以及应急管理（喷淋系统控制）。

通过利用 BIM 模型中的建筑信息数据，可以快速调用原始数据，对所需开展的工作进行统计分析，大大减少了录入的过程，提高了工作效率，减少了人工操作的工作强度，避免了人为操作带来的数据错误，尤其对体量巨大的建筑项目更能发挥其高效的优势，提高运维管理水平。

可以把现有的安防监控系统纳入 BIM 建筑模型中，更加直观地观察每个监控的所在位置，并通过监控对各类人员进行动态观察，对可疑人员进行有效的观测和威慑，对突发事件能及时发现并快速到达现场处置，使整体安保工作的水平有了质的提高，同时，有利于管理者对安保人员的巡视状况进行管理。

电梯系统与监控和 BIM 模型的动态结合，能快速地定位某部电梯的故障和人员被困情况，及时排除安全隐患，解决问题；水箱水位和水泵传感器的连接，在可视化模型中能实时观察设备的运行情况，及时发现故障进行处理；电气系统中的电力故障在 BIM 模型中显示得清晰明确，兼具由于电气系统故障引起的火灾防范的及时应对。

结合条码、二维码和射频技术，合理制定公共设备、设施维护保养计划，保障设备的正常运行。模型中的设备能看到其在三维建筑中的位置信息，再结合设备条码或二维码射频标签，在设备运维管理中，维保人员可以利用移动设备进行扫描，快速高效地读取设备维保信息，巡查设备的使用状态，并将巡查结果通过网络传回系统进行数据的更新，根据模型信息合理制定设施、设备的维护保养计划，对设施、设备提前做好维护保养工作。

### 3.4.5 BIM 项目管理的各方应用对比

BIM 的出现和推广，为建筑行业带来了新的变革，但是同时，如何协调项目参建各方需求的不同，各个关注方 BIM 推广应用的差异，是当前推广 BIM 应用发展和研究的重点。现今，无论是院校、研究机构还是软件供应商乃至一些大型施工企业，都热衷于 BIM，大家都在积极地探索和努力地投入，这是值得高兴的。但在宣传和推广的同时，更应该关注 BIM 成为今后建筑"语言"的根本所在，只有聚焦各方关注，凝练出 BIM 应用的关键及核心，集中力量突破，让 BIM 在项目上真正"落地"，才能更好地使其发挥作用、体现价值，才能使各方获得更多收益。

各项目参与方在应用 BIM 进行项目管理时，存在诸多不同。在应用时期方面，业主方在项目全生命周期内，都存在 BIM 的应用。其他各参与方，则更多地在项目的某个阶段参与、使用 BIM 进行项目管理。同时，项目参与方参与项目的目标又不尽相同，如业主方就有安全管理、投资管理、进度管理、质量管理、合同管理、信息管理、组织和协调等，但最为主要的目标，还是投资目标、进度目标、质量目标。其中，投资目标指的是项目的总投资目标；进度目标指的是项目动用的时间目标，也即项目交付使用的时间目标；

质量目标包括满足相应的技术规范和技术标准的规定，以及满足业主方相应的质量要求。从利益出发，业主方只需满足自身的利益，但是设计方等其他各参与方，除了满足自身外，还应该服从项目整体的利益。各方 BIM 项目管理应用对比，见表 3-1。

各方 BIM 项目管理应用对比　　　　　　　　　　　　　表 3-1

| 参与方 | 主要应用阶段 | 主要目标 | 利益 |
|---|---|---|---|
| 业主方 | 项目全生命周期 | 投资、进度、质量 | 自身 |
| 设计方 | 设计阶段 | 成本、进度、质量、投资 | 整体、自身 |
| 施工方 | 施工阶段 | 安全、成本、进度、质量 | 整体、自身 |
| 运营维护方 | 运营维护阶段 | 成本、质量 | 整体、自身 |

本　章　习　题

1. BIM 项目管理应用共有哪几种项目类型，分别是什么，其特点是什么？
2. 从项目参与方的角度出发，BIM 项目管理应用对各个参与方具有什么意义，具体表现在哪里？
3. 建筑设施从无到有经历四个大的阶段，请选择一个阶段，并阐述其中 BIM 项目管理的应用内容。
4. 项目信息管理平台包含哪几个方面的内容？
5. 项目信息管理平台框架是如何构成的？

# 第 4 章　BIM 项目管理模型构建

## 4.1　BIM 建模基本要求

### 4.1.1　BIM 建模要求及建议

　　BIM 技术主要适用于大型项目，而这类型项目的 BIM 模型构建涉及多专业、多楼层、多构件，所以 BIM 模型的构建一般是分层、分区、分专业进行的。为了保证各专业建模人员以及相关分包商在模型构建过程中，实现工作的有效协同和有效对接，同时保证模型的及时更新，BIM 团队在建立模型时应遵从一定的建模规则，以保证每一部分的模型在合并之后的兼容性，避免出现模型质量、深度等参差不齐的现象。表 4-1 列举了一般 BIM 模型构建的要求，表 4-2 对 BIM 模型构建要求给出具体建议。

**BIM 模型建立要求**　　　　　　　　　　　　　　　　　　　　表 4-1

| 序号 | 建模要求 | 具　体　内　容 |
|---|---|---|
| 1 | 模型命名规则 | 大型项目模型分块建立，建模过程中随着模型深度的加深、设计变更的增多，BIM 模型文件数量成倍增长。为区分不同项目、不同专业、不同时间创建的模型文件，缩短寻找目标模型的时间，建模过程中统一使用一个命名规则 |
| 2 | 模型深度控制 | 在建筑设计、施工的各个阶段，所需要的 BIM 模型的深度不同，如：建筑方案设计阶段仅需了解建筑的外观、整体布局；而施工工程量统计则需要了解每一个构件的长度、尺寸、材料、价格等。这就需要针对不同项目、项目实施的不同阶段，建立对应标准的 BIM 模型 |
| 3 | 模型质量控制 | BIM 模型的用处大体体现在以下两个方面：可视化展示及指导施工。不论哪个方面，都需要对 BIM 模型进行严格的质量控制，才能充分发挥其优势，真正用于指导施工 |
| 4 | 模型准确度控制 | BIM 模型是利用计算机技术实现对建筑的可视化展示，需保持与实际建筑的高度一致性，才能运用到后期的结构分析、施工控制及运维管理中 |
| 5 | 模型完整度控制 | BIM 模型的完整度包含两部分，一是模型本身的完整度，二是模型信息的完整度。模型本身的完整度应包括建筑的各楼层、各专业到各构件的完整展示。信息的完整度包含工程施工所需的全部信息，各构件信息都为后期工作提供有力依据。如：钢筋信息的添加给后期二维施工图中平法标注自动生成提供属性信息 |
| 6 | 模型文件大小控制 | BIM 软件因包含大量信息，占用内存大，建模过程中控制模型文件的大小，避免对电脑的损耗及建模时间的浪费 |
| 7 | 模型整合标准 | 对各专业、各区域的模型进行整合时，应保证每个子模型的准确性，并保证各子模型的原点一致 |
| 8 | 模型交付规则 | 模型的交付完成建筑信息的传递，交付过程应注意交付文件的整理，保持建筑信息传递的完整性 |

**BIM 模型建立具体建议**　　　　　　　　　　　　　　　　　　　表 4-2

| 序号 | 建模建议 | 具 体 内 容 |
|------|----------|------------|
| 1 | BIM 移动终端 | 基于网络采用笔记本电脑、移动平台等进行模型建立及修改 |
| 2 | 模型命名规则 | 制定相应模型的命名规则，方便文件筛选与整理 |
| 3 | 模型深度控制 | BIM 制图需按照美国建筑师学会（AIA，American Institute of Architects）制定的模型详细等级（LOD，Level of Detail）来控制 BIM 模型中的建筑元素的深度 |
| 4 | 模型准确度控制 | 模型准确度的校检遵从以下步骤：<br>（1）建模人员自检，检查的方法是结合结构常识与二维图纸进行对照调整；<br>（2）专业负责人审查；<br>（3）合模人员自检，主要检查对各子模型的缝接是否准确；<br>（4）项目负责人审查 |
| 5 | 模型完整度控制 | 应保证 BIM 模型本身的完整度及相关信息的完整度，尤其注意保证关键及复杂部位的模型完整度。BIM 模型本身应精确到螺栓的等级，如对机电构件而言，检查阀门、管件是否完备；对发电机组而言，检查它的油箱、油泵和油管是否完备。BIM 模型信息的完整体现在构件参数的添加上，如对柱构件而言，检查材料、截面尺寸、长度、配筋、保护层厚度信息是否完整等 |
| 6 | 模型文件大小控制 | BIM 模型超过 200M 必须拆分为若干个文件，以减轻电脑负荷及软件崩溃几率。控制模型文件大小在规定范围内的方法如下：<br>（1）分区、分专业建模，最后合模；<br>（2）族文件建立时，建模人员对相互构件间关系应条理清晰，减少不必要的嵌套；<br>（3）图层尽量符合前期 CAD 制图命名的习惯，避免垃圾图层的出现 |
| 7 | 模型整合标准 | 模型整合前期应确保子模型的准确性，这需要项目负责人员根据 BIM 建模标准对子模型进行审核，并在整合前进行无用构件、图层的删除整理，注意保持各子模型在合模时原点及坐标系的一致性 |
| 8 | 模型交付规则 | BIM 模型建成后在进一步移交给施工方或业主方时，应遵从规定的交付准则。模型的交付应按相关专业、区域的划分创建相应名称的文件夹，并链接相关文件；交付 Word 版模型详细说明 |

### 4.1.2　工作集拆分原则

为了保证建模工作的有效协同和后期的数据分析，还需要对各专业的工作集划分、系统命名进行规范化管理，并将不同的系统、工作集分别赋予不同的颜色进行区分，方便后期模型的深化调整工作。由于每个项目需求不同，在一个项目中的有效工作集划分标准未必适用于另一个项目，故应尽量避免把工作集想象成传统的图层或者图层标准，划分标准并非一成不变。建议综合考虑项目的具体状况和人员状况，按照表 4-3 的工作集拆分标准进行工作集拆分。为了确保硬件运行性能，工作集拆分的基本原则是：对于大于 50M 的文件都应进行检查，考虑是否可能进行进一步拆分。理论上，文件的大小不应超过 200M，工作集划分的大致标准见表 4-3。

工作集拆分标准 表 4-3

| 序 号 | 标 准 | 说 明 |
|---|---|---|
| 1 | 按照专业划分 | |
| 2 | 按照楼层划分 | 例如，B01、B05 等 |
| 3 | 按照项目的建造阶段划分 | |
| 4 | 按照材料类型划分 | |
| 5 | 按照构件类别与系统划分 | |

如可以将设备专业工作集划分为四大系统，分别为通风系统、电气系统、给水排水系统、空调水系统，每个系统的内部工作集划分、系统命名及颜色显示见表 4-4～表 4-7。

通风系统的工作集划分、系统命名及颜色显示 表 4-4

| 序号 | 系统名称 | 工作集名称 | 颜色编号（红/绿/蓝） |
|---|---|---|---|
| 1 | 送风 | 送风 | 深粉色 RGB247/150/070 |
| 2 | 排烟 | 排烟 | 绿色 RGB146/208/080 |
| 3 | 新风 | 新风 | 深紫色 RGB096/073/123 |
| 4 | 采暖 | 采暖 | 灰色 RGB127/127/127 |
| 5 | 回风 | 回风 | 深棕色 RGB099/037/035 |
| 6 | 排风 | 排风 | 深橘红色 RGB255/063/000 |
| 7 | 除尘管 | 除尘管 | 黑色 RGB013/013/013 |

电气系统的工作集划分、系统命名及颜色显示 表 4-5

| 序号 | 系 统 名 称 | 工作集名称 | 颜色编号（红/绿/蓝） |
|---|---|---|---|
| 1 | 弱电 | 弱电 | 粉红色 RGB255/127/159 |
| 2 | 强电 | 强电 | 蓝色 RGB000/112/192 |
| 3 | 电消防——控制 | | 洋红色 RGB255/000/255 |
| 4 | 电消防——消防 | 电消防 | 青色 RGB000/255/255 |
| 5 | 电消防——广播 | | 棕色 RGB117/146/060 |
| 6 | 照明 | 照明 | 黄色 RGB255/255/000 |
| 7 | 避雷系统（基础接地） | 避雷系统（基础接地） | 浅蓝色 RGB168/190/234 |

给水排水系统的工作集划分、系统命名及颜色显示 表 4-6

| 序号 | 系 统 名 称 | 工作集名称 | 颜 色 |
|---|---|---|---|
| 1 | 市政给水管 | 市政加压给水管 | 绿色 RGB000/255/000 |
| 2 | 加压给水管 | | |
| 3 | 市政中水给水管 | 市政中水给水管 | 黄色 RGB255/255/000 |
| 4 | 消火栓系统给水管 | 消火栓系统给水管 | 青色 RGB000/255/255 |
| 5 | 自动喷洒系统给水管 | 自动喷洒系统给水管 | 洋红色 RGB255/000/255 |
| 6 | 消防转输给水管 | 消防转输给水管 | 橙色 RGB255/128/000 |
| 7 | 污水排水管 | 污水排水管 | 棕色 RGB128/064/064 |

续表

| 序号 | 系 统 名 称 | 工作集名称 | 颜 色 |
|------|------------|-----------|-------|
| 8 | 污水通气管 | 污水通气管 | 蓝色 RGB000/000/064 |
| 9 | 雨水排水管 | 雨水排水管 | 紫色 RGB128/000/255 |
| 10 | 有压雨水排水管 | 有压雨水排水管 | 深绿色 RGB000/064/000 |
| 11 | 有压污水排水管 | 有压污水排水管 | 金棕色 RGB255/162/068 |
| 12 | 生活供水管 | 生活供水管 | 浅绿色 RGB128/255/128 |
| 13 | 中水供水管 | 中水供水管 | 藏蓝色 RGB000/064/128 |
| 14 | 软化水管 | 软化水管 | 玫红色 RGB255/000/128 |

**空调水系统的工作集划分、系统命名及颜色显示**　　　　　表 4-7

| 序号 | 系 统 名 称 | 工作集名称 | 颜 色 |
|------|------------|-----------|-------|
| 1 | 空调冷热水回水管 | | |
| 2 | 空调冷水回水管 | 空调水回水管 | 浅紫色 RGB185/125/255 |
| 3 | 空调冷却水回水管 | | |
| 4 | 空调冷热水供水管 | | |
| 5 | 空调热水供水管 | 空调水供水管 | 蓝绿色 RGB000/128/128 |
| 6 | 空调冷水供水管 | | |
| 7 | 空调冷却水供水管 | | |
| 8 | 制冷剂管道 | 制冷剂管道 | 粉紫色 RGB128/025/064 |
| 9 | 热媒回水管 | 热媒回水管 | 浅粉色 RGB255/128/255 |
| 10 | 热媒供水管 | 热媒供水管 | 深绿色 RGB000/128/000 |
| 11 | 膨胀管 | 膨胀管 | 橄榄绿 RGB128/128/000 |
| 12 | 采暖回水管 | 采暖回水管 | 浅黄色 RGB255/255/128 |
| 13 | 采暖供水管 | 采暖供水管 | 粉红色 RGB255/128/128 |
| 14 | 空调自流冷凝水管 | 空调自流冷凝水管 | 深棕色 RGB128/000/000 |
| 15 | 冷冻水管 | 冷冻水管 | 蓝色 RGB000/000/255 |

### 4.1.3　模型命名标准

在项目标准中，需要对模型、视图、构件等的具体命名方式制定相应的规则，实现模型建立和管理的规范化，方便各专业模型间的调用和对接，并为后期的工程量统计提供依据和便利。模型命名原则见表 4-8。

**各专业项目中心文件命名标准**　　　　　表 4-8

| 类别 | 专业 | 分项 | 命 名 标 准 | 说明/举例 |
|------|------|------|------------|-----------|
| 各专业项目中心文件命名标准 | 建筑专业 | | 项目名称-栋号-建筑 | |
| | 结构专业 | | 项目名称-栋号-结构 | |
| | 管线综合专业 | 电气专业 | 项目名称-栋号-电气 | |
| | | 给水排水专业 | 项目名称-栋号-给水排水 | |
| | | 暖通专业 | 项目名称-栋号-暖通 | |

| 类别 | 专业 | 分项 | 命 名 标 准 | 说明/举例 |
|---|---|---|---|---|
| 项目视图命名标准 | 建筑专业、结构专业 | 平面视图 | 楼层-标高 | 例如：B01（-3.500） |
| | | | 标高-内容 | 例如：B01-卫生间详图 |
| | | 剖面视图 | 内容 | 例如：A-A 剖面，集水坑剖面 |
| | 管线综合专业（根据专业系统，建立不同的子规程，例如：通风、空调水、给水排水、消防、电气等。每个系统的平面、详图、剖面视图，放置在其子规程中） | 墙身详图 | 内容 | 例如：XX 墙身详图 |
| | | 平面视图 | 楼层-专业系统/系统 | 例如：B01-给水排水，B01-照明 |
| | | | 楼层-内容-系统 | 例如：B01-卫生间-通风排烟 |
| | | 剖面视图 | 内容 | 例如：A-A 剖面、集水坑剖面 |
| 详细构件命名标准 | 建筑专业 | 建筑柱 | 层名＋外形＋尺寸 | 例如：B01-矩形柱-300×300 |
| | | 建筑墙及幕墙 | 层名＋内容＋尺寸 | 例如：B01-外墙-250 |
| | | 建筑楼板或顶棚 | 层名＋内容＋尺寸 | 例如：B01-复合顶棚-150 |
| | | 建筑屋顶 | 内容 | 例如：复合屋顶 |
| | | 建筑楼梯 | 编号＋专业＋内容 | 例如：3#建筑楼梯 |
| | | 门窗族 | 层名＋内容＋型号 | 例如：B01-防火门-GF2027A |
| | 结构专业 | 结构基础 | 层名＋内容＋尺寸 | 例如：B05-基础筏板-800 |
| | | 结构梁 | 层名＋型号＋尺寸 | 例如：B01-CL68（2）-500×700 |
| | | 结构柱 | 层名＋型号＋尺寸 | 例如：B01-B-KZ-1-300×300 |
| | | 结构墙 | 层名＋尺寸 | 例如：B01-结构墙 200 |
| | | 结构楼板 | 层名＋尺寸 | 例如：B01-结构板 200 |
| | 管线综合专业 | 管道 | 层名＋系统简称 | 例如：B01-J3 |
| | | 穿楼层的立管 | 系统简称 | 例如：J3L |
| | | 埋地管道 | 层名＋系统简称＋埋地 | 例如：B01-J3 埋地 |
| | | 风管 | 层名＋系统名称 | 例如：B01-送风 |
| | | 穿楼层的立管 | 系统名称 | 例如：送风 |
| | | 线管 | 层名＋系统名称 | 例如：B01-弱电线槽 |
| | | 电气桥架 | 层名＋系统名称 | 例如：B03-弱电桥架 |
| | | 设备 | 层名＋系统名称＋编号 | 例如：B01-紫外线消毒器-SZX-4 |

### 4.1.4　建模范围制定

在每次建模任务执行前，制定模型交底清单和模型建立范围清单，明确建模依据的图纸版本、系统划分、构件要求、添加参数范围、明细表要求等，对模型的建立指令要求进行有效传达。

BIM 模型建立范围、模型数据明细及模型交底内容见表 4-9～表 4-11。

**BIM 模型建立范围清单**　　　　　　　　　　　表 4-9

| 序号 | 专业模型 | 构件系统 | 模型构件名称① | 模型包含信息② | 备注 |
|---|---|---|---|---|---|
| 01 | 结构 | | | | |
| 02 | 建筑 | | | | |
| 03 | 暖通 | | | | |
| 04 | 给水排水 | | | | |
| 05 | 电气专业 | | | | |
| 06 | 机房大样 | | | | |

填表说明：

BIM 模型中需要表示出单个构件，如：门、窗、梁、板、柱、风管、弯头等。

BIM 模型信息指每个构件带有的所有参数。如：材质、标高、规格、专业、系统等参数。

BIM 模型还应该包括其他内容：楼梯、玻璃幕墙、停车位等内容。

**模型数据明细表**　　　　　　　　　　　表 4-10

| 序号 | 明细表名称 | 明细表包含内容① | 交付格式 | 备注 |
|---|---|---|---|---|
| 01 | | | | |
| 02 | | | | |

填表说明：

模型数据明细表包含内容、材质、标高、楼层、工程量（要求写明工程量单位）、系统名称、规格尺寸等内容。

**BIM 模型交底单**  表 4-11

工程名称：
委托单位：
建模单位：

| 序号 | 单位 | 参会人员 |
|------|------|----------|
|      |      |          |

BIM 模型配套 CAD 图

| 序号 | CAD 专业 | 图纸名称 | 提供人 | 图纸路径 | 存档日期 | 备注 |
|------|----------|----------|--------|----------|----------|------|
| 01 | 结构 | | | | | |
| 02 | 建筑 | | | | | |
| 03 | 暖通 | | | | | |
| 04 | 给水排水 | | | | | |
| 05 | 电气 | | | | | |
| 06 | 其他 | | | | | |

### 4.1.5 建模进度计划

为了充分配合工程实际应用，根据工程施工进度设计 BIM 建模进度计划。模型构建作为 BIM 实施的数据基础，为确保 BIM 实施能够顺利进行，应根据施工进度节点计划合理安排建模计划，并将时间节点、模型需求、模型精度、责任人等细节进行明确要求，确保能够在规定时间内提供相应的 BIM 模型。

BIM 建模计划见表 4-12。

**BIM 建模计划表**  表 4-12

| 时间节点 | 模型需求 | 模型精度 | 负责人 | 应用方向 | 施工阶段 |
|----------|----------|----------|--------|----------|----------|
| 投标阶段 | 基础模型 | LOD300 | 总包 BIM | 模型展示、4D 模拟 | |
| 施工准备 | 场地模型 | | 总包 BIM | 电子沙盘、场地空间管理 | 施工准备阶段 |
| | 全专业模型 | LOD300 | 总包 BIM | 工程量统计、图纸会审、分包招标 | |
| | 土方开挖模型 | | 总包 BIM | 土方开挖方案模拟、论证，土方量计算 | |
| 基础施工阶段 | 模型维护 | LOD300 | 总包 BIM | 根据新版图纸和变更洽商，进行模型维护 | 地下结构施工阶段 |
| | 模型数据分析 | | 总包 BIM | 4D 施工模拟、成本分析、分包招标 | |
| 主体施工阶段 | 精细化模型 | LOD500 | 总包 BIM | 精细化模型，加入项目参数等相关信息 | 低区（1～36 层）结构施工阶段，高区（36 层以上）结构施工阶段 |
| | 深化设计 | | 总包 BIM、分包 | 完成节点深化模型（钢构及管综等） | |
| | 技术交底 | | 总包 BIM、分包 | 结构洞口预留预埋 | |
| | 方案论证 | | 总包 BIM、分包 | 重点方案模拟 | |
| | 方案模拟 | | 总包 BIM、分包 | 大型构件吊装模拟、定位 | |

续表

| 时间节点 | 模型需求 | 模型精度 | 负责人 | 应用方向 | 施工阶段 |
|---|---|---|---|---|---|
| 装修阶段 | 精细化模型 | LOD500 | 总包 BIM | 样板间制作 | 装饰装修机电安装施工阶段 |
| | 施工工艺 | | | 墙顶地布置 | |
| | 质量管控 | | | 幕墙全过程控制 | |
| | 成品保护 | | 总包 BIM | 模型中进行责任面划分 | |
| 运营维护 | 模型交付 | LOD500 | 总包 BIM、分包 | 模型交付 | 系统联动调试、试运行，竣工验收备案 |

# 4.2　BIM 模型审查及优化

## 4.2.1　BIM 模型审查及优化标准

各专业 BIM 模型审查及优化标准见表 4-13。

各专业 BIM 模型审查及优化标准 表 4-13

| 专业 | 序号 | 内　容 | 说　明 |
|---|---|---|---|
| 建筑专业 | 1 | 已完成的建筑施工图全面核对 | 含地下室 |
| | 2 | 消防防火分区的复核与确认 | 按批准的消防审图意见梳理，包括：防火防烟分区的划分，垂直和水平安全疏散通道、安全出口等 |
| | 3 | 防火卷帘、疏散通道、安全出口距离及建筑消防设施核对 | 如防火门位置、开启方向、净宽；消火栓埋墙位置、喷淋头、报警器、防排烟设施等 |
| | 4 | 扶梯电梯门洞的净高、基坑及顶层机房，楼梯梁下净高核对 | 扶梯：含观光电梯平台外观及交叉处净高等 |
| | 5 | 各种变形缝位置的审核 | 变形缝：含主楼与裙楼，防震缝与沉降缝等 |
| | 6 | 专业间可能发生的各种碰撞校审 | 如室内与室外，建筑与结构和机电的标高等，重点是消防疏散梯、疏散转换口的复核 |
| | 7 | 室内砌墙图、橱窗及其他隔断布置图纸的复核 | |
| | 8 | 所有已发生和待发生的建筑变更图纸的复核 | |
| | 9 | 设计是否符合规范及审图要求 | 如：商业防火玻璃的使用部位 |
| | 10 | 是否满足消防要求 | 如：消防门的宽度及材料与内装设计要求是否一致 |

| 专业 | 序号 | 内容 | 说明 |
|---|---|---|---|
| 结构专业 | 1 | 屋顶及后置钢结构计算书的审核 | |
| | 2 | 天窗等二次钢结构图纸、滑移天窗结构图纸、天窗侧面钢结构及幕墙结构图纸审核 | |
| | 3 | 梁、板、柱图纸审核 | 主要检查标高及点位 |
| | 4 | 结构缝的处理方式 | 如：缝宽优化 |
| | 5 | 室内看室外有未封闭部位复核与整合 | |
| | 6 | 基坑部位等二次钢结构复核 | |
| | 7 | 电梯井道脚手架结构复核 | |
| | 8 | 室内LED屏幕连接复核 | 主要为与钢结构或二次结构的连接 |
| | 9 | 室内外挂件、雕塑结构位置的复核 | |
| | 10 | 幕墙结构与室内入口门厅位置结构的复核 | |
| | 11 | 结构变更图纸的复核 | |
| | 12 | 现场已完成施工的结构条件与机电、内装碰撞点整合 | |
| 设备专业 | 1 | 是否符合管线标高原则 | 风管、线槽、有压和无压管道均按管底标高表示，考虑检修空间，考虑保温后管道外径变化情况 |
| | 2 | 是否符合管线避让原则 | 有压管让无压管；小管线让大管线；施工简单管让施工复杂管；冷水管道避让热水管道；附件少的管道避让附件多的管道；临时管道避让永久管道 |
| | 3 | 审核吊顶标高 | 整合建筑设计单位及装饰单位图纸 |
| | 4 | 审核走廊、中庭等净高度、宽度、梁高 | 审查结构和机电图纸给定的条件 |
| | 5 | 确定管道保温厚度、管道附件设置 | 审查机电管线综合图纸 |
| | 6 | 审定管道穿墙、穿梁预留空洞位置标高 | 审查结构和机电专业图纸碰撞点 |
| | 7 | 公共部位暖通风管、消防排烟风管的走向、标高及设备位置的复核 | 提出要求，满足效果要求下修正尺寸 |
| | 8 | 通风口、排风口的位置是否正确，风口的大小是否符合要求 | 提出要求，满足效果要求下修正尺寸 |
| | 9 | 室内LED屏大小、尺寸、载荷重量、安装维护方式的复核 | |
| | 10 | 雨污水、燃气、自来水管道位置的复核 | |
| | 11 | 涉及内装楼层的监控、探头等装置的复核 | |
| | 12 | 消防喷淋、立管、消防箱位置的复核；挡烟垂壁、防火卷帘位置的复核 | |
| | 13 | 综合管线排布审核，强电桥架线路图纸的复核；弱电桥架、系统点位的复核 | |

其中，设备专业 BIM 审图内容和具体要求见表 4-14。

设备专业 **BIM** 审图内容和要求　　　　　　　　表 **4-14**

| 图纸种类 | 专业划分 | 程　序 | 审　图　内　容 | 深　度　要　求 |
|---|---|---|---|---|
| 与土建专业配合图纸 | 给水排水专业 | 审图，管线协调，管线/基础定位，留洞及基础图 | 各层给水排水、消防水一次墙与二次墙及楼板留洞图 | 洞口尺寸，洞口位置 |
| | | | 卫生间墙板留洞图 | |
| | | | 生活、消防水泵房水泵基础图 | 基础尺寸，基础位置，基础标高 |
| | | | 水箱基础图 | |
| | | | 各种机房设备基础图 | |
| | 暖通专业 | 审图，管线协调，管线/基础定位，留洞及基础图 | 各层空调水、空调风留洞图 | 洞口尺寸，洞口位置 |
| | | | 冷冻机房设备基础图 | 基础尺寸，基础位置，基础标高 |
| | | | 热力设备基础图 | |
| | | | 各类空调机房基础图 | |
| | 强电专业 | 审图，桥架/线槽协调，桥架/线槽线定位，留洞及基础图 | 各层桥架、线槽穿墙及楼板留洞图 | 洞口尺寸，洞口位置 |
| | | | 电气竖井小间楼板留洞图 | |
| | | | 变电所母线桥架高低压柜基础留洞图，变配电所土建条件图 | |
| | | | 高低压进户线穿套管留洞图 | |
| | | | 防雷接地引出节点图 | |
| | 弱电专业 | 审图，桥架/线槽/管线协调，桥架/线槽/管线定位，留洞及基础图 | 各层桥架、线槽穿墙及楼板留洞图 | 洞口尺寸，洞口位置 |
| | | | 竖井小间楼板留洞图 | |
| | | | 弱电管线进户预留预埋图 | |
| | | | 弱电各机房线槽穿墙及楼板留洞图 | |
| | | | 弱电机房接地端子预留图 | 尺寸，位置 |
| | | | 卫星接收天线基座图 | 基础尺寸、位置 |
| 综合协调图 | 各专业 | 各专业管线综合协调，综合管线图叠加，综合协调图 | 机电管线综合协调平面图 | 管道及线槽尺寸、定位、标高及相关专业的平面协调关系 |
| | | | 机电管线综合协调剖面图 | 管道及线槽尺寸、定位、标高及相关专业的空间位置 |

| 图纸种类 | 专业划分 | 程 序 | 审 图 内 容 | 深 度 要 求 |
|---|---|---|---|---|
| 深化设计图纸 | 给水排水专业 | 专业指导，管线/设备定位，专业深化设计 | 各层给水平面图、系统图 | 管道尺寸及平面定位、标高 |
| | | | 各层雨水污水平面图、系统图 | |
| | | | 各层消防水平面图、系统图 | |
| | | 卫生洁具选型，管线/器具定位，大样图 | 卫生间大样图 | 设备与管道尺寸及平面定位、标高 |
| | | 设备选型，设备定位，专业深化设计 | 生活、消防水泵房大样图 | 设备与管道尺寸及平面定位、标高 |
| | | | 水箱间大样图 | |
| | | | 各类机房大样图 | |
| | 暖通专业 | 专业指导，管线/设备定位，专业深化设计 | 空调水平面图 | 水管尺寸、定位及标高、位置、坡度等 |
| | | | 空调风平面图 | 风管尺寸定位及标高，风口的位置及尺寸等 |
| | | 设备选型，设备定位，专业深化设计 | 冷冻机房大样图 | 水管管径、定位及标高、坡度等 |
| | | | 空调机房大样图 | 新风机组的位置及附件管线连接 |
| | | | 屋顶风机平面图 | 正压送风机，卫生间的排风机定位 |
| | | | 楼梯间及前室加压送风系统图 | 加压送风口尺寸及所在的楼梯间编号 |
| | | | 排烟机房大样图 | 风机具体位置、编号及安装形式等 |
| | | | 卫生间排风大样图 | 排气扇位置及安装形式 |
| | | | 冷却塔大样图 | 设备与管线平面尺寸、定位、标高等 |
| | 电气专业 | 专业指导，管线/线槽/桥架定位，专业深化设计 | 室内照明平面图 | 灯具及开关平面布置、管线选取、管线的敷设 |
| | | | 插座供电平面图 | 插座布置、管线选取及敷设 |
| | | | 动力干线平面图、动力桥架平面图 | 配电箱、桥架、母线、线槽的协调定位、选取、平面图的绘制 |
| | | | 动力配电箱系统图、照明配电箱系统图 | 动力、照明配电箱系统图的绘制、二次原理图的控制要求的注明 |
| | | | 室内动力电缆沟剖面图 | 尺寸、位置、标高 |
| | | | 防雷平面图 | 尺寸、位置 |
| | | | 设备间接地平面图 | 接地线、端子箱的位置、高度；平面图的绘制 |

| 图纸种类 | 专业划分 | 程　序 | 审 图 内 容 | 深 度 要 求 |
|---|---|---|---|---|
| 深化设计图纸 | 电气专业 | 专业指导，管线/线槽/桥架定位，专业深化设计 | 弱电接地平面图 | 接地线、端子箱的位置、高度；平面图的绘制 |
| | | | 变配电室照明平面图 | 灯具及开关的平面布置、管线选取、管线的敷设 |
| | | | 变配电室动力平面图，动力干线平面图，动力桥架平面图 | 配电箱、桥架、母线、线槽的协调定位、选取、平面图的绘制 |
| | | | 变配电室平面布置图 | 高、低压柜，模拟屏，直流屏，变压器等的布置 |
| | | | 高压供电系统图 | 系统图 |
| | | | 低压供电系统图 | 系统图 |
| | | | 变配电室接地干线图 | 同前述 |
| | | | 应急发电机房照明平面图 | 同前述 |
| | | | 动力部分 | 要求与室内工程的动力系统部分相同 |
| | | | 发电机房接地系统图 | 原理，配置，系统情况 |
| | 弱电专业 | 专业指导，管线/线槽/桥架定位，专业深化设计 | 火灾报警系统/平面图 | 桥架、管线的规格尺寸、标高、位置 |
| | | | 安全防范系统/平面图 | |
| | | | 综合布线系统/平面图 | |
| | | | 楼宇自控系统/平面图 | |
| | | | 卫星及有线电视系统/平面图 | |
| | | | 公共广播系统/平面图 | |

### 4.2.2　模型检查机制

为了保证模型的准确性和实时更新，项目组需要制定一套完整的模型检查和维护机制，对每个模型的建模人、图纸依据、建模时间、存储位置、检查人等进行详细的记录，同时列举出检查人应该对模型进行的各项检查内容，一定程度上提高了模型的可靠性和精准度。模型检查记录及检查内容记录见表 4-15、表 4-16。

模型检查记录　　　　　　　　　　　　　　　　　表 4-15

| 建模人 | 模型名称 | 图纸版本 | 图纸名称 | 建模时间 | 储存位置 | 模型说明 | 移交人 | 备注 |
|---|---|---|---|---|---|---|---|---|
| | | | | | | | | |
| 检查人 | 模型名称 | 图纸版本 | 图纸名称 | 建模时间 | 储存位置 | 模型说明 | 移交人 | 备注 |
| | | | | | | | | |
| 建模人 | 模型名称 | 图纸版本 | 图纸名称 | 建模时间 | 储存位置 | 模型说明 | 移交人 | 备注 |
| | | | | | | | | |

| 检查人 | 模型名称 | 图纸版本 | 图纸名称 | 建模时间 | 储存位置 | 模型说明 | 移交人 | 备注 |
|---|---|---|---|---|---|---|---|---|
| | | | | | | | | |
| 建模人 | 模型名称 | 图纸版本 | 图纸名称 | 建模时间 | 储存位置 | 模型说明 | 移交人 | 备注 |
| | | | | | | | | |
| 检查人 | 模型名称 | 图纸版本 | 图纸名称 | 建模时间 | 储存位置 | 模型说明 | 移交人 | 备注 |
| | | | | | | | | |

模型检查内容记录　　　　　　　　　　　　　　　　　　　　**表 4-16**

| 工程名称 | | | | 楼层信息 | | | |
|---|---|---|---|---|---|---|---|
| 依据图纸 | | | | 专业 | | | |
| 序号 | 项目 | 检查方法 | 检测内容 | 检查结果 | 问题说明 | 备注 | |
| 1 | 基本信息 | 以某专业模型为基础，将其他专业模型链接到建筑模型中 | 轴网 | | | | |
| | | | 原点 | | | | |
| | | | 标高 | | | | |
| | | | 储存位置 | | | | |
| 2 | 构建名称及参数 | 对照相关专业图纸进行建模检查 | 是否按照《六建 BIM 建模标准》（北京建工六建公司）中的命名规则命名 | | | | |
| | | | 是否将机电各专业系统完整划分 | | | | |
| | | | 中心文件工作集是否完整 | | | | |
| | | | 机电专业所属工作集名称与各管线颜色是否按照《六建 BIM 建模标准》执行 | | | | |
| 3 | 图纸对照检查 | 对照相关专业图纸进行建模检查 | 依据的图纸是否正确 | | | | |
| | | | 轴网、标高、图纸是否锁定，避免因手误导致错位 | | | | |
| | | | 根据图纸检查构件的位置、大小、标高与原图是否一致 | | | | |
| | | | 各节点模型参照节点详图进行检察 | | | | |
| 4 | 建模精度 | 对照相关专业图纸进行建模检查 | 检查各专业模型是否按照《六建 BIM 建模标准》中的 LOD 标准建模 | | | | |
| | | | 若机电专业设备的具体型号尺寸没有时，检查是否用体量进行占位，待数据更新后进行替换 | | | | |
| 5 | 设计问题 | 针对较为关心的项目，进行图纸问题检查 | 梁板的位置 | | | | |
| | | | 降板的合理性 | | | | |
| | | | 预留洞位置的合理性等 | | | | |
| | | | 综合管线碰撞 | | | | |

续表

| 序号 | 项目 | 检查方法 | 检测内容 | 检查结果 | 问题说明 | 备注 |
|---|---|---|---|---|---|---|
| 6 | 变更检查 | 对照相关专业图纸、变更文件、问题报告等进行建模检查 | 每次提出的问题报告，应由专人检查后再进行交付 | | | |
| | | | 项目部就问题报告进行回复后，需进行书面记录，并在模型上予以相应调整 | | | |
| | | | 在获取变更洽商后，应对相关模型进行调整并记录 | | | |
| 7 | 注意事项 | | 通过过滤功能，查看每个机电系统的管件是否有缺漏等错误 | | | |
| | | | 在管线综合布置调整过程中，发现碰撞点必须先检查图纸问题 | | | |
| | | | 绘制模型过程中，注意管理中的错误提示，随时调整 | | | |
| | | | 将所有模型按照各项目、各专业分门别类地进行规范命名，并进行过程版本储存、备份 | | | |
| | | | 及时删除认为无用的自动保存的文件 | | | |

### 4.2.3　模型调整原则

基础模型建立完成后，针对建模过程中发现的图纸问题，包括各种碰撞问题，项目组将会如实反馈给设计方，然后根据设计方提供的修改意见进行模型调整。同时，对于图纸更新、设计变更等，项目组也需要在规定时间内完成模型的调整工作。而对于需要进行深化的管综、钢结构等节点，将由建设方、设计方、总包方、分包方等共同制定出合理的调整原则，再据此进行模型的深化和出图工作，保证调整后模型能够有效指导现场施工。BIM 模型调整原则及 CAD 调整原则如表 4-17、表 4-18 所示。

**BIM 模型调整原则**　　　　　　　　　　　　　　表 4-17

| 序号 | 专业模型 | 调整前 | 调整后 | 调整原则 | 备注 |
|---|---|---|---|---|---|
| 01 | 结构专业 | | | | |
| 02 | 建筑专业 | | | | |
| 03 | 暖通专业 | | | | □ 综合专业<br>□ 分专业 |
| 04 | 给水排水专业 | | | | |
| 05 | 电气专业 | | | | |

填表说明：调整前模型，要打"√"，不要打"×"。

调整后模型，要打"√"，不要打"×"。

**CAD 出图调整原则**  表 4-18

| 序号 | 专业图纸 | 剖面图 | | 备注 |
| --- | --- | --- | --- | --- |
| | | 轴号 | 标识信息 | |
| 01 | 结构专业 | | | |
| 02 | 建筑专业 | | | |
| 03 | 暖通专业 | | | □ 综合专业 |
| 04 | 给水排水专业 | | | |
| 05 | 电气专业 | | | |

## 4.3 BIM 实施保障措施

### 4.3.1 建立系统运行保障体系及工作计划

1. 建立系统运行保障体系

(1) 按 BIM 组织架构表成立总包 BIM 系统执行小组，由 BIM 系统总监全权负责。经业主审核批准，小组人员立刻进场，最快速度投入系统的创建工作。

(2) 成立 BIM 系统领导小组，小组成员由总包项目总经理、项目总工、设计及 BIM 系统总监、土建总监、钢结构总监、机电总监、装饰总监、幕墙总监组成，定期沟通，及时解决相关问题。

(3) 总包各职能部门设专人对口 BIM 系统执行小组，根据团队需要及时提供现场进展信息。

(4) 成立 BIM 系统总分包联合团队，各分包派固定的专业人员参加，如果因故需要更换，必须有很好的交接，保持其工作的连续性。

(5) 购买足够数量的 BIM 正版软件，配备满足软件操作和模型应用要求的足够数量的硬件设备，并确保配置符合要求。

2. 编制 BIM 系统运行工作计划

(1) 各分包单位、供应单位根据总工期以及深化设计出图要求，编制 BIM 系统建模以及分阶段 BIM 模型数据提交计划、四维进度模型提交计划等，由总包 BIM 系统执行小组审核，审核通过后由总包 BIM 系统执行小组正式发文，各分包单位参照执行。

(2) 根据各分包单位的计划，编制各专业碰撞检测计划、修改后重新提交计划。

(3) 对各分包单位，每两周进行一次系统执行情况检查，了解 BIM 系统执行的真实情况、过程控制情况和变更修改情况。

(4) 对各分包单位使用的 BIM 模型和软件进行有效性检查，确保模型和工作同步进行。

### 4.3.2 模型维护与应用机制

(1) 督促各分包在施工过程中维护和应用 BIM 模型，按要求及时更新和深化 BIM 模型，并提交相应的 BIM 应用成果。如在机电管线综合设计的过程中，对综合后的管线进行碰撞校验，具体流程如图 4-1，并生成检验报告。设计人员根据报告所显示的碰撞点与碰撞量调整管线布局，经过若干个检测与调整的循环后，可以获得一个较为精确的管线综合平衡设计。

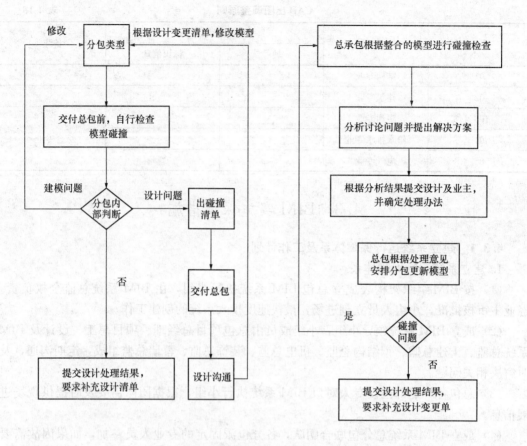

图 4-1　管线碰撞检查流程图

（2）在得到管线布局最佳状态的三维模型后，按要求分别导出管线综合图、综合剖面图、支架布置图以及各专业平面图，并生成机电设备及材料量化表。

（3）在管线综合过程中建立精确的 BIM 模型，还可以采用 Autodesk Inventor 软件制作管道预制加工图，从而大大提高本项目的管道加工预制化、安装工程的集成化程度，进一步提高施工质量，加快施工进度。

（4）运用 BIM 软件建立四维进度模型，在相应部位施工前 1 个月内进行施工模拟，及时优化工期计划，指导施工实施。同时，按业主所要求的时间节点提交与施工进度相一致的 BIM 模型。

（5）在相应部位施工前的 1 个月内，根据施工进度及时更新和集成 BIM 模型，进行碰撞检测，提供包括具体碰撞位置的检测报告。设计人员根据报告很快找到碰撞点所在位置并进行逐一调整，为了避免在调整过程中有新的碰撞点产生，检测和调整会进行多次循环，直至碰撞报告显示零碰撞点。

（6）对于施工变更引起的模型修改，在收到各方确认的变更单后的 14 天内完成。

（7）在出具完工证明以前，向业主提交真实准确的竣工 BIM 模型、BIM 应用资料和设备信息等，确保业主和物业管理公司在运营阶段具备充足的信息。

（8）集成和验证最终的 BIM 竣工模型，按要求提供给业主。

### 4.3.3 BIM 模型的应用计划

（1）根据施工进度和深化设计及时更新和集成 BIM 模型，进行碰撞检测，提供具体碰撞的检测报告，并提供相应的解决方案，及时协调解决碰撞问题。

（2）基于 BIM 模型，探讨短期及中期的施工方案。

（3）基于 BIM 模型，准备机电综合管道图（图 4-2）及综合结构留洞图（CBWD）等施工深化图纸，及时发现管线与管线之间、管线与建筑及结构之间的碰撞点。

（4）基于 BIM 模型，及时提供能快速浏览的 Navisworks、DWF 等格式的模型和图片，以便各方查看和审阅。

（5）在相应部位施工前的 1 个月内，施工进度表进行 4D 施工模拟，提供图片和动画视频等文件，协调施工各方，优化时间安排。

（6）应用网上文件管理协同平台，确保项目信息及时有效地传递。

（7）将视频监视系统与网上文件管理平台整合，实现施工现场的实时监控和管理。

### 4.3.4 实施全过程规划

为了在项目期间最有效地利用协同项目管理与 BIM 计划，先投入时间对项目各阶段中团队各利益相关方之间的协作方式进行规划。项目全过程 BIM 交付如图 4-3 所示。

从建筑的设计、施工、运营，直至建筑全寿命周期的终结，各种信息始终整合于一个三维模型信息数据库中；

基于 BIM 进行建筑工程设计、施工、维护和运营管理的全寿命周期协同工作，有效提高工作效率、节省资源、降低成本，以实现可持续发展，如图 4-4 所示。

借助 BIM 模型，可大大提高建筑工程的信息集成化程度，从而为项目的相关利益方提供了一个信息交换和共享的平台，如图 4-5 所示。结合更多的数字化技术，还可以被用于模拟建筑物在真实世界中的状态和变化，在建成之前，相关利益方就能对整个工程项目的成败作出完整的分析和评估。

### 4.3.5 协同平台准备

为了保证各专业内和专业之间信息模型的无缝衔接和及时沟通，BIM 项目需要在一个统一的平台上完成。这个平台可以是专门的平台软件，也可以利用 Windows 操作系统实现。关键是有一套具体可行的合作规则并且在技术上可行。协同平台应具备的最基本功能是信息管理和人员管理。

在协同化设计的工作模式下，设计成果的传递不应该再以用 U 盘拷、快递发图纸这种低效滞后的方式，要主动使用 Windows 共享、FTP 服务器实现共享。

信息管理的另一方面是信息安全。项目中很多信息是不宜公开的，比如 ABD 的工作环境 Workspace 等需要专人花很大精力才能完善的东西，不能让人随便复制出去另做他用。这就要求一部分信息不能被一部分人看到，一部分信息可以被看，但不可以被复制。

构建 BIM 模型采用的软件、建模型有什么要求已经在前面详细讲述，项目的具体执行计划已经在 BIM 项目管理的执行规划中制定好，项目参与人员的工作职责和工作内容已经在组建团队和工作内容划分时事先规定好，即团队协同工作的平台已经建立完毕。

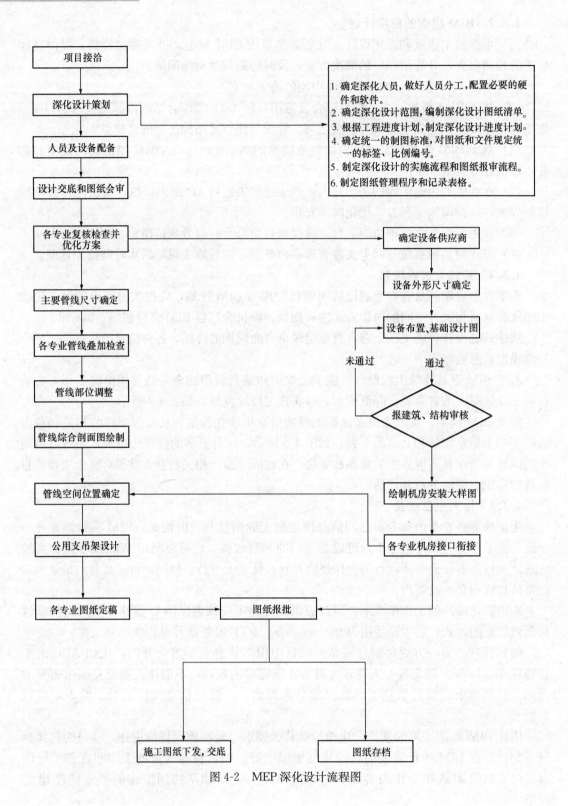

图 4-2　MEP深化设计流程图

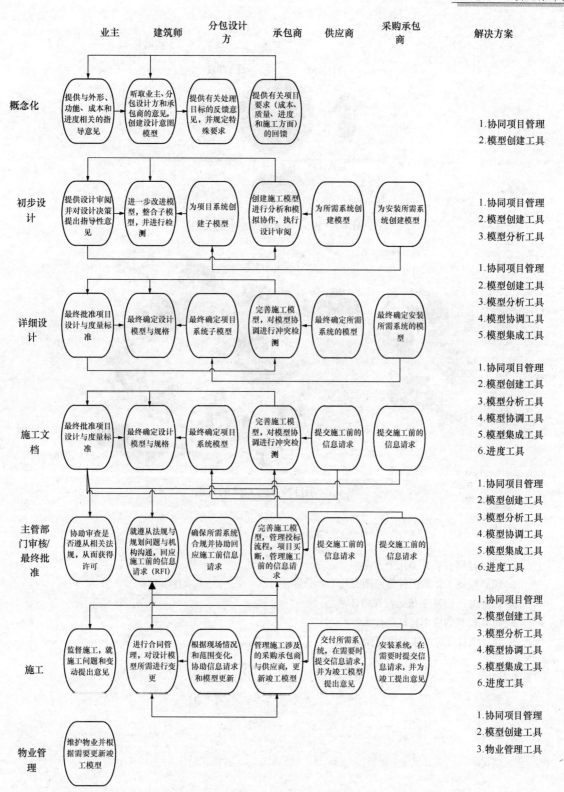

图 4-3 项目全过程 BIM 交付

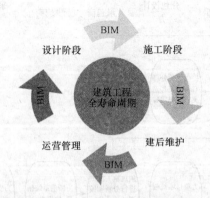

图 4-4　BIM 在建筑周期中的关系

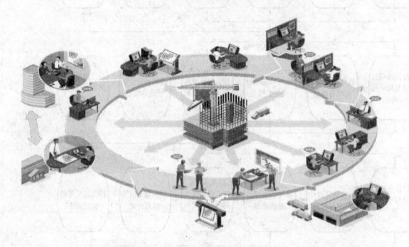

图 4-5　项目各方同 BIM 的关系

# 本 章 习 题

1. BIM 建模要求有哪几个方面？
2. BIM 应用工作集的拆分原则有几个，分别是什么？
3. 如何建立 BIM 系统运行保障体系？
4. BIM 模型的应用计划是什么？
5. 综合项目交付大体流程是什么？

# 第 5 章　BIM 项目管理实施规划

建筑信息模型（BIM）是一个设施（建设项目）物理和功能特性的数字表达；BIM 是一个共享的知识资源，是一个分享有关这个设施建设的信息，为该设施从概念到拆除的全寿命周期中的所有决策提供可靠依据的过程；在项目不同的阶段，不同利益相关方通过在 BIM 中插入、提取、更新和修改信息，以支持和反映其各自职责的协同作业。

为保证 BIM 的成功实施，项目团队需进行详细且全面的规划。详尽的 BIM 项目管理实施规划将帮助项目团队确定各成员的任务及责任，确定要创建和共享的信息类型及使用何种软硬件系统、由谁使用等基本信息。此外，还能让项目团队成员之间实现更协调的沟通，更高效地建设实施项目并降低成本。

BIM 的正确实施可以为项目提供诸多好处。BIM 的价值可通过对项目有效的规划来实现：通过有效周期分析提高设计质量；由可预测的现场条件实现更大的预制；通过可视化计划的施工进度来提高现场效率；通过使用数字设计应用加强创新能力；还有很多诸如此类的例子。在施工阶段结束后，设施运营商可以使用有价值的 BIM 项目管理实施规划信息进行资产管理、空间管理和运营维护计划制定，以提高设施或设施组合的整体性能。然而，现实 BIM 应用中仍然存在一些未正确使用 BIM 的例子，例如：由于团队没有对 BIM 的实施进行有效规划，造成了建模服务成本的增加；由于缺少信息而导致计划延误，几乎没有给项目增加价值。BIM 的正确实施需要项目团队成员对其进行详细的规划和及时地调整，以便从可用的模型信息中成功实现 BIM 应用的价值。

BIM 可在项目全部建设过程中的多个阶段实施，但在确定信息建模过程中所需信息细节的适当范围和水平时，必须始终考虑当前的技术和实施成本。团队不应该只是关注项目是否应用 BIM，还应该准确定义 BIM 具体的实施领域和流程；并旨在应用 BIM 最大限度地实现并提高项目的价值时，最大限度地降低信息建模的成本。这需要团队有选择地确定 BIM 的实施领域，并详细规划 BIM 在这些领域的实施流程。

## 5.1　BIM 项目管理实施规划概述

### 5.1.1　BIM 项目管理实施规划的必要性

为了将 BIM 技术与建设项目实施的具体流程和实践融合在一起，真正发挥 BIM 技术应用的功能和巨大价值，提高 BIM 实施过程中的效率，建设项目团队需要结合具体项目情况制定一份详细的 BIM 项目管理实施规划，以指导 BIM 技术的应用和实施。

BIM 项目管理实施规划概述了项目的整体目标和团队在整个项目中实施 BIM 应用的细节。BIM 项目管理实施规划应在项目初期开发，并随项目的逐步推进不断优化。此外，在项目建设寿命周期过程中，不断地有新的项目相关方参与进来，要做好及时对 BIM 项目管理实施规划调整的工作；并应在项目实施的全过程中，根据需要对其进行监测、更新和修订。该规划主要包括四个基本实施步骤，分别是：

（1）定义项目 BIM 项目管理实施规划目标和应用；

（2）设计 BIM 项目管理实施规划目标的实施流程；

（3）定义 BIM 项目管理实施规划各目标之间的信息交互；

（4）确定支持 BIM 项目管理实施规划实现所需的配套基础设施（软、硬件）。

通过开发 BIM 项目管理实施规划，项目和项目组可以实现以下价值：

（1）各方将明确了解 BIM 项目管理实施规划目标和应用的定义及实施流程；

（2）各项目成员将明确其在 BIM 项目管理实施规划目标和应用实施过程中的作用和责任；

（3）有助于设计一个更适合项目和项目组的业务实践流程与实施流程；

（4）BIM 项目管理实施规划将对 BIM 成功实施所需的额外资源或其他能力进行概述；

（5）BIM 项目管理实施规划将为项目组在未来应用 BIM 技术提供参考经验；

（6）BIM 项目管理实施规划的采购部门将定义合同语言，以确保所有项目参与者均能履行其义务；

（7）BIM 项目管理实施规划将提供衡量整个项目进展情况的依据。

与其他新技术的推广应用过程类似，当 BIM 由缺少经验的团队负责实施，或者在彼此不熟悉团队成员的策略和流程情况下实施时，可能会产生一定程度的额外风险。为此，在制定 BIM 项目管理实施规划过程时，要优先选择有相关 BIM 应用经验的成员，并且在将 BIM 项目管理实施规划制定好之后，要让相关参与者了解并掌握，从而减少 BIM 项目管理实施规划实施过程中的不确定因素，提高整个项目组的 BIM 项目管理实施规划水平，降低项目的额外风险，获得 BIM 项目管理实施规划实施的价值。

### 5.1.2　BIM 项目管理实施规划的制定者

为了制定 BIM 项目管理实施规划，应在项目初期组建规划团队。该团队应由项目所有主要参与者的代表组成，包括业主、设计师、承包商、工程师、主要专业承包商、设施经理和项目业主。对于业主和所有主要参与者来说，全面支持 BIM 项目管理实施规划过程是非常重要的。在确定 BIM 项目管理实施规划目标和应用的首次会议中，业主和所有主要参与者都应该派代表出席会议。BIM 项目管理实施规划目标和应用确定完成后，详细的规划流程和信息交互则可以由各参与方的 BIM 协调员来制定。

BIM 规划团队的组建应遵循以下原则：

（1）BIM 团队成员有明确的分工与职责，并设定相应奖惩措施；

（2）BIM 系统总监应具有建筑施工类专业本科以上学历，并具备丰富的施工经验、BIM 管理经验；

（3）团队中包含建筑、结构、机电各专业管理人员若干名，要求具备相关专业本科以上学历，具有类似工程设计或施工经验；

（4）团队中包含进度管理组管理人员若干名，要求具备相关专业本科以上学历，具有类似工程施工经验；

（5）团队中除配备建筑、结构、机电系统专业人员外，还需配备相关协调人员、系统维护管理员；

（6）在项目实施过程中，可以根据项目情况，考虑增加团队角色，如增设项目副总监、BIM 技术负责人等。

在组建 BIM 团队前，建议挑选合适的技术人员及管理人员进行 BIM 技术培训，了解 BIM 概念和相关技术，以及 BIM 实施带来的资源管理、业务组织、流程变化等，进而达到培训成员深入学习 BIM 在施工行业的实施方法和技术路线，提高建模成员的 BIM 软件操作能力，加深管理人员 BIM 施工管理理念，加快推动施工人员由单一型技术人才向全面复合型人才转变。

此外，确定 BIM 项目管理实施规划制定的牵头方，在制定 BIM 项目管理实施规划的过程中也很关键。由于项目交付方式的多样性、BIM 项目管理实施规划发展的阶段性以及参与 BIM 项目管理实施规划制定者的专业水平差异性，牵头方这一角色可能会随之发生变化。一般情况下，牵头方可以是业主、建筑师、项目经理或施工经理。但对于一些项目来说，让业主作牵头方是更加有益的。业主可以在与其他参与方签订合同协议之前先开始进行 BIM 项目管理实施规划，之后将 BIM 项目管理实施规划过渡，由建筑师或者项目经理等来完成，有助于保证业主需求的实现。但是在某些情况下，如果团队缺乏经验或者团队认为存在有助于 BIM 项目管理实施规划活动的协调人时，可与第三方协调人签订协议进行 BIM 项目管理实施规划制定。

### 5.1.3　BIM 项目管理实施规划流程

本书概述了制定 BIM 项目管理实施规划的四个步骤，如图 5-1 所示。分别为定义 BIM 项目管理实施规划的目标和应用、设计 BIM 项目管理实施规划目标实现流程、制定 BIM 项目管理实施规划目标之间的信息交互要求以及确定支持 BIM 项目管理实施规划实现的基础配套设施。

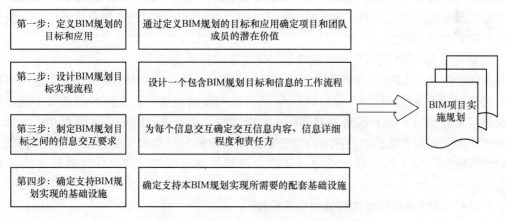

图 5-1　BIM 项目管理实施规划四步骤图

1. 定义 BIM 项目管理实施规划的目标和应用

定义 BIM 项目管理实施规划的目标和应用是 BIM 项目管理实施规划过程中最重要的步骤之一，明确 BIM 项目管理实施规划的总体目标可以使项目和项目团队成员清晰地识别 BIM 在项目中的具体应用内容及流程，并可以帮助他们了解 BIM 项目管理实施规划所带来的潜在价值。BIM 项目管理实施规划目标和应用的确定既可以基于项目绩效，例如，减少项目建设时间、提高现场生产率、提高生产质量、降低成本或改善设施条件等，也可以基于项目团队成员的能力，例如，通过项目设计、施工和运营之间的信息交互，提高项目团队成员的 BIM 项目管理实施规划能力。从项目和团队的角度来讲，一旦团队确定了具有可行性的项目目标，就可以确定在该项目中的具体 BIM 目标和应用。

BIM 项目管理实施规划目标包括设计创作、4D 建模、成本估算、空间管理和记录建模等。项目团队应明确所确定的 BIM 目标和应用对项目的有利之处及各目标之间的优先级等。

2. 设计 BIM 项目管理实施规划目标实现流程

一旦团队确定了 BIM 项目管理实施规划目标和应用，就需要设计一个用于 BIM 项目管理实施规划目标和应用具体实施的流程。为此，开发了 BIM 项目管理实施规划目标实现的二级流程图。首先，开发总规图（一级流程图，详见附件 10），该图显示了该项目的主要 BIM 项目管理实施规划目标之间的优先级和信息交互情况；其次，开发 BIM 项目管理实施规划目标具体实现的详细流程图，该图主要描述每一个 BIM 项目管理实施规划目标及应用的实践步骤和信息交付成果。流程图可以使所有项目团队成员清楚地认识到他们的工作与其他团队成员工作的联系及重要性。

3. 制定 BIM 项目管理实施规划目标之间的信息交互要求

在将 BIM 项目管理实施规划目标和应用确定，并完成 BIM 项目管理实施规划目标实施流程的制定后，接下来就应该明确各 BIM 项目管理实施规划目标之间如何进行信息交互。对于每个信息交互的参与者，特别是信息发出者和接收者，要求他们必须清楚地了解信息内容，因为他们要根据自己对于 BIM 项目管理实施规划目标的了解，定义信息交互表中信息交互内容，图 5-2 中的示例为信息交互表的一部分。该示例中的清单结构是参考美国建筑行业的习惯定义的，在我国实施时，需要根据我国建筑行业规范重新定义，但交互技术和框架是一致的。

4. 确定支持 BIM 项目管理实施规划实现的基础配套设施

在确定项目的 BIM 项目管理实施规划目标和应用之后，对 BIM 项目管理实施规划目标的实现进行了流程图设计，最后对 BIM 项目管理实施规划目标之间的信息交互也进行了详细定义，但为了确保 BIM 项目管理实施规划的成功实现，团队还必须确定整个 BIM 项目管理实施规划实施的软硬件和网络等基础配套设施，包括定义交互结构和合同语言、界定沟通流程、定义技术基础设施以及确定质量控制流程等，确保构建高质量的信息模型。

### 5.1.4　BIM 项目管理实施规划信息分类

BIM 项目管理实施规划完成后，应首先解决以下信息：

（1）BIM 项目管理实施规划信息记录。记录创建项目实施规划的原因。

（2）项目信息。该 BIM 项目管理实施规划应包括的关键项目信息，如项目编号、项目位置、项目概况和项目工期要求等。

（3）项目联系人。作为项目信息的一部分，BIM 项目管理实施规划应包括项目关键人员的联系信息。

（4）项目目标（BIM 目标）。该部分应记录 BIM 项目管理实施规划在项目中的战略价

| 信息 | |
|---|---|
| A | 准确的现场位置，包括材料种类和相关参数 |
| B | 一般尺寸和位置，包括相关参数数据 |
| C | 示意尺寸和位置 |

| 责任方 | |
|---|---|
| A | 建筑师 |
| C | 承包商 |
| CV | 土木工程师 |
| FM | 设施经理 |
| MEP | MEP工程师 |
| SE | 结构工程师 |
| TC | 贸易承包商 |

| BIM目标标题 | | 设计 | | | 设计验证 | | | 已有建模条件 | | | 成本估计 | | |
|---|---|---|---|---|---|---|---|---|---|---|---|---|---|
| 项目阶段 | | 计划 | | | 设计 | | | 设计 | | | 设计 | | |
| 信息交互时间 | | | | | | | | | | | | | |
| 责任方(信息接收者) | | | | | | | | | | | | | |
| 接收文件格式 | | | | | | | | | | | | | |
| 应用程序和版本 | | | | | | | | | | | | | |
| 模型元素分解 | | 信息 | 责任方 | 记录 | 信息 | 责任方 | 记录 | 信息 | 责任方 | 记录 | 信息 | 责任方 | 记录 |
| A | 子结构 | | | | | | | | | | | | |
| | 基础 | | | | | | | | | | | | |
| | 标准基础 | | | | | | | | | | | | |
| | 特殊基础 | | | | | | | | | | | | |
| | 板上基础 | | | | | | | | | | | | |
| | 地下室建设 | | | | | | | | | | | | |
| | 地下室开挖 | | | | | | | | | | | | |
| | 地下室墙 | | | | | | | | | | | | |
| B | 外部建筑工程 | | | | | | | | | | | | |
| | 面层结构 | | | | | | | | | | | | |
| | 地面工程 | | | | | | | | | | | | |
| | 屋顶工程 | | | | | | | | | | | | |
| | 外部结构 | | | | | | | | | | | | |
| | 外墙 | | | | | | | | | | | | |

图 5-2 信息交互工作表示例

值和具体目标，通常由项目团队在规划流程的初期阶段确定。

（5）组织角色和人员配置。确定项目各个阶段的 BIM 项目管理实施规划目标的组织者和实施过程的人员配置。

（6）BIM 项目管理实施规划流程设计。通过 BIM 项目管理实施规划四步骤的第二步，设计 BIM 项目管理实施规划目标的详细流程图来进行流程设计。

（7）BIM 项目管理实施规划信息交互。信息交互要求明确规定实施每个 BIM 目标所需的模型要素和细节水平等。

（8）BIM 项目管理实施规划和设施数据要求。所有 BIM 项目管理实施规划团队成员都对 BIM 项目管理实施规划的要求必须了解并掌握。

（9）协作程序。BIM 项目管理实施规划团队应制定电子协作活动程序。这包括模型管理程序的定义（例如，文件结构和文件权限）以及日常的会议日程等。

（10）模型质量控制程序。在整个项目 BIM 项目管理实施规划的实施过程中进行开发并监控，确保项目参与者按照要求工作。

（11）技术基础设施需求。定义 BIM 项目管理实施规划所需的硬件、软件和网络等配套基础设施。

（12）模型结构。BIM 项目管理实施规划团队应讨论和记录模型结构、文件命名结构、坐标系和建模标准等要素。

（13）项目交付成果。团队应记录业主要求的交付物。

（14）交付策略或合同。定义将在项目中使用的交付策略或合同。图 5-3 为 BIM 项目管理实施规划集成项目交付过程示意。

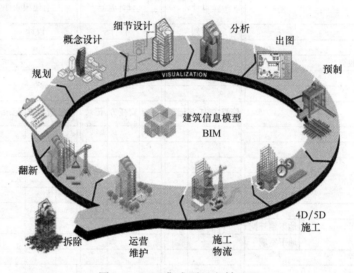

图 5-3　BIM 集成项目交付过程

### 5.1.5　BIM 项目管理实施规划流程与国家 BIM 标准的结合

美国国家 BIM 标准（NBIMS）是由建筑 SMART 联盟（美国国家建筑科学研究所的一部分）负责并进行开发的。NBIMS 的目标是确定和定义 BIM 项目所需的信息交互标准。BIM 项目管理实施规划旨在补充 NBIMS 规划中正在开发的信息交互标准要求。最终期望是 BIM 项目团队可以将 NBIMS 中的信息交互无缝集成到本 BIM 项目管理实施规划的第三步（制定信息交互要求）。

BIM 项目管理实施规划在提交潜在接受规划的同时，还将其作为制定 BIM 项目管理实施规划的依据纳入 NBIMS 的标准流程。如果行业规范了项目中 BIM 项目管理实施规划流程，项目团队成员可以以一种格式创建其典型的工作流程，以便与 BIM 项目管理实施规划流程轻松集成。如果所有团队成员都能绘制各自的标准流程，那么项目实施规划流程就是一个设计任务，这一设计任务定义了来自各个团队成员的不同工作流程（图 5-4），这也将使团队成员（包括业主）更快速有效地了解和评估 BIM 项目管理实施规划。

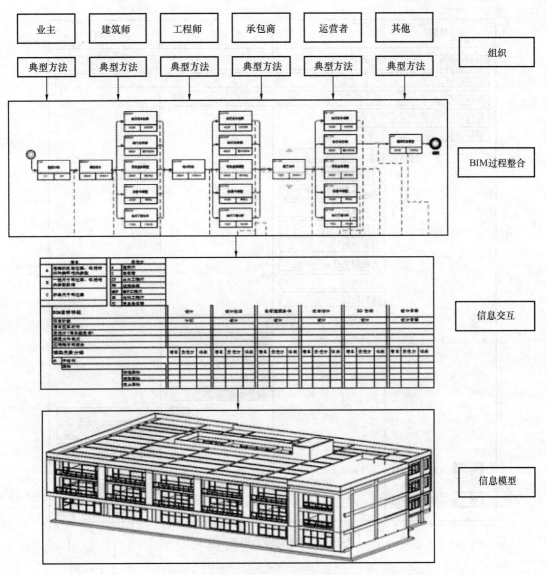

图 5-4　BIM 项目管理实施规划模型构建
说明：BIM 过程整合详见附件 10，信息交互详见图 5-2。

## 5.2　定义 BIM 项目管理实施规划目标和应用

　　制定一个 BIM 项目管理实施规划的第一步就是在项目和团队总目标的基础上确定相应的 BIM 项目管理实施规划目标和应用。当前 BIM 项目管理实施规划团队面临的一个最大的挑战是如何确定最适合的 BIM 目标，使确定的目标不仅可以反映项目特征，还可以进行风险分配。目前，已经有很多工作都与 BIM 项目管理实施规划相结合，而且 BIM 项目管理实施规划在这个过程中还带来了很多好处，这些好处经过反复实践总结，为 BIM 项目管理实施规划的进一步发展奠定了基础。本书提供 25 种应用以供参考（图 5-5）。

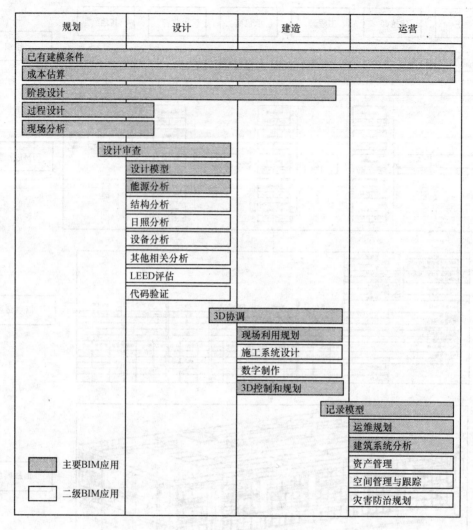

图 5-5　BIM 全寿命周期的应用

### 5.2.1　确定项目 BIM 项目管理实施规划目标和应用

确定 BIM 项目管理实施规划的具体目标和应用，需要项目团队优先确定 BIM 项目管理实施规划的项目总目标。而这些项目总目标应该是针对该项目的可量化及可操作性的特点，进而努力完善其规划、设计、结构流程等的目标。目标的种类一般应该与项目的性能相关，包括减少项目计划持续的时间、降低项目成本以及提高项目的整体质量等。例如，常见的质量目标有：通过能源消耗模型的迅速迭代发展提供更有效的能源设计；通过详细的 3D 协调及控制模型创造更高质量的建筑设计；通过构建更精确的记录模型提高建筑信息模型的性能和试运转的质量。这些目标只是对 BIM 项目管理实施规划目标的建议，当项目团队开始确定项目实施 BIM 项目管理实施规划时，必须确定符合该项目自身条件的具体目标。

在确定项目 BIM 项目管理实施规划的目标时，最重要的是要关注那些可能与具体BIM 应用有关的目标，而不是所有目标。目标的确定需要考虑自身在管理过程中的需求及现有 BIM 技术应用情况。例如，如果项目的一个目标是通过大量预制来提高现场劳动生产率和质量，那么该团队可以考虑"3D 协调"这一 BIM 应用，该应用能够帮助团队在施工前识别和纠正潜在的结构冲突，减少施工变更，提高施工生产质量。

本书以某幼儿园项目为例说明前面的实施步骤。该示例项目的 BIM 项目管理实施规划目标如表 5-1 所示。

**幼儿园项目的 BIM 项目管理实施规划目标样本** 表 5-1

| 优先级（1~3，1 最重要） | BIM 目标描述 | 可能的 BIM 应用 |
| --- | --- | --- |
| 2 | 提升现场生产效率 | 设计审查，3D 协调 |
| 3 | 提升设计效率 | 设计建模，设计审查，3D 协调 |
| 1 | 为运营维护阶段准备精确的 3D 记录模型 | 记录模型，3D 协调 |
| 1 | 提升可持续目标的效率 | 工程分析，LEED 评估 |
| 2 | 施工进度跟踪 | 4D 模型 |
| 3 | 定义各阶段规划相关的内容 | 4D 模型 |
| 1 | 审查设计进度 | 设计审查 |
| 1 | 快速评估设计变更引起的成本变化 | 成本估算 |
| 2 | 消除现场冲突 | 3D 协调 |

### 5.2.2 BIM 应用说明

通过对行业专家的多次访谈、实施案例研究分析和文献综述，最终确定了项目开发阶段组织的 25 个 BIM 应用。BIM 应用的简要说明如下：

1. 维护计划

这个过程包括建筑全寿命周期的建筑结构（墙、楼地面、屋顶等）功能定义和建筑设备服务（机械、电气、管道等）。一个成功的维护计划将改善建筑物的性能，减少维修，进而降低总体维护成本。

2. 建筑系统分析

这个过程是建筑物性能指标与设计过程之间的比较。包括机械系统的运行方式以及建筑物使用能量的多少等。该分析不局限于通风立面研究，还包括其他方面，如：照明分析、内部和外部通风计算以及日照分析等。

3. 资产管理

这是一个有组织的管理系统与记录模型双向关联的过程，可以有效地帮助设施及其资产的运行和维护。这些资产包括建筑、系统、周边环境和设备，必须以最具成本效益的方式，以业主和用户满意的效率进行运行、维护和升级。它协助财务决策制定短期和长期规划，并生成预定的工作单。资产管理利用记录模型中包含的数据填充资产管理系统，然后用该系统确定改变或升级建筑资产成本的影响因素，隔离用于财务税务的资产成本，并维护可以生成公司资产的因素。双向链接还允许用户在维修模型之前对资产进行可视化，从而减少潜在的服务时间。

4. 空间管理与跟踪

使用 BIM 来有效地分配、管理和跟踪设施内的空间和相关资源的过程。设施建筑信息模型允许设施管理团队分析空间的现有使用情况，并有效地将该规划管理应用于任何适用的变更。这样的应用在项目维修期间特别有用，空间管理与跟踪可以确保在设施的整个寿命周期内适当分配空间资源。该应用程序通常需要与空间跟踪软件集成。

### 5. 灾害计划

应急响应以模型和信息系统的形式访问关键建筑信息的过程。BIM 将向参与者提供关键的建筑信息，以提高响应效率并最大限度地减少安全风险。动态建筑信息将由建筑自动化系统（BAS）提供，而静态建筑信息（如平面图和设备原理图）将保留在 BIM 模型中。这两个系统将通过无线连接进行集成，应急响应将被链接到整个系统。BIM 与 BAS 联合将能够清楚地显示紧急情况发生处在建筑物内的位置，以及到该位置的可能路线和建筑物内的任何其他有害位置。

### 6. 记录模型

记录模型是将设施的物理条件、环境和资产准确表示的过程。记录模型应包含有关主体的结构、机械、设备和管道元素等信息。这是整个项目中所有 BIM 建模的最终结果，包括将操作、维护和资产数据链接到建筑模型以方便雇主或设施经理提供记录模型。如果雇主打算在将来利用这些信息，则可能还需要记录额外的信息，例如设备和空间规划系统。

### 7. 场地使用规划

在施工过程的多阶段中，用 BIM 将现场永久和临时设施布置图形化表示的过程。它也可以与施工活动时间表相关联，以传达空间和工序要求。包含在模型中的附加信息可以包括劳动力资源、相关交货材料和设备位置信息等。由于 3D 模型组件可以直接链接到时间表上，所以可以通过不同的空间和时间数据来可视化长期规划、短期规划和资源配备等。

### 8. 施工系统设计

使用 3D 复杂系统设计软件来设计和分析建筑系统的构造（例如模板、玻璃窗、异形梁等）以便改善施工规划的过程。

### 9. 数字化加工

使用数字化信息来促进建筑材料或组件的制造过程。数字化制造的一些用途可以在钣金制造、钢结构制造、管道切割等原型设计中看到。数字化制造有助于确保制造的下游阶段具有清晰和足够的信息来减少制造浪费。

### 10. 三维控制和规划

利用信息模型布局设备组件或自动控制设备运动和位置的过程。信息模型用于帮助在组装布局中创建详细的控制点。例如：墙壁的布局可以使用具有预加载点的全站仪或使用 GPS 坐标来确定是否达到适当的埋置深度。

### 11. 3D 协调

通过比较建筑系统的 3D 模型，在协调过程中使用碰撞检测软件来确定现场冲突的过程。碰撞检测的目标是消除安装前的主要系统冲突。

### 12. 设计建模

基于建筑设计的标准，使用 3D 软件来开发建筑信息模型的过程。BIM 设计过程的核心是两组应用程序，分别是设计创作工具和审查分析工具。创作工具创建模型，而审查分析工具则研究或增加模型中信息的准确性。大多数审查分析工具可用于 BIM 设计方案论证和工程分析应用。

13. 工程分析（结构、日照、能量、设备和其他）

基于 BIM 模型设计规范，使用智能建模软件确定最有效的工程施工信息的过程。这些信息是雇主或者运营商进行建筑系统（能量分析、结构分析和紧急疏散规划等）的基础。这些分析工具和性能模拟可以在未来的寿命周期中显著改善设施的设计特性及其能源消耗。该应用的潜在价值包括：自动进行分析并节约时间和成本；更容易学习和应用并减少对既定工作流程的变动；提高设计公司所提供知识及服务的专业性；通过运用各种严格的分析使得节能设计方案达到最优；提高质量并能减少设计所花费的周期时间。

日照分析已包含在此应用下。

14. 能源分析

BIM 应用能源分析是设计阶段一个很重要的工具，主要通过一个或多个建筑能源模拟程序，使用适当的 BIM 模型进行当前建筑设计的能源评估。该 BIM 应用的核心目标是检查建筑能源消耗是否符合能源标准，并寻求机会优化建筑设计，以减少能源消耗，从而降低寿命周期成本。

15. 结构分析（结构、照明、能源、机械和其他）

利用 BIM 设计分析模型分析给定模型结构体系的过程。按照建模最小化标准对结构设计进行优化。在结构设计进一步发展的基础上，创造高效可行和可构建的结构体系。这些信息的发展是数字制作和施工系统设计阶段的基础。

16. 可持续发展（LEED）评估

根据 LEED 或其他可持续标准评估 BIM 项目的过程。这个过程应该包括建设项目的规划、设计、施工和运营的各个阶段。在规划和早期设计阶段将可持续特征应用于项目将会更加有效。LEED 评估应用除了实现可持续目标之外，LEED 审批流程还增加了一些计算、文档和验证的程序。

17. 规范验证

使用规范验证软件根据项目特定编码，检查模型参数的过程。规范验证在美国目前处于初期发展阶段，并没有被广泛使用。然而，随着编码检查工具的不断发展，编码合规性软件有了进一步的发展，规范验证在设计行业中应用更加普遍。

18. 规划文本编制

使用空间程序来高效准确地评估空间设计性能的过程。开发的 BIM 模型允许项目团队分析并了解空间标准和复杂性。在这个设计阶段，项目团队通过与业主讨论业主意愿和要求，在考虑为项目带来最大价值的前提下做出最佳关键决策。

19. 设计方案论证

利益相关者查看 3D 模型并提供反馈意见以验证设计多个方面要求的过程。这些方面包括评估会议程序、预览空间环境和虚拟环境中的布局，以及设备的布置、照明、安全性、人体工程学、声学、纹理和颜色等标准。

20. 场地分析

利用基于 BIM 的 GIS 工具评估给定地区的特性以确定未来项目最佳地点位置的过程。

收集的站点数据首先用于选择站点，然后根据其他标准对建筑物进行定位。

21. 阶段规划（4D 建模）

利用 4D 模型来有效地规划改造、扩建建筑活动的施工顺序和空间要求的过程。4D 建模是一个强大的可视化沟通工具，可以让项目团队、包括雇主等相关参与方，更好地了解项目进度和施工计划。

22. 成本估算（工程造价）

使用 BIM 模型在项目的整个寿命周期中生成准确的工程造价和成本估算数据的过程。这个过程允许项目团队在项目的所有阶段看到其变化的成本，可以帮助团队控制项目变更导致的预算超支。具体来说，BIM 可以提供添加和变更工程的成本，尽可能节省时间和金钱，尤其在项目的早期设计阶段使用最有利。

23. 现状建模

项目团队开发一个现场场地、现场设施或设施内现有特定区域的 3D 模型的过程。该模型可以通过多种方式开发，如激光扫描和常规测量技术，采取哪种开发方式主要取决于所需的内容和对方法的要求。一旦模型建成，无论是新建建筑还是已有建筑都可以查询相关信息。

24. 物料跟踪

利用 BIM 在挑选材料供应商阶段，通过对过去建设项目所用材料数据进行收集，掌握材料的信息，通过分析论证确定最优的材料供应商，保证材料从源头供应的质量安全；在材料进场阶段，通过 BIM 模型提供的材料清单和验收标准单据，方便快捷地依照规范标准要求，对进场材料实施检查验收，保证材料规格、型号、品种和技术参数等与设计文件相符，确保材料质量；在材料领取使用阶段，可以参照施工进度计划，提供材料明细表，确定材料用量，保证限额领料。将 BIM 和射频识别技术（RFID）结合，可以对建筑材料实施自动化实时追踪管理，对现场材料实施更加精准高效的管理。

25. 绿色建筑评估

绿色建筑是从节能建筑发展形成的建筑新理念，随着绿色建筑设计的快速发展，绿色建筑评估体系也逐渐成熟。基于 BIM 技术设计的绿色建筑预评估系统由三层结构组成，具体包括：①三维 BIM 模型，以基础信息数据为载体，通过对计算结果进行分析比对，提高建筑的节能、节水、节材效果，并降低在建筑生产和使用过程中对环境产生的影响；②建筑基础信息分析和处理层，利用三维图形平台，提取建筑方案设计和结构设计中的材料使用情况、能源消耗等信息数据，对其进行计算和分析，根据绿色设计要求对各专业设计进行调整；③可视化表达，在三维图形平台上对建筑模型进行可视化展示，帮助分析人员直观地获取分析结果，实现各项分析数据的三维表达。

### 5.2.3　概念模型

为使 BIM 项目管理实施规划成功实施，要求团队成员必须了解他们正在开发的模型在未来的应用情况。例如，当建筑师向建筑模型添加墙壁时，该墙可以携带关于材料数量、设备属性、结构属性和其他数据属性的信息。建筑师需要知道这些信息将来是否会被应用，如果会被应用，它将如何被应用。

为了强调信息的寿命周期，BIM 项目管理实施规划流程的核心处理方法就是从模型中信息的潜在最终应用来逆向确定 BIM 项目管理实施规划的目标。为了做到这一点，项目团队应该首先考虑项目的后期阶段，以了解在此阶段有哪些信息是有价值的。然后，他们可以按照相反的顺序（运营、建造、设计、然后再规划）返回所有的项目阶段，同时确定相应的 BIM 项目管理实施规划目标和应用，具体如图 5-6 所示。这个"概念模型"确定了项目寿命周期中早期流程应支持的下游信息需求。通过确定这些下游 BIM 应用，团队可以识别并确定可使用的项目信息和 BIM 项目管理实施规划目标之间的信息交互。

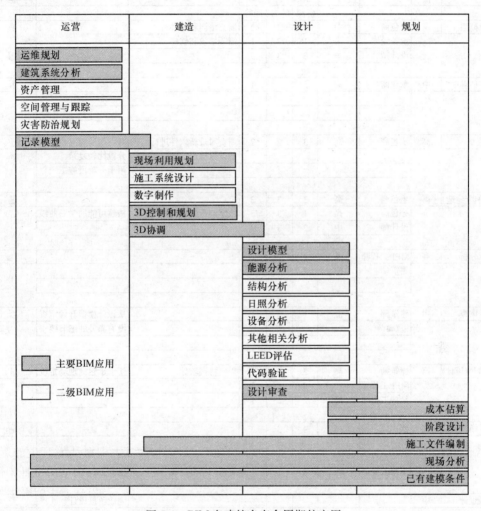

图 5-6　BIM 在建筑全寿命周期的应用

### 5.2.4　BIM 项目管理实施规划目标和应用流程选择

1. BIM 项目管理实施规划应用选择工作表

BIM 项目管理实施规划目标定义完成后，项目团队就应该明确团队成员各自为实现 BIM 项目管理实施规划目标的任务。由于 BIM 项目管理实施规划最终关注的是整个过程的期望结果，因此，为了使 BIM 项目管理实施规划的目标更加明确，该团队应从运营阶段开始，通过提供高、中、低三项来确定每个 BIM 应用的价值。然后，团队才可以前进到前一个项目阶段（建造、设计和规划）。

为了帮助规范化 BIM 应用审查过程，BIM 研究人员开发了 BIM 应用选择工作表。此选择工作表是潜在 BIM 应用的列表，包含项目价值、责任方、责任方价值、能力等级、实施所需的额外资源或能力以及团队是否使用，如图 5-7 所示。

| BIM应用 | 项目价值 | 责任方 | 责任方价值 | 能力等级 | | | 执行所需额外资源/能力 | 备注 | 是否使用 |
|---|---|---|---|---|---|---|---|---|---|
| | 高/中/低 | | 高/中/低 | 范围1~3(1=低) | | | | | 是/否/可能 |
| | | | | 资源 | 能力 | 经验 | | | |
| 记录模型 | 高 | 承包商 | 中 | 2 | 2 | 2 | 需要培训和软件 | | 是 |
| | | 设备经理 | 高 | 1 | 2 | 1 | 需要培训和软件 | | |
| | | 设计师 | 中 | 3 | 3 | 3 | | | |
| 成本估算 | 中 | 承包商 | 高 | 2 | 1 | 1 | | | 否 |
| | | | | | | | | | |
| 4D模型 | 高 | 承包商 | 高 | 3 | 2 | 2 | 需要对最新软件进行培训 | 对业主具有高价值 | 是 |
| | | | | | | | 基础设施需求 | 分段比较复杂 | |
| | | | | | | | | 用于分阶段施工 | |
| 3D协调(建造) | 高 | 承包商 | 高 | 3 | 3 | 3 | | | 是 |
| | | 分包商 | 高 | 1 | 3 | 3 | 数字制造转换需要 | 构建可能的学习曲线 | |
| | | 设计师 | 中 | 2 | 3 | 3 | | | |
| 能源分析 | 高 | MEP工程师 | 高 | 2 | 2 | 2 | | | 可能 |
| | | 建筑师 | 中 | 2 | 2 | 2 | | | |
| 设计审查 | 中 | 建筑师 | 低 | 1 | 2 | 1 | | 从设计模型开始审查 | 否 |
| | | | | | | | | 没有额外的细节要求 | |
| | | | | | | | | | |
| 3D协调(设计) | 高 | 建筑师 | 高 | 2 | 2 | 2 | 需要协调软件 | 便于承包商现场定位 | 是 |
| | | MEP工程师 | 中 | 2 | 2 | 1 | | | |
| | | 结构工程师 | 高 | 2 | 2 | 1 | | | |
| 设计模型 | 高 | 建筑师 | 高 | 3 | 3 | 3 | | | 是 |
| | | MEP工程师 | 中 | 3 | 3 | 3 | | | |
| | | 结构工程师 | 高 | 3 | 3 | 3 | | | |
| | | 土木工程师 | 低 | 2 | 1 | 1 | 完整的学习曲线 | 土木工程不需要 | |
| 阶段设计 | 中 | | | | | | | 完成阶段设计 | 否 |
| | | | | | | | | | |

图 5-7　BIM 应用选择工作表示例

2. BIM 应用选择工作表流程

要完成 BIM 应用选择工作表，团队应与项目关键利益相关者通过以下步骤确定：

（1）确定潜在的 BIM 应用

每个 BIM 应用的定义和说明已在前面详细介绍。在确定 BIM 应用时，重要的是团队要考虑每个潜在应用，并考虑与项目目标的关系。

（2）确定每个潜在 BIM 应用的责任方

对于正在考虑的每个 BIM 应用，应至少确定一个责任方。责任方包括任何参与 BIM 应用的团队成员，以及可能需要协助实施的潜在的外部参与者。在电子表格中首先列出主要负责人。

（3）通过以下类别评估每个 BIM 应用中每个参与方的能力

资源——组织是否拥有满足实施 BIM 应用所需的必要资源，包括：

1）人员及配套基础设施——BIM 团队；软件；软件培训；硬件；IT 支持。

2）能力——参与方是否有足够的知识能力来保证 BIM 应用的具体实施，为了保证这种能力，参与方应该了解 BIM 应用的细节以及如何在项目中应用的具体情况。

3）经验——参与方过去是否有应用 BIM 的团队经验。参与方是否拥有 BIM 应用相关的经验对于项目实施的成功至关重要。

（4）确定与 BIM 应用相关的额外价值和风险

BIM 团队应该考虑 BIM 应用的潜在价值以及继续使用每个 BIM 应用可能引起的额外风险。这些价值和风险要素应纳入 BIM 应用选择工作表的"备注"列中。

（5）确定是否使用 BIM 应用

在 BIM 团队结合项目实际情况以及现有技术条件等详细讨论每个 BIM 的应用情况后，最后要确定是否使用该 BIM 应用。在这一过程中，要求 BIM 团队首先确定项目的潜在价值或利益，将此潜在价值或利益与 BIM 应用实施成本进行比较；然后再考虑实施与不实施 BIM 应用的风险因素；在一番分析比较后，斟酌是否使用 BIM 应用。例如，一些 BIM 应用可以显著降低整体项目风险，但可能会将风险从一方转移到另一方，在某些情况下，BIM 应用的实施可能会在一方履行其工作任务时增加风险。一旦考虑到所有风险因素，团队需要对每个 BIM 应用做出"使用或者不使用"的决定。此外，还可以考虑利用现有 BIM 应用情况，因为 BIM 团队决定的 BIM 应用一般情况下都有好几个，如果 BIM 团队了解到本团队有成员在其他项目已经使用过某个 BIM 应用，则可以考虑继续使用。最后，还要考虑 BIM 应用在本项目中已有的应用，如果 BIM 团队了解到本团队有成员在本项目已使用过某个 BIM 应用，则可以考虑继续使用，例如，项目在建筑设计阶段是在 3D 参数建模应用程序中创建的，那么就可以考虑使用 3D 协调这一 BIM 应用了。

## 5.3 设计 BIM 项目管理实施规划流程

在确定每个 BIM 项目管理实施规划目标和应用后，有必要了解整个项目的每个 BIM 项目管理实施规划目标和应用的具体实施过程。本节介绍设计 BIM 项目管理实施规划流程的方法。在此方法中开发的流程图可使团队了解整个 BIM 项目管理实施规划流程，确定信息交互过程（多个参与方之间），应用流程图可以使 BIM 团队更加有效地实现此步骤。这些流程图也将作为确定其他重要实施主体的基础，包括合同结构、BIM 交付要求、信息技术基础设施和未来团队成员的选择标准等。

### 5.3.1 绘制项目实施规划流程

项目的 BIM 应用流程需要项目团队先开发一个总规图，显示如何实施不同的 BIM 应用。然后，再对每个具体的 BIM 应用开发详细的实施流程，以更多的细节来定义特定的 BIM 应用。为了实现这种两级方法，本文采用了业务流程建模表达方式（BPMN），以便各种项目团队成员创建格式一致的流程图。

1 级：BIM 总规图

总规图显示将应用于项目的所有 BIM 应用之间的关系以及在项目全寿命周期内发生的高级别信息交互。

2 级：BIM 应用详细流程图

为每个特定的 BIM 应用创建详细的 BIM 应用实施过程，以清楚地定义要实施的各种工作的顺序。这些图还标识了每个流程的责任方、参考信息以及与其他流程共享的信息交互情况。具体如图 5-8 所示。

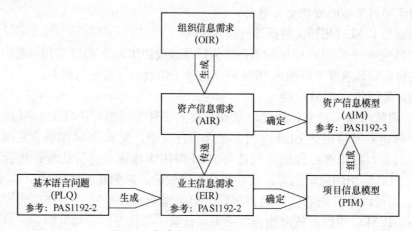

图 5-8　各参与方之间信息交互的关系

### 5.3.2　创建 BIM 总规图

本部分详细介绍如何将潜在的 BIM 应用于创建 BIM 总规图。

一旦团队确定了项目的 BIM 应用，团队可以通过将每个 BIM 应用作为元素添加到总规图中启动实现。重要的是，如果在项目寿命周期内多次执行同一个 BIM 应用，则可以在多个位置将其添加到总规图中。确定总规图的流程如下：

1. 根据项目进度安排确定 BIM 总规图中 BIM 应用的顺序

项目的 BIM 团队在确定了 BIM 应用及流程后，要按照项目进度安排确定这些 BIM 应用的顺序。总规图的目的之一就是确定每个 BIM 应用的阶段（例如，规划、设计、建造或运营），并向 BIM 团队提供执行顺序。为了简化 BIM 应用过程，设定 BIM 应用顺序与 BIM 可交付成果保持一致。

2. 确定每个 BIM 应用过程的责任方

明确确定每个 BIM 应用过程的责任方。对于一些简单的 BIM 应用过程，这可能是一个比较容易的任务，但对于其他一些比较复杂的 BIM 应用可能不是这么简单。无论是简单的还是复杂的 BIM 应用，最重要的是考虑哪个团队成员有能力完成此任务，对于比较复杂的 BIM 应用可以选择多个责任方共同协作完成，但要注意多个责任方必须分工明确、责任明晰。

BIM 总规图中过程的图形表达方式和信息格式如图 5-9 所示。每个过程应包括 BIM

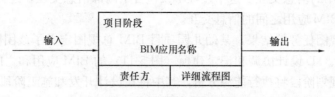

图 5-9　任务的典型流程结构

应用名称、项目阶段、责任方和 BIM 应用的详细流程图，这个详细流程图在总规图中不体现出来。这样做的目的是实现信息共享，因为不同阶段的相同 BIM 应用的详细流程图都相同。例如，施工单位可以从设计者提供的概念设计阶段的建筑物信息执行成本估算这一详细流程图进行成本估算，也可以根据建筑师提供的设计开发阶段的建筑物信息执行成本估算这一详细流程图获得成本估算结果，还可以通过工程师提供的施工文件的建筑物信息执行成本估算得出成本估算值，虽然这三个成本估算过程在不同的阶段，但都是基于同一套流程图实现的。

3. 确定实施每个 BIM 应用所需的信息交互

BIM 总规图包含了特定 BIM 应用内部或 BIM 应用与责任方之间共享的关键信息交互。在当前的 BIM 应用中，这些交互通常通过数据文件的形式来实现，当然也可以将信息输入公共数据库实现共享。

来自 BIM 应用流程图的交互是 BIM 应用内部的信息交互，而来自 BIM 总规图的交互是 BIM 应用外部的信息交互。例如，图 5-10 显示了源自设计开发阶段的"执行 3D 协

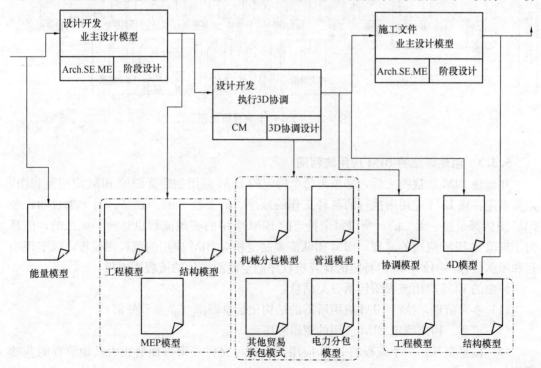

图 5-10　BIM 部分样本项目概况图

调"这一 BIM 应用的信息交互。这个过程不仅包含了内部信息交互，还体现出在 BIM 总规图中已确定的 BIM 应用之间的信息交互。

为了说明总规图任务的结果，某幼儿园项目 BIM 总规图定义了该团队阶段设计、能源分析、4D 建模、3D 设计协调和记录建模（图 5-11）的 BIM 应用和之间的信息交互情况。它确定了在规划阶段将执行能源分析，其中将在设计开发和施工阶段执行 4D 建模和 3D 设计协调。该图还标识了各方之间共享的关键信息交互。

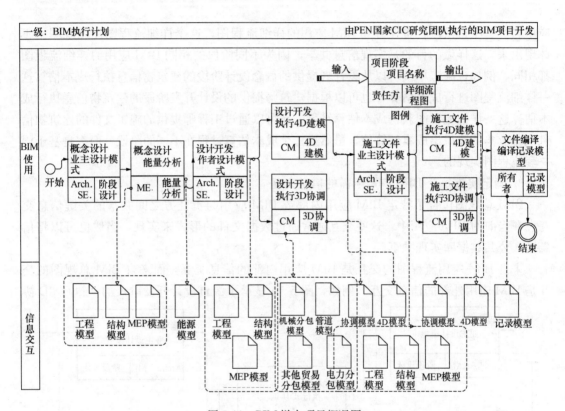

图 5-11　BIM 样本项目概况图

### 5.3.3　创建详细的 BIM 应用流程图

在创建 BIM 总规图之后，必须为每个特定的 BIM 应用创建详细的 BIM 应用流程图，以便确定在该 BIM 应用中执行的各种工作的顺序。需要注意的一点是，每个项目和每个 BIM 团队都是独一无二的，所以每个特定的 BIM 应用的实现流程也是独一无二的，但是为了规范化 BIM 应用的流程，BIM 团队需要制定相应 BIM 应用的流程图模板，以实现项目和团队目标。例如，应用特定的计算机程序制定能源设计的流程图模板。

详细的 BIM 应用流程图包括三类信息：

（1）参考信息。执行 BIM 应用所需的结构化信息资源（企业和外部）。

（2）流程。构成特定 BIM 应用的逻辑顺序。

（3）信息交互。一个流程的 BIM 应用产生的可交付成果可能会成为其他流程的基础资源。

要创建一个详细的流程图，一个团队应该按照以下步骤完成创建：

1. 将 BIM 应用层次分解成一组流程

首先将 BIM 应用层次分解成一组流程，然后确定 BIM 应用的核心流程并用 BPMN 中的"矩形框"表示。

2. 定义流程之间的依赖关系

在确定好 BIM 应用的核心流程后，接下来定义各流程之间的依赖关系。项目团队需要确定每个流程的紧前工作和紧后工作，在某些情况下，一个流程可能有多个紧前工作或紧后工作。确定完流程之间的相互依赖关系后应用 BPMN 中的"序列流"连接这些流程。

3. 使用以下信息制定详细流程图

（1）参考信息：在"参考信息"通道中确定完成 BIM 应用所需的信息资源。参考信息包括成本数据、气候数据和产品数据等。

（2）信息交互：所有信息交互（内部和外部）都应在"信息交互"通道中定义。

（3）责任方：确定每个流程的责任方。

4. 在流程的重要决策点添加目标逻辑关系验证流程

目标逻辑关系验证可用于判断流程的可交付成果或结果是否满足 BIM 项目管理实施规划目标要求。它也可以根据决策结果修改流程路径。目标逻辑关系验证为项目团队提供了在完成 BIM 应用之前所需的任何决策、迭代或质量控制检查的机会。图 5-12 演示了目标逻辑关系验证如何在一个详细的 BIM 应用流程图中实现。

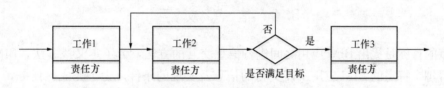

图 5-12　目标逻辑关系验证示例

5. 记录、审查和完善此过程供进一步应用

该 BIM 应用详细流程图可以由项目团队进一步开发完善用于其他项目。在整个 BIM 实施过程的不同时间节点保存和审查，并定期按照实际项目进行情况更新详细流程图，在项目完成后，对项目规划流程图与实际应用流程图比较分析，找出 BIM 应用流程图的优点与不足，为以后 BIM 应用积累经验。

### 5.3.4　BIM 流程图的表达方式

对于 BIM 项目管理实施规划，详细流程图开发的首选表达方式是 BPMI 标准化组织开发的业务流程建模表达方式（BPMN）。BPMN 的主要目标就是要提供被所有业主用户理解的一套标记语言，BPMN 定义了基于流程图技术的业务流程图，同时为创建业务流程操作的图形化模型进行了裁剪。为了制定 BIM 项目管理实施规划目标的流程图，使用符合 BPMN 规范中的表达方式，如图 5-13 所示。

| 元素 | 说明 | 符号 |
|---|---|---|
| 事件 | 表示在业务流程期间发生的东西，事件影响流程的流动，一般有一个原因（触发器）或一个影响（结果）。基于它们对流程的影响，有三种事件：开始、中间以及终止事件 | |
| 进程 | 表示实体执行的常见工作或活动 | |
| 网关 | 用于控制序列流的发散和收敛，也可被视为常规流程图中的决定 | |
| 序列流 | 用于显示在进程中执行活动的顺序 | |
| 关联 | 用于将信息和进程与数据对象进行绑定。当正确表示时，关联的箭头表示流动的方向 | |
| 池 | 池是一种图形容器，用于将一组活动与其他池进行分区 | 函数 |
| 道 | 道是池内的分区，将垂直或水平延伸池的整个长度，用于组织和分类活动 | |
| 数据对象 | 数据对象是显示数据如何被活动需要或生成的机制，通过关联与活动相对接 | |
| 组 | 组代表信息类别，这种类型的分组不会影响组中的活动序列流。类别名称作为组标签出现在图上。组可以用于文档或分析目的 | |

图 5-13　BIM 流程图的流程表示

# 5.4　信　息　交　互

本节的目标是提出 BIM 应用之间进行信息交互的方法，为了定义该方法，BIM 团队需要了解每个特定的 BIM 应用所需交付的信息及实现的条件。为了完成此任务，本文设计了一个信息交互（IE）工作表。信息交互工作表应该在项目早期设计阶段和 BIM 应用流程图确定之后完成。

## 5.4.1　项目输入、输出信息

在一个项目模型中并不是所有元素都是有价值的，我们只需要关注特定的 BIM 应用所必需的模型元素。图 5-14 描述了信息如何流经 BIM 应用并实现转化的过程。

## 5.4.2　信息交互工作表

BIM 应用流程图开发后，项目参与者之间的信息交互已经相当明确。但对于团队成员，特别是每个信息交互的信息发出者和接收者来说，清楚了解交互信息的内容更加重要。创建信息交互要求的过程详述如下：

1. 从一级流程图中识别每个潜在的信息交互

从一级流程图中识别每个潜在的信息交互，界定 BIM 应用间的信息交互。一个 BIM 应用可能有多个信息交互，然而为了简化过程，只需要以一个 BIM 应用来反映其他 BIM 应用的信息交互。另外，信息交互的时间应该从一级流程图中得出。这样可以确保其他相关参与方知道 BIM 应用可交付成果何时可以按照项目的时间进度完成。如有可能，BIM 应用信息交互可按照时间顺序列出，以便对模型的进展情况进行可视化表示。

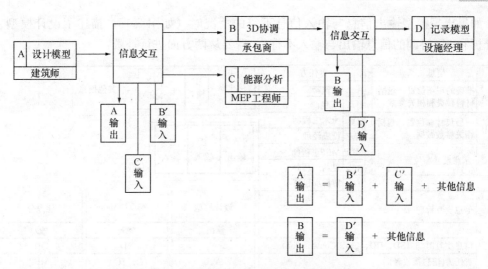

图 5-14 项目输入、输出信息过程图

**2. 为项目选择一个模型元素细分结构**

项目组建立了 BIM 应用信息交互工作表（IE）后，还应该选择项目的清单分类结构。目前，IE 工作表使用 CSI Uniformat II 结构；但是，BIM 实施项目网站还提供其他选项。

**3. 确定每个交互所需的信息（输出和输入）**

按以下信息定义每个信息交互：

（1）信息接收者——识别接收所有项目团队成员的信息以便未来 BIM 应用需要。所有项目参与者都可能成为信息接收方。

（2）信息文件类型——列出每个 BIM 应用在实施阶段使用的特定软件应用程序及版本。确定信息交互之间的互操作性。

（3）信息——仅识别 BIM 应用实施所需的信息。目前，IE Worksheet 使用三层细节结构，如表 5-2 所示。

<table>
<tr><td colspan="2" style="text-align:center">信息细节结构</td><td style="text-align:right">表 5-2</td></tr>
<tr><td colspan="3" style="text-align:center">信　息</td></tr>
<tr><td>A</td><td colspan="2">准确的尺寸和位置，包括材料和对象参数</td></tr>
<tr><td>B</td><td colspan="2">一般站点和位置，包括参数数据</td></tr>
<tr><td>C</td><td colspan="2">示意图尺寸和位置</td></tr>
</table>

注意：不是所有必需的模型内容要求都可能被信息和元素分解结构所涵盖，如果需要更多的描述，则应将其作为注释添加。

**4. 向信息发出者分配责任方需要的信息**

信息交互中的每个 BIM 应用都应该有一个负责创造信息的责任方。创造信息的责任方要求能够以最高的效率生产。另外，输入的时间应该基于一级流程图的时间进度表。潜在责任方有设计师、承包商、设备管理师、MEP 工程师、土木工程师、结构工程师和贸易承包商。

**5. 比较输入与输出内容**

在完成了信息输入定义和交互任务以后，还需要对模型输出信息与输入信息进行比较，如果出现模型输出信息与输入信息不符的情况时（如图 5-15，描述了设计模型、能源分析和 3D 协调的信息输出与输入不符），需要从两方面进行补救：

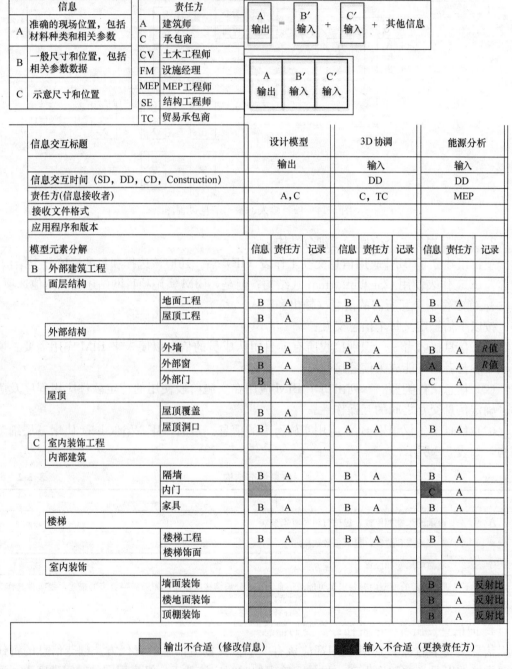

图 5-15　信息交互工作表示例

（1）输出信息交互要求——可以将信息提升到更高的准确度增加附加信息（例如，向外墙添加 $R$ 值）；也可以对信息进行修改。

（2）输入信息交互要求——根据信息交互要求更换实施 BIM 应用的责任方。

# 5.5　确定支持 BIM 项目管理实施规划实现的基础设施

BIM 项目管理实施规划过程的最后一步即识别和定义支持 BIM 项目管理实施规划实现所需的配套基础设施，为 BIM 项目管理实施规划的有效实现提供保证。通过分析相关文献、总结当前 BIM 项目管理实施规划现状和业界专家深度讨论以及各种工程实际应用的基础，得出了支持 BIM 项目管理实施规划实现的十四个特定类别的基础设施，分别为BIM 项目管理实施规划、项目信息、项目合同、项目 BIM 目标及应用、组织角色与人员配置、BIM 流程设计、BIM 信息交互、BIM 和设施数据需求、协作策略、质量控制、技术基础设施需求、结构模型、项目可交付成果、交付策略或合同。前面已经详细地介绍了BIM 项目管理实施规划、项目合同、项目 BIM 目标及应用、BIM 流程设计、BIM 信息交互、BIM 和设施数据需求。现就项目信息、组织角色与人员配置、协作策略等几个重要的基础设施类别进行介绍。

## 5.5.1　项目信息

在制定项目的 BIM 项目管理实施规划时，BIM 团队应审查和记录重要的项目信息，这些信息对于 BIM 团队来说是非常有价值的，可以为将来继续使用 BIM 项目管理实施规划提供参考。本部分介绍的项目信息主要是对当前和将来有价值的基本项目信息，主要用来介绍项目的基本情况，帮助他人更加方便简单地了解项目信息。项目信息主要包括项目负责人、项目名称、项目地址、合同类型、项目主要描述、BIM 过程设计、项目数目、项目规划等项目关键信息概况。除此之外，附加信息，如项目特点、项目预算、项目要求、合同状态、资金状态等也需要包括在项目信息中。

## 5.5.2　组织角色与人员配置

组织势必有组织角色与人员配置，这是组织高效运转以及组织存在的必备因素。在每个组织，人员的角色及其特定的职责必须被明确定义。对于每个特定的 BIM 应用，BIM 团队必须明确如下信息：该 BIM 应用应该由哪些组织完成，该组织应该包含多少工作成员，该组织完成此项 BIM 应用应该花费多长时间，该 BIM 应用有哪几个具有挑战性的项目，该组织的人员如何合理分配等。

## 5.5.3　协作策略

BIM 团队应该记录项目团队如何进行协作。记录时需要记录成员沟通方法、文件管理和传输、存储和适用情况等。协作活动程序应定义特定的协作活动，包括活动发生的时间、地点、频率及参与者等。具体可通过以下三个步骤实现：

1. 提交和批准信息交互的模型交付时间表

确定 BIM 应用双方的信息交互时间表。信息交互具体怎么进行已在本章第 5.3 节详细介绍，为了方便资料管理可以按照以下格式将所有信息交互记录在一起。具体应包括的信息有：信息交互名称；信息交互发送者；信息交互接收者；时间或频率；交互模型文件类型；用于创建交互模型文件的软件；文件交互类型（接收文件类型）等。

2. 创建交互式工作空间

项目团队在进行必要的协作、沟通和评审等活动时，必须有合适的工作空间。合适的工作空间为 BIM 项目管理实施规划的成功实施提供了物质支持。对于交互式工作空间的选择，项目团队不仅应该考虑整个寿命周期所需的物理环境，还需要考虑配备的必要工作设施，如计算机、投影仪、钟表及桌凳等。

3. 电子通信程序

电子通信程序是所有项目团队成员沟通的方式。所有参与者的电子通信可以通过一个项目协作管理系统创建、上传、发送和归档，并且保存所有与项目相关的通信副本方便共享和审查。此外，文件管理（文件夹结构、权限和访问形式，文件夹维护，文件夹通知和文件命名约定）也应该被解释和定义。

### 5.5.4　质量控制

项目团队应确定和记录他们的整体战略质量控制模型。为了确保项目阶段和信息交互之前的模型质量，项目团队必须对每一个 BIM 应用进行详细定义，包括 BIM 应用模型的内容、信息详细水平、模型的实施程序及格式和模型完善更新的责任人等。每一个 BIM 应用都应该有一个责任人负责专门协调模型，这个人作为 BIM 团队的一员，不仅要按照 BIM 团队要求参与所有与 BIM 应用相关的活动，还要负责模型的协调，保证模型数据的及时更新和准确全面。

其次应该关注于交付物的质量控制，交付物的质量控制必须在每个 BIM 应用中完成，数据质量的标准应由 BIM 团队在 BIM 项目管理实施规划过程中建立，团队可以参考 AEC CADD 和国家建筑信息模型标准等已有成熟的标准。如果可交付成果不符合团队标准，则直接影响未来交付成果的质量，此时 BIM 团队要及时对可交付成果不满足标准的原因进行调查并改善，最终做到交付成果既满足业主要求又满足项目团队既定的标准。

### 5.5.5　技术基础设施需求

BIM 团队应确定项目所需的计算机硬件、软件、软件许可证、网络和建模平台等技术基础设施需求，以保证 BIM 项目管理实施规划的成功实施。

1. 软件和许可证

BIM 团队和组织需要确定在 BIM 项目管理实施规划中 BIM 应用需要哪些软件平台及版本，并通过合法的途径获得软件许可证，构建项目的软件平台并确定信息交互的文件格式，解决软件之间的互操作性问题。此外，BIM 团队应同意更改或升级软件平台和版本的要求，以防某一方不参与创建模型或软件存在互操作性问题。具体软件构成如图 5-16 所示。

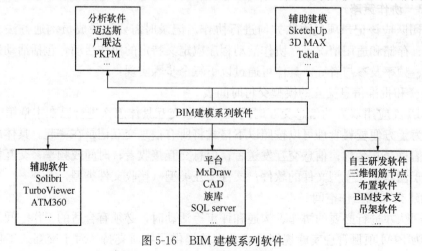

图 5-16　BIM 建模系列软件

　　此外，为了确保项目全过程的协调、综合管理，满足项目建设各阶段的需求，根据工程特点，制定 BIM 软件应用计划，详见表 5-3。

**BIM 软件应用计划**　　　　　　　　　　　　　　　　　　　　　　表 5-3

| 序号 | 实施内容 | 应用工具 |
|---|---|---|
| 1 | 全专业模型的建立 | Revit 系列软件、Bentley 系列软件、ArchiCAD Digital Project、Xsteel |
| 2 | 模型的整理及数据的应用 | Revit 系列软件、PKPM、rTabs、Robot |
| 3 | 碰撞检测 | Revit Architecture、Revit Structure、Revit MEP、Naviswork Manage |
| 4 | 管综优化设计 | Revit Architecture、Revit Structure、Revit MEP、Naviswork Manage |
| 5 | 4D 施工模拟 | Naviswork Manage、ProjectWise Navigator Visual Simulation、Synchro |
| 6 | 各阶段施工现场平面施工布置 | SketchUp |
| 7 | 钢骨柱节点深化 | Revit Structure、钢筋放样软件、PKPM、Tekla Structure |
| 8 | 协同、远程监控系统 | 自主开发软件 |
| 9 | 模架验证 | Revit 系列软件 |
| 10 | 挖土、回填土算量 | Civil 3D |
| 11 | 虚拟可视空间验证 | Naviswork Manage<br>3d Max |
| 12 | 能耗分析 | Revit 系列软件、MIDAS |
| 13 | 物资管理 | 自主开发软件 |
| 14 | 协同平台 | 自主开发软件 |
| 15 | 三维模型交付及维护 | 自主开发软件 |

　　常见的 BIM 建模软件见表 5-4。

**各软件 BIM 建模体系**　　　　　　　　　　　　　　　　　　　　表 5-4

| Autodesk | Bentley | NeMetschek Graphisoft | Gery Technology Dassault |
|---|---|---|---|
| Revit Architecture | Bentley Architecture | Archi CAD | Digital Project |
| Revit Structure | Bentley Structural | AllPLAN | CATIA |
| Revit MEP | Bentley Building Mechanical Systems | Vectorworks | |

### 2. 计算机硬件

　　一旦确定信息要在多个学科或组织之间实现交互，那么对计算机硬件的要求就不得不提上议程，为了避免计算机硬件性能不能保证构件信息的实现，在选择计算机硬件的时候要选择满足最高需求和最适合 BIM 应用的硬件。

　　在项目 BIM 实施过程中，根据工程实际情况搭建 BIM Server 系统，方便现场管理人员和 BIM 中心团队进行模型的共享和信息传递。通过在项目部和 BIM 中心各搭建服务器，以 BIM 中心的服务器为主服务器，通过广域网将两台服务器进行互联，然后分别给项目部和 BIM 中心建立模型的计算机进行授权，就可以随时将自己修改的模型上传到服务器上，实现模型的异地共享，确保模型的实时更新。

（1）项目拟投入多台服务器，如：

项目部——数据库服务器、文件管理服务器、Web 服务器、BIM 中心文件服务器、数据网关服务器等。

公司 BIM 中心——关口服务器、Revitserver 服务器等。

（2）几台 Nas 存储，如：

项目部——10TB Nas 存储几台。

公司 BIM 中心——10TB Nas 存储。

（3）几台 UPS，如：6kVA 几台。

（4）多台图形工作站。

系统拓扑结构如图 5-17 所示。

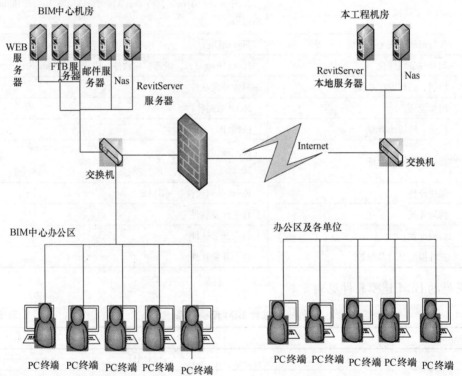

图 5-17　硬件与网络示意图

常见的 BIM 硬件设备见表 5-5。

常见的 BIM 硬件设备　　　　　　　　　　　　　　　　　　　　表 5-5

| CPU（G） | 内存（MB） | 硬盘容量（G） | 显卡 | 显示器 |
|---|---|---|---|---|
| i7-3930 12 核 | 16G | 2TB | Q4000 | HKC22 寸 |
| i7-3930 12 核 | 32G | 2TB | Q6000 | HKC22 寸 |
| i7-4770K | 32G | 2TB | Q6000 | 飞利浦 22 寸 |
| E5-2630 | 64G | 2TB | Q6000 | 飞利浦 27 寸 |

### 5.5.6 交付策略或合同

在项目实施 BIM 项目管理实施规划之前，就应该确定项目可交付成果的交付策略或者交付合同。理想情况下，使用更综合的交付方法，如设计建造或集成项目交付（IPD），虽然更综合的交付方法会为项目带来更好的结果，但并不是所有的项目都可以采用集成的交付方法。此外，需要注意一点，在选择交付策略或合同时，需要充分考虑未来的分包商及监理单位等，也需要考虑哪些 BIM 应用步骤是必要的，以确保 BIM 项目管理实施规划无论哪种交付方法都可以成功实施。

1. 项目交付方法的确定

如果项目合同类型或交付方法尚未确定，在确定之前最主要的是考虑 BIM 项目管理实施规划如何实施。所有的交付方法均可以受益于 BIM 应用，但交付方法的核心是在 BIM 项目管理实施规划实施过程中实现 BIM 应用更容易与更高层次的集成。在考虑 BIM 项目管理实施规划对交付方法的影响时，规划小组应考虑以下四个主要方面：①组织结构；②采购方法；③典型交付方法；④工作分解结构。

选择交付方法和合同类型时需要考虑 BIM 要求。综合项目交付（IPD）和设计建造是高度集成的项目支付方式，方便基于风险和奖励结构的知识共享，发布包含 BIM 地址、交货结构和承包方式的新合同。

如果前期不打算在项目中使用 IPD 和设计建造的交付方法，其他交付方法仍然可以成功地实现 BIM 项目管理实施规划，如设计投标建造。当使用一个不太集成的交付方法时，首先采用一个初始的 BIM 应用实施过程，然后再分配角色和责任。最重要的一点是，交付物要在团队的所有成员之间流通，如果交付物不能实现流通，就有可能降低 BIM 应用的质量，甚至导致项目的 BIM 项目管理实施规划不能成功实施。

2. 团队的选择程序

BIM 项目管理实施规划团队在选择未来项目团队成员时，不仅需要考虑项目需求和项目团队成员标准，还需要考虑其 BIM 应用的综合能力。当创建项目团队成员标准时，项目团队需要审查在 BIM 项目管理实施规划过程中选择的每个 BIM 应用的具体能力需求，在确定好所有能力需求后，项目团队应该要求新项目成员通过先前的工作或演示的例子来检验他们具备这些能力。最重要的一点是，所有的项目团队成员都必须履行他们的 BIM 职责。

3. 项目交付合同

在项目中集成 BIM 应用不仅提高了 BIM 项目管理实施规划过程实现的效率，而且还增强了项目协作的程度。协作作为合同特别重要的一部分，具有对在项目交付过程中的变化程度和潜在责任的部分控制能力[104]。业主和团队成员应仔细起草 BIM 合同要求，因为其将指导所有参与者的行为。在合同中需要考虑模型共享和可靠性、互操作性和文件格式管理、知识产权要求、BIM 项目管理实施规划。

BIM 项目管理实施规划的标准合同要包括项目必要的信息。如为解决 BIM 项目管理实施规划实施问题，有几次合同变更或合同形式修改等。书面的 BIM 项目管理实施规划应该在项目开发合同中被具体地引用和定义，以便团队成员参与 BIM 项目管理实施规划和实施过程。

BIM 项目管理实施规划的要求也应纳入监理、分包商和供应商协议。例如，该 BIM

团队可能要求每个分包商模拟 3D 设计协调的工作范围，或者他们希望接收到来自供应商的模型和数据，以便将其纳入 3D 协调或记录模型中。监理、分包商和供应商要求的建模内容必须在合同中明确定义，包括模型的范围、建模进度计划和文件及数据格式等。合同中的关于 BIM 项目管理实施规划的要求，都需要团队成员按照合同履行。如果有未写入标准合同的额外要求，需要在合同中明确定义。

## 5.6　实施 BIM 项目管理实施规划流程和组织

### 5.6.1　实施 BIM 项目管理实施规划流程

BIM 项目管理实施规划的实施是一个协作过程。例如，讨论总体项目目标，确定项目 BIM 应用，定义信息交互所需文件格式等。BIM 项目管理实施规划的成功实施关键就在于协作工作的顺利开展，即在需要进行协作工作时确保能够及时筹备安排会议，并且能够高效完成协作任务。BIM 项目管理实施规划可以通过一系列协作会议完成，通常情况下会有四个会议系列，这四个会议系列与 BIM 项目管理实施规划实施的四个步骤相呼应。介绍这四个会议系列的目的，是为 BIM 团队提供一个固定的制定 BIM 项目管理实施规划的会议结构。但是对于一些项目，团队也可以通过会议之间的有效协作减少会议次数。

制定 BIM 项目管理实施规划的四次会议与第 3 章中概述的 BIM 项目管理实施规划的主要步骤密切相关。具体会议结构见表 5-6。

**BIM 项目管理实施规划的会议结构**　　　　　　　　　　　　表 5-6

| 会议类型 | 时间 | 议　程 | 备　注 |
|---|---|---|---|
| 会议 1：确定 BIM 目标和应用 | | 1. 介绍和讨论当下 BIM 的应用情况<br>2. 制定 BIM 目标（参考 BIM 目标模板文档）<br>3. 确定哪些 BIM 应用（参考 BIM 应用工作表）<br>4. 制定 BIM 应用的优先次序及实施顺序，并一起讨论开发一级 BIM 总规图<br>5. 确定每个 BIM 应用的负责方来制定详细的 BIM 应用流程图，即二级流程图<br>6. 组织日后会议<br>7. 确定未来的工作由谁负责 | 本次会议应由所有高级管理人员和 BIM 管理人员以及业主、设计师、承包商与关键分包商等所有有参与者出席 |
| 会议 2：设计 BIM 项目管理实施规划流程 | | 1. 查看初始 BIM 目标和应用<br>2. 查看一级 BIM 总规图<br>3. 查看来自各方的更详细的工作流程，并确定各种建模任务之间的重叠部分<br>4. 审查 BIM 应用流程图并解决待解决的问题<br>5. 确定流程中的主要信息交互<br>6. 确定协调每个信息交互的负责人<br>7. 允许每个信息交互小组根据需要协调潜在的临时会议，以讨论信息交流的要求<br>8. 确定未来的工作由谁负责 | 本次会议应由业主、BIM 经理和项目经理参加。承包商经理可以出席本次会议也可以在本次会议结束后将会议内容通报 |

| 会议类型 | 时间 | 议 程 | 备 注 |
|---|---|---|---|
| 会议 3：开展信息交互和确定 BIM 实施的配套基础设施 | | 1. 审查初始 BIM 目标和 BIM 应用，以确保项目规划与初始目标一致<br>2. 审议前面制定的信息交互要求<br>3. 确定支持 BIM 项目管理实施规划实施流程和信息交互所需的基础设施<br>4. 确定未来的工作由谁负责 | 本次会议应由 BIM 经理参加。承包商经理可以出席本次会议也可以在会议结束后及时通报会议内容 |
| 会议 4：审查最终 BIM 项目管理实施规划 | | 1. 审查 BIM 项目管理实施规划草案<br>2. 制定项目管理制度，确保规划得到遵循<br>3. 确定好 BIM 项目管理实施规划的监督程序 | 本次会议应由业主、BIM 经理以及已确定的 BIM 应用的所有责任人参加 |

BIM 团队在确定会议结构时需要考虑会议时间表，这个时间表应该确定预安排的会议以及会议的预定日期。

此外，一旦 BIM 项目管理实施规划及会议结构被创建，就需要在整个项目过程中不断地落实、审查和更新。特别是在新成员加入项目组时，一定要将创建的 BIM 项目管理实施规划转达给新成员。此外，由于新成员的加入以及可用技术的修订、项目总体状况的变化及实际实施进程的改变，团队必须不断调整完善计划情况，并将原始计划的任何修改准确记录以备将来应用和参考。最后，要求来自各个 BIM 应用团队的 BIM 经理至少每月会面一次，讨论项目 BIM 项目管理实施规划的进展情况，并解决团队成员遇到的任何困难。这些会议也可以与其他 BIM 应用团队会议合并，但无论会议是什么形式，最关键的是解决在实施 BIM 项目管理实施规划过程中的问题，监测 BIM 项目管理实施规划的进展情况。

### 5.6.2 BIM 项目管理实施规划的组织

BIM 项目管理实施规划是需要由相关组织来开发的一种典型方法。本节的目的是定义组织如何应用 BIM 项目管理实施规划流程来开发 BIM 项目实施的典型方法。重新审视 BIM 项目管理实施规划概念，可以得出组织在 BIM 项目管理实施规划实施过程中发挥着重要的作用。为了使 BIM 项目管理实施规划发挥最大效益，各组织必须愿意与项目组共同开发和分享这些信息。组织是支持集成 BIM 流程的基础，通过这些集成 BIM 流程进行信息交互，最终形成信息模型。

组织的任务是制定组织内部标准，将 BIM 项目管理实施规划应用于组织层面并在 BIM 项目管理实施规划实施之前完成。将每个利益相关者作为规划的对象，并允许他们能够修改现有的组织标准。此外，这些组织标准可以在组织内共享，组织可以参考 BIM 项目管理实施规划的四步骤创建 BIM 项目管理实施规划标准，以供将来使用。

1. BIM 任务说明和目标

组织应创建 BIM 任务说明。在创建任务说明时，首先考虑为什么 BIM 对组织至关重要，以及如何在创建 BIM 任务说明提案上获得竞争优势，在提高生产力、提高设计质量、反映行业需求、满足业主需求或改进创新等方面应用 BIM。制定明确的 BIM 任务说明，为未来与 BIM 有关应用奠定基础。

在创建 BIM 任务说明后，项目组应制定基于本项目的 BIM 标准项目目标清单。该清单包括的项目类型可以是必需的、推荐使用的或者是可选择使用的这三类。制定的目标应根据单个项目和团队的特点进行适当调整。为了缩短制定 BIM 目标清单的时间和保证目标清单的全面性，可以参考已有的成熟目标清单。

2. BIM 应用

项目组应该为未来的项目定义典型的 BIM 应用，以符合组织内确定的目标。每个项目都需要根据组织和项目的特点来选择并定义一些 BIM 应用。标准 BIM 应用可以通过 BIM 项目管理实施规划的工具来确定，例如 BIM 应用分析工作表，使用此工作表，项目组可以评估组织当前拥有的 BIM 应用能力以及每个应用所需的额外能力。在定义或者选择 BIM 应用时，要认识到各个 BIM 应用都是建立在彼此的基础之上的。虽然项目组的人员相对于 BIM 应用责任方较少，但项目组选择和制定的 BIM 应用对于整个项目 BIM 项目管理实施规划的实施至关重要，通过 BIM 应用责任方的参与，确保 BIM 应用的成功实现。

3. BIM 流程图

项目组应创建标准 BIM 流程图，供本项目所有参与者了解具体 BIM 应用流程。首先，创建一个 BIM 总规流程图，即一级流程图。这是对项目组选择和制定的所有 BIM 应用的先后顺序及信息交互的一个总述。由于每个项目的不同，创建的 BIM 总规流程图也不尽相同。其次，应该根据 BIM 总规图对每个特定的 BIM 应用创建详细流程图，即二级流程图。每一个 BIM 应用的二级流程图都包含多个过程，为此需要根据软件、细节级别、合同类型、交付方式和项目类型等来创建。此外，还应该为每个详细流程图创建标准和规范，以便 BIM 应用的成功实施。

4. BIM 信息交互

项目组应为他们实施的每个 BIM 应用建立标准的信息交互模型。项目组应确定实施每个 BIM 应用所需的资料，确定负责管理资料的相关责任人以及确定信息交互的首选信息文件格式，并根据不同的条件（如软件平台、细节级别和项目复杂程度等）为每个 BIM 应用创建多个信息交互。此外，模型元素细分也应在整个项目组制定 BIM 应用信息交互过程中进行选择和标准化，了解每个 BIM 应用的信息要求将大大简化 BIM 项目管理实施规划难度。

5. BIM 基础设施

在制定 BIM 项目管理实施规划的组织标准时，必须考虑实施所选进程所需的所有资源和基础设施。对于每个 BIM 应用的选择，规划团队应确定实施每个应用的人员；根据项目规模、复杂程度、细节水平和范围，制定适应每个 BIM 应用人员的计划；还要确定哪些人员来监督 BIM 应用的实施过程。

项目组应制定标准协作程序，即根据不同的项目类型和交付方法制定标准协作策略。此外，项目组还应该确定标准协作活动和会议，制定标准的电子通信程序等。具体包括以下几点：确定文件存储和备份系统；确立标准文件的结构形式；制定标准细节命名规则；确立标准内容库；确定外部和内部信息交互的标准。

除协作程序外，信息管理质量保证和控制对于一个项目来说也是很重要的。信息模型的质量可以显著影响项目的质量。因此，项目组应该制定标准的质量控制流程，做好这些流程的记录，并付诸实施，以达到每个信息建模所需的质量水平。

项目组还应评估每个 BIM 应用的软件和硬件设施使用情况，并将技术基础设施需求与当前软件和硬件条件进行比较，并进行必要的升级和购买，以确保软件和硬件不会限制建模性能。如果设备不到位，则可能导致 BIM 应用的生产力降低以增加时间和建造成本。

根据不同的项目特点来建立典型的项目可交付成果清单。项目所有者应根据规划过程中生成的所有信息来建立每个项目的可交付成果清单。设计师和承包商也应该创建一个 BIM 应用的"清单"，为整个项目增添价值。

最后，考虑如何将 BIM 项目管理实施规划纳入主合同和分合同是很关键的。BIM 项目管理实施规划的要求，包括 BIM 项目管理实施规划目标、BIM 应用和信息交互等，都应写入合同。

6. 制定 BIM 项目管理实施规划

通过实施组织层面的规划，团队可以减少在规划过程的每个步骤上花费的时间，并通过定义其标准目标、应用、流程和信息交互来确保可管理的规划范围。BIM 项目管理实施规划流程要求组织提供与标准做法相关的信息进行信息交互。虽然某些合同结构可能会为协作带来困难，但此过程的目标是让团队开发一个包含可交付成果的 BIM 流程，这对所有参与的成员都是有帮助的。为了达到这个目标，项目团队需要有开放的沟通渠道。如果想要成功，项目的团队成员必须构建流程，并愿意与其他团队成员分享这些流程中的知识内容。

7. BIM 样本效率测试

样本效率测试的通用模板如表 5-7 所示，该模板是基于相关部门对 12 个 BIM 区域的定性评估及其对该项目的潜在收益而创建的。相关部门和项目管理者希望根据标准采购流程、相关建筑部门调整、采购策略选择来制定测试模板。通过先前项目应用 BIM 可以积累经验和知识，而且还可以将 BIM 应用带来的好处加入未来项目效率测试中去。

**BIM 样本效率测试**　　　　　　　　　　表 5-7

| 项目名称： | 部门： | | 日期： |
|---|---|---|---|
| 高级负责人姓名： | 项目经理或者项目管理者姓名： | | |
| BIM 效率节约测试标准 | | 程度：低　中　高 | |

进行 BIM 效率节约测试项目要求：OGC 评估门户中案例项目成本评估大于 2000 万英镑，或者在产品的初始审查过程中不小于 2000 万英镑。部门管理人员希望在项目关键阶段能采取更加详细的评估测试。项目经理或者项目管理者以及高级负责人等都可参与项目 BIM 效率节约测试评估 BIM 的潜在优点。低用红色表示，中用橘色表示，高用绿色表示。

在下表中写出你作出决定的原因，然后统计如果橙色和绿色的总数多于红色，那么项目相关负责人就要将 BIM 项目管理实施规划列入项目实施过程中

| BIM 应用的 12 个领域 | 样本适用范围 | 潜在的优势 | 项目实施中考虑 BIM 潜在的效率节约优势 | 论点（作出决定的原因） |
|---|---|---|---|---|
| 智能 3D 建模 | 建筑模型 结构模型 机械和水电模型 民用模型 景观模型 | 1. 准确、协调和可视化 2. 项目共有的基本元素、成分、知识库和目录 3. 模型检测信息满足项目管理者的需求 | a b c | |

续表

| BIM 应用的<br>12 个领域 | 样本适用范围 | 潜在的优势 | | 项目实施中考虑 BIM 潜在<br>的效率节约优势 | 论点（作出决定<br>的原因） |
|---|---|---|---|---|---|
| 全寿命周期<br>成本和评估<br>分析 | 获取历史数据<br>数据库链接<br>更直观的规划选择 | 1. 精确的全寿命周期<br>成本评估 | a | | |
| | | 2. 降低全寿命周期资<br>金管理风险 | b | | |
| | | 3. 项目环境方面全寿<br>命周期评估分析 | c | | |
| 设备管理 | 优化交接<br>资产登记<br>健康和安全信息模型<br>模型组织或管理手册<br>电脑辅助设备管理模型 | 1. 电脑辅助设备管理<br>确保资产运维的有效性 | a | | |
| | | 2. 性能记录 | b | | |
| | | 3. 运维服务有效管理<br>和选择 | c | | |
| 工程造价和<br>成本分析 | 模型规划<br>模型材料清单<br>模型成分表<br>模型生成工程量清单 | 1. 快速准确地进行工<br>程造价数量计算 | a | | |
| | | 2. 使评估设计变更和<br>对成本的影响更加简单 | b | | |
| | | 3. 将计划、数量和过<br>程更加容易地联系起来 | c | | |
| 可视化 | 招投标<br>市场<br>客户签收<br>加强团队合作 | 1. 项目市场可视化 | a | | |
| | | 2. 项目内部和外部的<br>模型一体化 | b | | |
| | | 3. 支持顾客选择 | c | | |
| 安全规划 | 安全运营分析<br>工具集体管理和安全<br>通报<br>提高方法的安全性 | 1. 知识库中的安全和<br>结构详解 | a | | |
| | | 2. 安全设备预安装 | b | | |
| | | 3. 可视化安全游览、<br>危险地带提示和简报 | c | | |
| 冲突检测 | 来源于模型的 2D 计划<br>3D 协作性<br>碰撞规则<br>物体与物体冲突<br>物体与空间冲突<br>施工前模拟检查<br>厂房和设备安装 | 1. 设计和施工零错误<br>（包括地上和地下）<br>2. 结构信息零冲突<br>3. 分包商流水线工作 | a<br>b<br>c | | |
| 4D 计划 | 车辆运动分析<br>材料运输模拟<br>起重机和起重机定位<br>目标序列<br>施工现场布置 | 1. 基于工程造价数量<br>模型的计划 | a | | |
| | | 2. 4D 设计或者仿真 | b | | |
| | | 3. 工人和供应商计划<br>编制可视化 | c | | |
| BIM 生产 | 有序安排工作序列<br>过程模拟<br>计划和实际对比分析<br>分包商决算计划 | 1. 建筑能力分析 | a | | |
| | | 2. 生产或建造精确的<br>信息清单 | b | | |
| | | 3. GPS 控制 | c | | |

| BIM 应用的 12 个领域 | 样本适用范围 | 潜在的优势 | | 项目实施中考虑 BIM 潜在的效率节约优势 | 论点（作出决定的原因） |
|---|---|---|---|---|---|
| 采购（建设阶段） | 准确的数量 缩短投标期 优化采购计划 | 1. 编码或标记材料并与项目程序员模型查看器链接，以便精确排序 2. 基于位置的交付物 3. 交付过程及时化管理 | a | | |
| | | | b | | |
| | | | c | | |
| 供应链管理 | 物体、空间和时间序列 冲突预防 缩短投标期 预警通知 | 1. 准确的模型材料编码（知识库） 2. 模型中明确材料的数量和价格 3. 关键分包商和供应商可使用的共同数据或工作环境 | a | | |
| | | | b | | |
| | | | c | | |
| 模拟（能源、防火等） | 环境 结构 采暖 日照 比率 | 1. 准确简单的能源计算 2. 室内模拟（火灾预警） 3. 辅助建筑目标（二氧化碳含量预测等） | a | | |
| | | | b | | |
| | | | c | | |

## 本 章 习 题

1. 什么是 BIM 项目实施规划？

2. BIM 项目实施规划有哪些步骤，如何实现？

3. BIM 项目实施规划常见的应用有哪些？

4. 如何确定 BIM 应用选择工作表？

5. 信息交互工作表的信息结构如何划分？

6. 确定支持 BIM 项目管理实施规划实现的基础设施有哪些？

7. 技术基础设施需求包括什么？

8. 在确定项目交付方法时应考虑哪几个方面？

# 第 6 章　BIM 项目管理实施规划应用案例

在前五章中，主要介绍了 BIM 项目管理的基本概念、体系和应用等，从本章后开始从案例入手，通过案例来讲述 BIM 项目管理实施规划的基本内涵及 BIM 项目管理实施规划流程。在此基础上，本篇以某幼儿园项目为案例对象，以项目流程的形式重点介绍 BIM 项目管理实施规划的具体应用实践。幼儿园项目属于公共建筑，具有很强的代表性。

## 6.1　工程概况

### 6.1.1　工程基本信息

项目业主：某开发有限公司

项目名称：某幼儿园项目

项目概况：本项目位于××省××市××区××村，××路东侧，××大街以南，××小学以西。北距××一号小区约 400m，南距××小区约 600m。幼儿园东西长 48.35m，南北宽 27.35m。本工程建筑结构形式为框架结构。合理使用年限 50 年，抗震设防烈度 8 度。总建筑面积 3607.77m²，其中一至三层建筑面积为 3588.92m²，屋顶层楼梯出屋面建筑面积 18.85m²。该幼儿园项目建筑信息见表 6-1。

幼儿园建筑信息表　　　　　　　　　　　表 6-1

| 单体概况 | 建筑物层数 | | 室内外高差 | 长度 | 高度 | 宽度 | 建筑面积 | 结构形式 | 基础形式 | 人防等级 | 建筑形体 |
|---|---|---|---|---|---|---|---|---|---|---|---|
| | 地下 | 地上 | m | m | m | m | m² | | | | |
| 幼儿园 | 1 | 3 | 0.30 | 48.35 | 13.60 | 27.35 | 3607.77 | 框架 | 筏形基础 | 无人防 | 不规则 |

### 6.1.2　地理及地质条件

拟建场地地形总体场地西高东低，南高北低，其余地段较低。场地所处地貌单元为汾河东岸Ⅰ级阶地。对于汾河东岸Ⅰ级阶地，其靠近河床一带的地层多以砂层为主，厚度大，且夹有黏土、粉质黏土，通过对××城区的大量岩土工程勘察报告的汇总，在地表下30m、45m、60m 左右普遍存在一层厚 3~10m 的砂层，这为灌注桩后注浆技术的应用提供了良好的地层条件。施工现场场地卫星图如图 6-1 所示。

项目现场土质信息如表 6-2 所示。

现场土质信息　　　　　　　　　　　表 6-2

| 土层信息 | 土层状态 | 层厚（m） | 平均层厚（m） | 层底标高（m） | 层底标高平均值（m） | 承载力特征值（kPa） |
|---|---|---|---|---|---|---|
| 人工填土 | 松散 | 1.7~3.9 | 2.99 | 772.02~774.57 | 773.62 | |
| 粉质黏土 | 可塑~软塑 | 1.6~3.4 | 2.60 | 770.12~771.91 | 771.02 | 100 |

续表

| 土层信息 | 土层状态 | 层厚<br>（m） | 平均层厚<br>（m） | 层底标高<br>（m） | 层底标高平均值<br>（m） | 承载力特征值<br>（kPa） |
|---|---|---|---|---|---|---|
| 粉土 | 密实、湿～很湿 | 1.7～2.6 | 2.12 | 768.12～769.81 | 768.90 | 115 |
| 粉质黏土 | 可塑～软塑 | 2.2～3.7 | 3.07 | 764.90～766.55 | 765.83 | 110 |
| 细砂 | 松散～稍密 | 0.8～2.1 | 1.37 | 763.60～765.11 | 764.46 | 150 |

图 6-1 项目现场卫星图

### 6.1.3 项目进度、阶段及时间表

项目进度、阶段及时间表，见表 6-3。

| 项目进度、阶段及时间表 | | | 表 6-3 |
|---|---|---|---|
| 项目阶段/时间点 | 预计开始日期 | 预计完工日期 | 涉及的项目利益相关者 |
| 初步规划 | 201×年 3 月 | 201×年 6 月 | 业主、施工单位 |
| 设计文档 | 201×年 5 月 | 201×年 6 月 | 业主、设计、施工单位 |
| 建设文档 | 201×年 3 月 | 201×年 7 月 | 业主、设计、施工单位 |
| 建设 | 201×年 3 月 | 201×年 7 月 | 施工、监理单位 |
| 竣工结算 | 201×年 7 月 | 201×年 7 月 | 业主、施工、监理单位 |

## 6.2 定义 BIM 项目管理实施规划目标和应用

BIM 项目管理实施规划的第一步就是定义 BIM 项目管理实施规划目标和应用，根据 25 个常见 BIM 项目管理实施规划应用目标及本项目的实际情况，经团队会议讨论研究确定了 10 个可以提高本项目生产绩效、缩短进度时间、实现高效的现场生产率和高质量生产水平的 BIM 应用目标，在此将这 10 个 BIM 应用目标在明确对项目和项目团队成员潜在价值的前提下按优先级进行了描述、进度安排及任务分配。

### 6.2.1　BIM 应用目标描述

表 6-4 是对这 10 个 BIM 应用目标的简单描述。

**BIM 应用目标表**　　　　　　　　　　　　　　　　　　　　　表 6-4

| 序号 | 优先级<br>(1/2/3) | 目标名称 | 目标描述 | BIM 应用潜力 | 计划用时 |
|---|---|---|---|---|---|
| 1 | 1 | 成本估算 | 通过 BIM 模型的建立，在设计阶段早期就可以产生精确的成本估算数据，并提供成本的影响因素，避免预算超支 | (1) 精确地估计材料数量，并能够快速生成修订本。<br>(2) 在设计过程中形成初步成本估算约束。<br>(3) 在设计过程中的早期阶段向决策者提供成本信息 | 两人 4 天 |
| 2 | 1 | 4D 建模 | 是一个可以有效地规划、修改或显示施工顺序和空间建筑要求的过程，是一个强大的可视化和通信工具，使项目团队可以了解项目重大事项和建设计划 | (1) 动态提供多方案选择和空间冲突的解决方案。<br>(2) 更好地整合规划人力、设备和材料资源。<br>(3) 在施工前识别并解决空间和工作面冲突的问题 | 两人 4 天 |
| 3 | 3 | 记录模型 | 用于精确描述设施的物理条件、环境和资产过程，包含与主要建筑和环境要素相关的信息 | (1) 与三维设计协调。<br>(2) 提供未来使用的设施文件 | 一人 3 天 |
| 4 | 2 | 3D 控制与计划 | 利用模型对建筑组件进行布置并优化的过程 | (1) 通过从三维施工模型直接生成施工布置文件，减少误差。<br>(2) 加强项目成员之间的沟通。<br>(3) 减少或消除语言障碍 | 一人 4 天 |
| 5 | 1 | 项目规划 | 项目规划在空间需求方面，是一个有效和准确地评估设计性能空间的程序 | 业主对空间要求的设计性能的准确评估 | 一人 3 天 |
| 6 | 2 | 现场布置计划 | 是一个将 4D 模型施工现场计划进度图形化表示的过程，包括设备、材料、临时设施及拟建项目等的位置计划 | (1) 能够分析并解决施工过程中空间和工作面的冲突问题。<br>(2) 能够让施工现场布置更合理，从而减少二次搬运，降低成本支出 | 一人 2 天 |
| 7 | 2 | 节能分析 | 指建筑物在规划、设计、建设和运营维护的过程中，充分执行建筑节能的标准，采用节能型的工艺、设备、材料和产品等 | 加强建筑物能源分析系统的运营管理，充分利用可再生能源等 | 一人 3 天 |
| 8 | 2 | 日照分析 | 日照分析和性能模拟工具可以显著提高设施在其寿命周期内的能源消耗性能 | 加强建筑物能源分析系统的运营管理，体现绿色建筑理念 | 一人 3 天 |
| 9 | 2 | 模架设计 | 通过 BIM 模板脚手架软件对拟建建筑物的模板及外架进行设计、布置，输出模架设计模型，并通过对模型进行分析，输出模架信息 | (1) 对模架的参数提前确定并进行模拟布置，发现问题并及时解决。<br>(2) 能够统计模板和脚手架的材料用量，为材料使用计划提供有力依据 | 一人 3 天 |

| 序号 | 优先级(1/2/3) | 目标名称 | 目标描述 | BIM 应用潜力 | 计划用时 |
|---|---|---|---|---|---|
| 10 | 2 | 设计协调 | 是一个将土建模型与安装模型进行碰撞检查，通过碰撞检查发现结构设计中的结构冲突位置，然后根据碰撞分析报告进行结构设计优化的过程 | （1）在设计过程中能够及时发现不同专业之间的碰撞点，并进行优化。（2）为施工过程提供更为精准的指导，节约时间和成本 | 两人 5 天 |

### 6.2.2　BIM 应用目标进度

不同的 BIM 应用目标对应着某一个或几个项目的具体应用，每个 BIM 目标在不同项目阶段也不尽相同，如表 6-5 中所示。

BIM 应用目标的进度表　　　　　　　　　　　　　　　　　　　　表 6-5

| 规划 | 设计 | 实施 | 运维 |
|---|---|---|---|
| 项目规划 | 3D 控制与计划 | 施工系统设计 | 资产管理 |
| 模架设计 | 结构分析 | 设计协调 | 空间管理和跟踪 |
| 现场布置计划 | 施工组织设计 | 3D 控制与规划 | |
| | 节能分析 | | |
| | 日照分析 | | |
| | | 运维计划 | 运维计划 |
| 阶段设计（4D 建模） | 阶段设计（4D 建模） | 阶段设计（4D 建模） | 阶段设计（4D 建模） |
| 成本估算 | 成本估算 | 成本估算 | 成本估算 |

### 6.2.3　组织角色

BIM 项目管理实施规划中，规划小组应在项目初期组建，且由所有主要项目团队成员的代表组成，包括业主、设计师、承包商、工程师、主要专业承包商、设施经理和项目经理。对于业主以及所有主要项目团队成员来说，全面支持 BIM 项目管理实施规划过程是非常重要的。本团队是从施工单位角度出发来执行该 BIM 项目管理实施规划从而实现项目管理。

根据已确定的 10 个适合本项目特点的 BIM 应用目标，本团队对每个 BIM 应用目标制定了详细的 BIM 项目管理实施规划流程以及各流程相应的具体职责。对于每个选定的 BIM 应用目标，团队必须确定目标的主要责任方，以及可能需要协助实施的潜在外部参与者。具体目标的责任方如表 6-6 所示。

BIM 应用目标责任方　　　　　　　　　　　　　　　　　　　　　表 6-6

| BIM 应用 | 组织 | 应用 BIM 总人数 | 负责人 | |
|---|---|---|---|---|
| | | | BIM 技术员 | 检查人员 |
| 成本估算 | 承包商 | 2 | B、C | E |
| 运维计划 | 承包商 | 1 | D | C |
| 4D 建模 | 承包商 | 1 | E、D | C |

| BIM 应用 | 组织 | 应用 BIM 总人数 | 负责人 | |
|---|---|---|---|---|
| | | | BIM 技术员 | 检查人员 |
| 记录模型 | 承包商 | 2 | D | E |
| 3D 控制与计划 | 承包商 | 1 | E | C |
| 项目规划 | 承包商 | 1 | C | D |
| 现场布置计划 | 承包商 | 1 | E | B |
| 节能分析 | 承包商 | 1 | B | D |
| 日照分析 | 承包商 | 1 | C | B |
| 模架设计 | 承包商 | 4 | F | G |
| 设计协调 | 承包商 | 3 | H、I | F |

## 6.3　设计 BIM 项目管理实施规划流程

在确定了每个 BIM 应用目标后，有必要了解整个项目的每个 BIM 应用目标和实施过程的具体实施步骤。本节主要介绍设计 BIM 项目管理实施规划的流程。在此步骤中开发的流程图可以帮助团队成员清晰了解整个实施规划流程，识别将在多方之间共享的信息交互内容及方式，并明确定义了 BIM 用户实施的各种流程。这些流程图也将作为确定其他重要 BIM 应用目标实施过程的基础，包括合同结构、BIM 成果交付要求、信息技术基础设施等。

BIM 项目的流程图开发过程需要项目团队首先开发一个总规图，即一级流程图，显示如何实施不同的 BIM 目标应用过程。然后，开发详细的 BIM 目标应用过程流程图，以更多的细节来定义特定的 BIM 应用目标的实现过程，如图 6-2 所示。为了实现这种两级方法，本文采用了业务流程建模表达方式（BPMN），以便各种项目团队成员创建格式一致的流程图。

根据图 6-2 可以看出，流程的第 1 步确定了主要构建模型、BIM 应用实施规划流程图、信息交互方式及团队，以此来指导整体工作。第 2 步根据第 1 步的成果设计信息交互、确定 BIM 应用目标、设计角色等，即站在总规划的角度将本次项目进行了整体部署。第 3 步在第 2 步的基础上，确定支持 BIM 应用目标实现的基础设施、责任分配及预期交付成果，进一步细化了本次项目的实施过程。

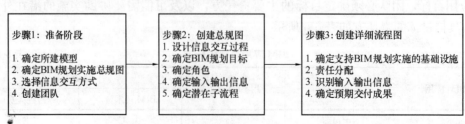

图 6-2　BIM 应用目标实施规划流程图确定次序

**6.3.1 BIM 项目管理实施规划**

项目规划是房地产项目前期的重要工作，其结果直接影响到后期房地产的推广及营销。如果项目规划达不到较高客户满意度，会增加后期销售的难度，导致资金回转缓慢，甚至影响企业的运营。因此，前期的项目规划一定要合理有效地进行。而 BIM 技术提供了一个一体化信息平台，这无疑更有利于项目规划的实施。

1. 项目规划具体流程

项目规划具体流程为：确定项目要求—生成建筑布局概念模型—确定最终需求清单—判断与审查—输出结果，具体实施规划流程图见附件 12。

2. 项目规划过程实现

（1）确定该幼儿园项目定位及要求：小区整体风格为法式浪漫园林风格，小区内部有配套的幼儿园、运动休闲会所等公共设施，周边有较为完善的商业配套，通达全城的地铁，打造出高雅、舒适、健康、便捷的居住氛围，整体定义为中高档小区。

（2）整体概念布局规划：小区内设 7 栋高层住宅楼及配套的商业楼 3 栋，幼儿园 1 座，换热站 1 座。为了合理进行建筑布局，既符合日照、楼距等基础标准，又符合居住的美观度、舒适度，小区整体道路及住宅布局如图 6-3 所示。

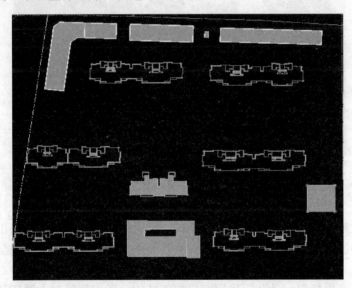

图 6-3 小区建筑布局图

（3）园林绿化规划：确定建筑布局后，进行园林绿化规划设计。随着建筑业及社会经济的不断发展，目前人们不仅考虑了对住宅功能适用性的要求，更多地也提高了对居住舒适度的要求。园林绿化率及景观设计的直观感受越来越成为人们关注的对象。××小区东区总建设用地 50297.98m²，绿地面积 17836.40m²，绿地率达 35.46%。小区的绿化平面布置图如图 6-4 所示。

小区景观整体设计采用法式园林风格，小区景观模拟图如图 6-5 所示。

（4）道路系统规划：小区根据住宅人口密度，合理定位道路，设有专门车行出入口及一个人行出入口，道路普遍采用人行道以实现法式园林风格。小区采用特大型地库，设有3 个汽车坡道，位于 2 号楼东侧、3 号楼北侧及 4 号楼东侧，停车位数共 1430 个。

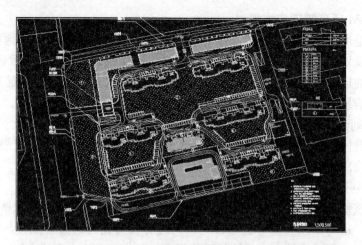

图 6-4　小区绿化平面布置图

图 6-5　小区景观模拟图

（5）配套设施规划：小区紧邻规划地铁站，交通便利，周边有大型超市、医院等，北部紧邻小学，小区内配套设有商业楼 3 栋，幼儿园 1 栋，基础配套设施健全。周边设施规划如图 6-6 所示。

（6）幼儿园室内规划：幼儿园采用三层框架结构，考虑到针对人群年龄及自理问题有限性，每个活动室、寝室均设有卫生间，且配有专门的厨房设备，解决幼儿教育托管问题，还设有专门的玩具室及音体美教室。

（7）对项目整体规划进行模型分析，生成二维及三维效果图如图 6-7 及图 6-8 所示。

（8）项目规划完成后，对各部分规划情况判断与审查，检查结果是否全面、准确并输出正确模型。

3. BIM 项目管理实施规划意义

（1）项目规划是一个 BIM 技术综合性较强的应用，在利用 BIM 软件进行日照、通风、节能等分析形成建筑布局的基础上，进行小区内道路及园林绿化的规划，并将这一整体布局以三维模型的方式直观展现出来。

（2）从客户角度进行规划，提升了客户满意度，满足了客户需求，从而吸引更多消

图 6-6 项目周边设施规划

图 6-7 项目二维鸟瞰图

图 6-8 项目三维效果图

费者。

（3）提升了项目的销售效果，实现企业经济效益。

（4）提高了房地产企业的市场竞争力，建立了良好的市场信誉，提升了市场形象，实现了企业更为长远的发展前景。

### 6.3.2  BIM 现场布置计划

结合实际施工过程以及本项目施工组织设计要求，在"做中学"的基础上，将整个施工过程根据施工进度分为地基与基础阶段和主体结构以及装饰装修三大阶段分别进行场地布置方案设计，基于 BIM 模型及理念，运用 BIM 工具对施工场地布置方案中难以量化的潜在空间冲突进行量化分析。通过三维施工场地漫游模拟，更真实直观地观察体验施工场地的空间布置情况，提前将现场布置的问题反映出来并及时进行调整，从而实现施工场地优化布置的目的。因为一个项目的施工过程是一个动态的过程，随着项目的持续建设，每个项目在不同阶段的施工特征都会有所改变，对人员、材料、设备等资源的需求会大大不同。科学而且有效地配置企业的人员、资金和设备等资源，有利于项目的建设并实现企业的建设目标，为企业创造效益，提高企业的竞争力，让企业在愈发激烈的市场竞争环境下获取更好的发展空间。

1. BIM 现场布置计划具体流程

现场布置计划具体流程为：明确项目要求—施工阶段划分—临建及交通分析—材料堆场及加工棚位置分析—机械设备分析及优化—模型检查及判断—输出模型。具体现场布置计划实施流程见附件 13。

2. 现场布置过程实现

（1）明确项目要求

根据设计图纸和实际情况，周边住宅楼较多，而本工程施工场区内部较宽阔，故计划在场区内设置钢筋和木工加工场地及材料堆场，为方便场内材料设备运输堆码以及充分利用场地，施工场区设置环形施工道路。

（2）基于 BIM 的临建及现场交通分析

使用场布软件，在北侧设置一个出入口，正对××大街，场区设置环行道路，路宽为 5m，在场区出入口设置洗车池。根据建设单位所提供的用地红线，在现场四周设置夹芯彩钢板围挡墙，高度 2.5m（底部砌筑 240mm 宽、500mm 高砖基础）。根据文明施工要求，将按中建 CI 标准进行粉饰。

该工程项目需在施工现场场地内办公，故计划紧靠入口东侧沿着围墙布置一排双层彩板房为施工单位办公区，作为本工程施工单位会议室、办公室、休息室、工程试验室及食堂。紧靠办公区彩板房东侧布置一排单层彩板房用作洗手间及澡堂。再往东布置一排双层彩板房为生活区，用于本工程工人食堂、工人宿舍、厕所及澡堂。根据工程需要，在施工现场入口东侧办公区和生活区门前设花池等绿化设施。运用 BIM 技术平面布置及三维建模以后，道路顺畅，布置合理，模型图如图 6-9 所示。

如图 6-9 所示，使用场布软件，按照上述分析布置了现场环形道路，计划在入口东侧沿着围墙布置办公区、生活区等；其中，门厅、办公区和生活区均为彩钢活动板房，办公区和职工宿舍按双层坡屋面形式、每层 6 间的活动房布置，开间进深设置合理后明显看出工作、生活区等发挥正常职能，不影响场地内道路交通情况。按安全文明工地要求，办公

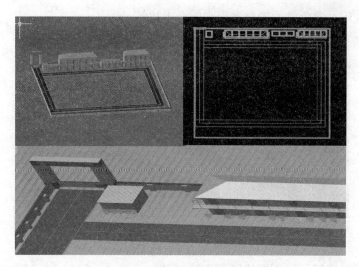

图 6-9 现场布置模型图

区、生活区门前均设置绿色盆栽，在工程开工后还可视现场情况在道路旁设置安全防护栏杆，预防安全隐患。

为建设绿色工地，满足相关安全文明施工措施要求，计划在工地出入口设置卸车平台、沉淀池（图 6-10），在运输渣土的车辆驶离建设工地时，必须冲洗车体，保持车辆干净整洁，严禁带土上路，影响市容市貌，破坏场地周边道路环境。

图 6-10 洗车沉淀池

施工现场场地内的车辆主要有挖掘机、运土车、混凝土车、泵车和钢筋运输车辆等。由于本工程施工场区内部较宽阔，在场区内设置钢筋和木工加工场地及材料堆场，而各种车辆的进出场和在场地内的行驶以及会车，材料运输车辆的运送、卸货位置都是现场布置交通分析中必不可少的，传统的二维现场布置很难直观地发现并在第一时间解决这些问题。在设计过程中，考虑到所布置的环形场内道路是否可以满足进场材料运输车辆行驶、卸货以及顺利会车，运用场布软件对施工运输中可能产生的冲突或者碰撞点进行模拟。运用场布软件将车辆布置在道路以及有可能产生冲突的碰撞点模拟行驶（图 6-11），通过BIM 技术的提前模拟规划，可以很明显地发现不会产生任何碰撞，保证了施工期间场地内车辆行驶的顺畅。这样道路布置较为合理，所需注意的是，在具体的施工期间，不要在这些地点乱堆乱码，避免发生额外费用和安全事故等。

图 6-11　车辆行驶模拟

（3）各种材料堆场及加工棚位置优化

1）钢筋加工棚及堆场

拟建计划：钢筋加工场分钢筋原材存放区、钢筋加工区（调制、成型、切断、连接等）和半成品存放区。在不同施工阶段，对钢筋加工场地进行适当调整。钢筋加工棚棚顶设两层防护脚手板，内设切断机、弯曲机、调直机、钢筋剥肋滚压直螺纹成型机及加工操作平台等设备，动火区域配置一定数量的灭火器材。为调运方便，将钢筋加工棚搭设于场内道路旁，要在塔吊的吊运范围内且易于钢筋运输车辆卸货的位置，便于装卸和周转使用。钢筋原材料堆放要采用定型化原材料堆放架进行分类管理，在施工阶段要求设置相应的质量标识，内容要包括：生产厂家，钢筋型号，钢筋数量，验收人员及进场时间。

运用 BIM 三维场布软件按拟建计划布置（图 6-12），调运方便且易于装卸周转。

图 6-12　钢筋加工棚及原料、半成品堆场（以主体阶段示例）

2）木工加工棚及堆场

木工棚主要用于制作预埋盒子等，在不同施工阶段，场地位置需要调整。棚顶设两层防护脚手板，木工棚必须配备消防器材，保证满足消防要求，木加工棚内设平刨、压刨、圆盘锯等木工设备。在主体施工阶段，运用场布软件布置，方便调运且布置合理，无碰撞等产生。

加工棚及堆场区域三维布局模拟如图 6-13 所示。

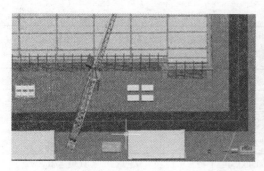

图 6-13 木工加工区及模板、木方堆场

3）周转材料、砌体堆场

周转材料场地主要用于三大工具等临时周转存放和维修，现场布置在塔吊回转半径范围内，以方便周转。周转材料场地分原材存放区、加工成型区和半成品存放区。

二次结构所用的砌筑材料，应堆置在物料提升机附近，以便于转运，砖砌体堆放整齐，不得歪斜，堆放高度不得超过 2.5m。

（4）机械设备分析及优化

现场临建设施和场内交通规划好以后，需要考虑在项目建设期间各种机械设备的需求和布置情况。BIM 技术在施工机械设备现场布置方面更是一个巨大的可视化数据库。利用施工现场三维布置软件内嵌工程项目临时设施及设备三维模型构件库，通过建立模型快速生成形象直观的三维模型文件，大大节省绘制时间。计划需用主要设备见表 6-7所示。

设备需用计划表　　　　　　　　　　　　　　　表 6-7

| 序号 | 机械或设备名称 | 型号规格 | 数量 | 产地 | 制造日期 | 额定功率（kW） | 生产能力 | 用于施工部位 | 备注 |
|---|---|---|---|---|---|---|---|---|---|
| 1 | 发电机 | 50GF112 | 1 | 徐州 | 2000.9 | 120 | | 现场临时供电 | |
| 2 | 装载机 | ZL40C | 1 | 柳州 | 2002.10 | 140 | | 搅拌站、土方 | |
| 3 | 电弧焊机 | BX3-300-2 | 8 | 长沙 | 2001.4 | 24 | | 钢筋加工 | |
| 4 | 对焊机 | UN1-75 | 1 | 长沙 | 2000.5 | 75 | | 钢筋加工 | |
| 5 | 钢筋弯曲机 | GW40 | 2 | 大连 | 2001.2 | 3 | | 钢筋加工 | |
| 6 | 钢筋切断机 | QJ40-1 | 2 | 大连 | 2000.5 | 5.5 | | 钢筋加工 | |
| 7 | 钢筋调直机 | GJ6-4/8 | 1 | 武汉 | 2001.4 | 5.5 | | 钢筋加工 | |
| 8 | 混凝土汽车泵 | PY21-30E | 1 | 日本 | 2003.5 | | | 混凝土浇灌 | |
| 9 | 砂浆搅拌机 | JS350 | 3 | 山东 | 2002.3 | 3 | | 砖砌体施工 | |
| 10 | 插入式振动棒 | ZX50C | 10 | 武汉 | 2001.8 | 1.1 | | 混凝土浇灌 | |
| 11 | 平板式振捣器 | ZB11 | 2 | 武汉 | 2003.7 | 1.1 | | 混凝土浇灌 | |
| 12 | 电渣压力焊机 | | 4 | 大连 | 2002.8 | 30 | | 钢筋加工 | |
| 13 | 混凝土布料机 | HGY13 | 1 | 大连 | 2005.5 | 4.5 | | 混凝土浇灌 | |
| 14 | 挖掘机 | WL-50 | 1 | 日本 | 2000.2 | | | 土方开挖 | |
| 15 | 自卸汽车 | 256B1 | 3 | 湖北 | 2000.3 | | | 土方运输 | |

续表

| 序号 | 机械或<br>设备名称 | 型号<br>规格 | 数量 | 产地 | 制造日期 | 额定功率<br>(kW) | 生产<br>能力 | 用于施<br>工部位 | 备注 |
|---|---|---|---|---|---|---|---|---|---|
| 16 | 振动冲击夯 | HC70 | 5 | 昆明 | 2002.4 | 2.5 | | 土方回填 | |
| 17 | 机动翻斗车 | JSB1 | 4 | 湖北 | 2003.6 | | | 现场运输 | |
| 18 | 切割机 | CGL30 | 2 | 武汉 | 2001.4 | 1.5 | | 钢筋加工 | |
| 19 | 卷扬机 | 2T | 2 | 郑州 | 2004.5 | 10 | | 垂直运输 | |
| 20 | 载重汽车 | EQ140 | 2 | 湖北 | 2003.6 | | 5t | 现场运输 | |
| 21 | 万能木工圆锯 | MJ225 | 3 | 武汉 | 2000.7 | 5 | | 模板加工 | |
| 22 | 木工平面刨 | MB503 | 2 | 武汉 | 2005.6 | 6 | | 模板加工 | |

（5）模型输出

现场布置计划完成后，对各部分情况进行判断与审查，检查结果是否全面、准确并输出正确模型。

3. 现场布置模型展示

地基与基础阶段、主体结构阶段和装饰装修阶段花费的工时最长，消耗的各种资源最多，每个阶段中对使用材料、设备的种类等各种资源需求也明显不一样，经过学习讨论和现场调查研究，本文得出三大阶段的主要场地布置特征如表 6-8 所示。

施工特征表　　　　　　　　　　　　　　　　　　　　　　表 6-8

| 施工阶段 | 主要施工特征 | 所需主要资源 | 场地布置特征 |
|---|---|---|---|
| 地基与基础阶段 | 土方量大，地基承载力较弱 | 土地 | 可供利用的土地相对较少 |
| 主体结构阶段 | 施工工艺相对重复性大，需要的材料种类繁多 | 模板、钢筋、混凝土需要量大 | 可利用土地相对较充裕 |
| 装饰装修阶段 | 施工场地混乱，但堆放材料较少 | 需要材料种类多，可存放于室内 | 场地布置更宽裕，外围材料堆放较少 |

（1）地基与基础阶段施工场地布置

基坑工程在施工过程中有许多的机械设备、材料需要堆场及运转，在基坑的施工阶段，现场大部分场地已经被开挖的基坑所占，而周围可供使用的施工用地较为紧张，这种情况在本项目中亦然。因此，在施工时，除了对现场临建等设施做好合理布置以外，还应该根据现场条件、工程特点及施工方案做好施工布置，如挖掘机、起重机、混凝土泵车等大型设备的停放点、临时施工平台等。在三维场布软件中，进行了基础阶段施工的三维模型布置，如图 6-14 所示。

（2）主体结构阶段施工场地布置

此阶段以土建为主，安装配合施工。计划沿主体建筑搭设结构施工用脚手架，利用场布软件中脚手架计算可以输出脚手架工程汇总报表（详见附件 1）。空余场地可作设备材料堆场。进入上部主体工程施工阶段，随着主体施工进度向前推进，在场地南边布置一台塔式起重机，作为垂直运输机械，进行现场物料运输。基础施工阶段搭设的办公室及其他

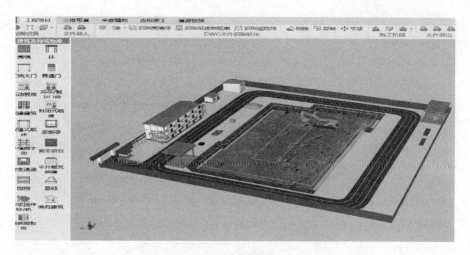

图 6-14　地基与基础阶段三维布置

临设继续使用。在施工场地三维布置软件中，按计划布置相关设施及设备三维模型，无碰撞及相互操作影响，如图 6-15 所示。

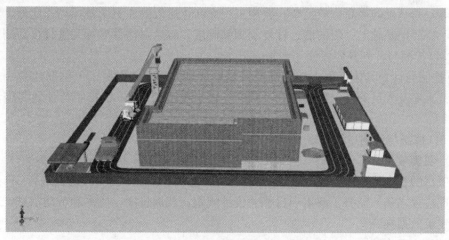

图 6-15　主体结构施工阶段三维布置

（3）装饰装修阶段施工场地布置

在工程项目进入装饰安装阶段后，一些为结构服务的机械、器具将被拆除（如塔吊），让出场地给安装及装饰使用，外脚手架随外墙装饰进度逐步向下拆除。BIM 技术在施工场地三维布置中只能体现出该阶段所需设备、材料等资源以及各堆场的变化，软件还无法将各阶段之间的转变以动态化来展示，施工场地布置中装饰阶段的三维模型展示效果如图 6-16 所示。

### 6.3.3　3D 控制与计划

3D 控制与计划，本质在于对模型质量的控制，团队应严格按照图纸要求进行建模。在建模过程中以及模型完成后，运用云检查功能检查构件属性的合理性。

对于框架结构，建模时的构件建立顺序：先地上，后地下，最后基础层；依次是：轴网、柱、梁、板、二次结构以及基础类构件。

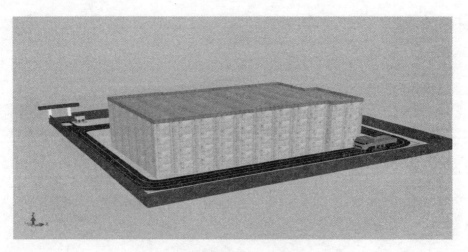

图 6-16　装饰装修阶段三维布置

画各构件时，应以 CAD 转换为主，通过 CAD 图纸导入软件转换识别轴网、柱、梁和板等；自由绘制为辅。其中，尤其需要注意的是，基础类构件如独基、基础梁、筏板、筏板筋等，其基础的标高比较复杂，要用工程标高，所以要注意调整标高；此外，对于基础插筋，需要把基础上一层的墙、柱复制到基础层，然后对构件底标高进行自动调整。

1．3D 控制与计划具体流程

3D 控制与计划具体流程为：明确项目基本信息—确定工作范围—钢筋建模—土建建模—施工工序及人员安排—模型检查及判断—输出模型。具体 3D 控制与计划实施流程图见附件 14。

2．3D 控制与计划过程实现

（1）明确项目基本信息

本项目的基本信息前面已经在工程概况中介绍，此处需要说明的是在进行 3D 控制与计划实现过程之初，需要了解本项目相关设计规范，获取进度、成本和劳动信息，理解其他相关建筑数据集。

（2）确定工作范围

3D 控制与计划是对本项目建设全寿命周期的控制，包括钢筋、土建等模型构建及进度计划分析等。

（3）钢筋建模过程

钢筋建模过程为：轴网—柱—梁—板—其他构件。

1）轴网。包括主轴网及每层需要的辅助轴线，可以手动布置轴网，亦可通过方便快捷地导 CAD 识别生成轴网。本项目选择后者，识别转换轴网成功以后，进行查漏补缺。轴网绘制如图 6-17 所示。

2）柱的输入方式同轴网，导图识别、转化后查漏补缺。此外，还需进行柱的属性以及柱配筋信息输入。通过学习，亦有方便快捷的导图直接形成柱属性信息的操作。然而本项目实际操作是以图纸给出的柱类型定义，对各类柱的属性定义（截面宽度、配筋）在界面中进行一一布置，本结构中柱均为矩形柱，无异形柱，柱构件属性定义界面如图 6-18 所示。

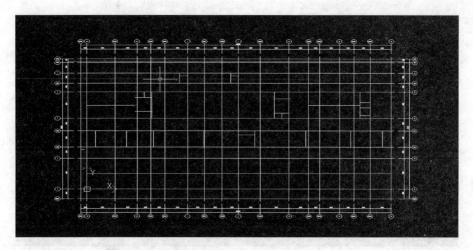

图 6-17 轴网

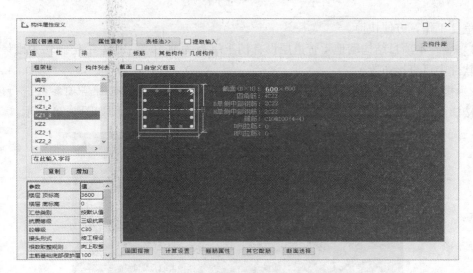

图 6-18 柱构件属性定义

3）梁的绘制全部是通过手动一一绘制，在构件属性中定义梁属性后逐个绘制。结合项目结构图及梁配筋图，对绘制的梁进行原位标注：包括支座钢筋位置、型号以及腰筋等。本结构中梁均为矩形梁，特别注意对于梁标高有特殊标注及梁跨有偏移部位以及悬挑的处理。

4）板及板筋。本建筑结构板根据 2D 图纸，分别布双层双向板负筋、底筋以及部分支座钢筋。部分板间布有分布钢筋。板及板配筋建模效果示例如图 6-19 所示。

（4）土建建模过程

幼儿园建筑为三层钢筋混凝土框架结构，另有地下管道层及基础层。结构的基本构件包括基础、柱、梁、墙、板、楼梯、门窗洞口、装饰工程、零星构件等，以下为建模过程介绍：

由于钢筋软件中已经对柱、梁、板等构件有了属性定义，故而可以直接将钢筋软件中的成果以".lbim"格式导入土建软件中，这也体现了 BIM 信息交互的重要作用，减少了

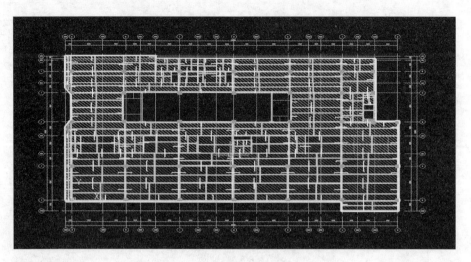

图 6-19　板配筋模型图

某些重复工作，方便快捷。

　　1）墙。本项目结构墙地下管道层设有挡土墙且为剪力墙，地上结构墙均为砌体填充墙，软件中可直接布置。

　　2）楼梯。土建软件中对楼梯构件有详细的图形定义，根据楼梯各项参数进行创建，包括楼梯高度、踏步数、踏步宽度及踏步高度等。楼梯三维构件图如图 6-20 所示。

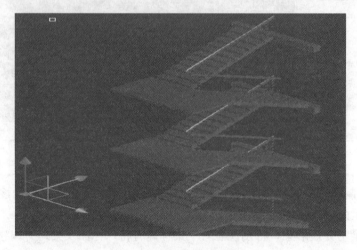

图 6-20　楼梯三维构件图

　　3）门窗洞口。将二维图纸中的门窗表导入软件中，定义门窗类型及材质等，进行门窗的布置。

　　4）装饰工程。包括外墙抹灰、内墙抹灰、楼地面、顶棚、踢脚等布置。

　　由于土建软件中只有对每个构件进行清单套取后才能进行工程量的计算，故本项目对每个构件进行属性定义时先不考虑施工工艺，先对土建构件进行绘制，之后套取清单计算出各部分量后再在成本估算时对清单及清单量进行修改与优化。图 6-21 为软件构件属性定义界面示例。

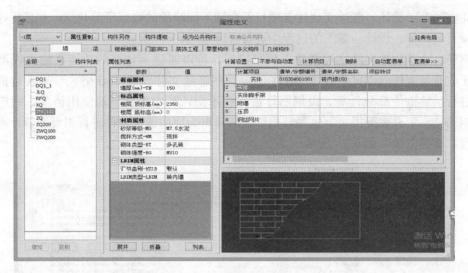

图 6-21　构建属性定义界面示例

运用钢筋软件除进行翻模以外，还有一项非常重要的功能即模型指标控制，通过在工程设置中“计算规则、楼层设置、计算设置、锚固设置等”对各种构件抗震等级、混凝土强度等级、保护层厚度、钢筋损耗、弯钩增加值、箍筋计算等内容的设置，以达到严格按照图纸翻模和控制算量正确的目标。工程设置中的模型指标控制如图 6-22 所示。

| 小构件 | 抗震等级 | 砼等级 | 接头率 | 保护层 | 锚固值 Lae, La(直径范围) | | | | | | | | | |
|---|---|---|---|---|---|---|---|---|---|---|---|---|---|---|
| | | | | | 一级钢 | | 二级钢 | | 三级钢 | | 四级钢 | | 冷轧带肋 | 冷轧扭 |
| | | | | | ≤25 | >25 | ≤25 | >25 | ≤25 | >25 | ≤25 | >25 | | |
| 0层默认 | 三级 | C30 | 50% | - | 32 | 32 | 31 | 34 | 37 | 41 | 46 | 50 | 31.5 | 35 |
| 基础 | 非抗震 | C30 | 50% | 40 | 30 | 30 | 29 | 32 | 35 | 39 | 43 | 48 | 30 | 35 |
| 基础梁 | 非抗震 | C30 | 50% | 40 | 30 | 30 | 29 | 32 | 35 | 39 | 43 | 48 | 30 | 35 |
| 剪力墙 | 三级 | C30 | 50% | 15 | 32 | 32 | 31 | 34 | 37 | 41 | 46 | 50 | 31.5 | 35 |
| 斜墙 | 三级 | C30 | 50% | 15 | 32 | 32 | 31 | 34 | 37 | 41 | 46 | 50 | 31.5 | 35 |
| 人防墙 | 三级 | C30 | 50% | 15 | 25 | 25 | 31 | 34 | 37 | 41 | 37 | 41 | 31.5 | 35 |
| 墙梁 | 三级 | C30 | 50% | 15 | 32 | 32 | 31 | 34 | 37 | 41 | 46 | 50 | 31.5 | 35 |
| 框架梁 | 三级 | C30 | 50% | 20 | 32 | 32 | 31 | 34 | 37 | 41 | 46 | 50 | 31.5 | 35 |
| 次梁 | 非抗震 | C30 | 50% | 20 | 30 | 30 | 29 | 32 | 35 | 39 | 43 | 48 | 30 | 35 |
| 板 | 非抗震 | C30 | 50% | 15 | 30 | 30 | 29 | 32 | 35 | 39 | 43 | 48 | 30 | 35 |
| 框架柱 | 三级 | C30 | 50% | 100/3... | 32 | 32 | 31 | 34 | 37 | 41 | 46 | 50 | 31.5 | 35 |
| 人防柱 | 三级 | C30 | 50% | 100/3... | 25 | 25 | 31 | 34 | 37 | 41 | 37 | 41 | 31.5 | 35 |
| 暗柱 | 三级 | C30 | 50% | 100/3... | 32 | 32 | 31 | 34 | 37 | 41 | 46 | 50 | 31.5 | 35 |
| 构造柱 | 非抗震 | C20 | 50% | 25 | 39 | 39 | 38 | 42 | 40 | 44 | 48 | 53 | 40 | 45 |
| 圈梁 | 非抗震 | C20 | 50% | 25 | 39 | 39 | 38 | 42 | 40 | 44 | 48 | 53 | 40 | 45 |
| 过梁 | 非抗震 | C20 | 50% | 25 | 39 | 39 | 38 | 42 | 40 | 44 | 48 | 53 | 40 | 45 |
| 其它 | 非抗震 | C20 | 50% | 15 | 39 | 39 | 38 | 42 | 40 | 44 | 48 | 53 | 40 | 45 |
| 几何 | 非抗震 | C20 | 50% | 15 | 39 | 39 | 38 | 42 | 40 | 44 | 48 | 53 | 40 | 45 |

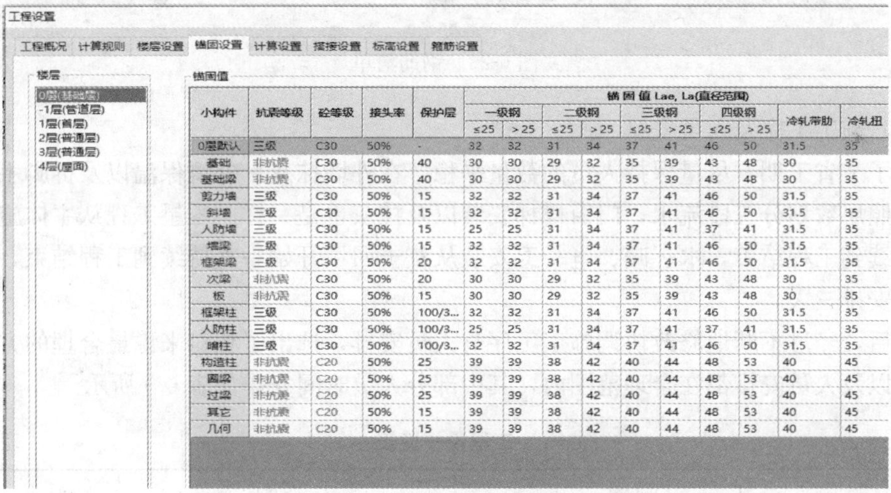

图 6-22　工程设置界面

在建模过程中，必须随时查看三维模型，通过实体查看及时找出建模中存在的问题。同样，土建模型亦需要运用云功能来实现建模和属性合理性检查，达到质量控制的目的。

建筑结构设计中的结构合理、安全应用、施工方便等需求始终是建筑业中所有责任方共同的建设要求，所以运用 BIM 技术对于实现建筑设计和结构设计的有机结合及相互协调是非常必要的，应尽可能地将建筑中的细节运用进行设计与协调。由此可见，BIM 软件的逐渐发展与完善，为施工过程带来了极大的便利。某些软件可以应用 BIM 技术对工程项目设施实体与功能特性进行数字化表达，建立一个完善的信息模型，并对该工程项目进行完整的数字描述，能够实现建筑项目寿命期不同阶段的数据资源共享，并且将这些信息在项目的决策、设计、施工的过程中进行合理运用。

　　钢筋、土建软件在严格控制建立模型以后，可以通过云计算的功能来输出模型的钢筋、土建算量文件（详见附件 2、附件 3），这些算量文件以".tozj 格式"导入造价软件中以进行后续造价部分计算。以钢筋算量文件示例，其中包含钢筋使用清单、钢筋汇总表、钢筋接头汇总表等报表，这些数据资源的输出为使用造价软件进行工程造价计算提供了方便。钢筋清单如图 6-23 所示。

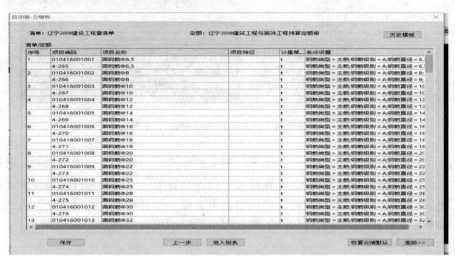

图 6-23　钢筋清单

　　（5）施工工序及人员安排

　　为了节省工期，尽量保持人员的数量平稳，在外墙抹灰、外墙保温以及拆脚手架阶段可以按照层数划分三段流水，门窗楼梯安装以及抹灰也是一样。零星工程从主体施工开始一直持续到工程结束，水、暖、电、卫安装从灰土回填开始一直持续到工程结束，每项工作每天安排三人。

　　最后，经过不断地修改协调施工工序与人员安排，选出了相对来说最合理的方案，保证工期以及人员安排都在合理范围内，其中部分人员时间安排如表 6-9 所示。

工程量一览表　　　　　　　　　　　　　　　　　　　　表 6-9

| 工序名称 | 工程量 | | 时间定额 | 劳动量 | 合并后劳动量 | 人数 | 时间(d) | 备注 |
|---|---|---|---|---|---|---|---|---|
| | 单位 | 数量 | | | | | | |
| 基础及地下室工程 | | | | | | | | |
| 场地平整 | m² | 1243.5 | 0.016 | 19.896 | 19.896 | 20 | 1 | |
| 基坑挖土 | m³ | 3786.5 | 0.03 | 113.595 | 113.595 | 20 | 1 | 机械 |
| 基础混凝土垫层 | m³ | 127.5 | 0.31 | 39.525 | 39.525 | 20 | 2 | 商品混凝土 |
| 基础底板卷材防水层施工 | m² | 1258.96 | 0.017 | 20.898 | 20.898 | 20 | 1 | |
| 筏板基础绑钢筋 | t | 100.2 | 1.67 | 167.334 | 179.766 | 30 | 6 | |
| 筏板基础支模板 | m² | 77.7 | 0.16 | 12.432 | | | | |

| 工序名称 | 工程量 | | 时间定额 | 劳动量 | 合并后劳动量 | 人数 | 时间(d) | 备注 |
| --- | --- | --- | --- | --- | --- | --- | --- | --- |
| | 单位 | 数量 | | | | | | |
| 浇筑基础混凝土 | m³ | 629.5 | 0.26 | 166.188 | 166.188 | 18 | 6 | |
| 地下一层墙体钢筋绑扎 | t | 10.7 | 4.17 | 44.619 | 86.159 | 22 | 4 | |
| 地下一层柱钢筋绑扎 | t | 15.5 | 2.68 | 41.54 | | | | |
| 地下一层梁支模板 | m² | 716.7 | 0.21 | 150.507 | 382.871 | 32 | 8 | |
| 地下一层板支模板 | m² | 1056.2 | 0.22 | 232.364 | | | | |
| 地下一层墙支模板 | m² | 581.9 | 0.04 | 23.276 | 162.492 | 20 | 8 | |
| 地下一层柱支模板 | m² | 153 | 0.18 | 27.54 | | | | |
| 地下一层梁钢筋绑扎 | t | 21.4 | 3.4 | 72.76 | | | | |
| 地下一层板钢筋绑扎 | t | 18.8 | 2.07 | 38.916 | | | | |
| 地下一层墙浇筑混凝土 | m³ | 76.1 | 0.42 | 31.5815 | 135.65 | 23 | 4 | |
| 地下一层柱浇筑混凝土 | m³ | 30.5 | 0.77 | 23.424 | | | | |
| 地下一层梁浇筑混凝土 | m³ | 97.9 | 0.23 | 22.3212 | | | | |
| 地下一层板浇筑混凝土 | m³ | 183.4 | 0.32 | 59.2382 | | | | |
| 地下室外墙防水基层处理 | m² | 328.2 | 0.40 | 131.6082 | 131.6082 | 43 | 2 | |
| 灰土回填 | m³ | 627.8 | 0.07 | 44.5738 | 44.5738 | 44 | 1 | |
| 地上主体工程 | | | | | | | | |
| 安装塔吊 | 台 | 1 | | | | 10 | 1 | |
| 搭设外脚手架 | m² | 699.6 | 0.42 | 293.8320 | 334.836 | 27 | 12 | |
| 首层柱钢筋绑扎 | t | 15.3 | 2.68 | 41.004 | | | | |
| 首层顶板板支模板 | m² | 980.9 | 0.22 | 215.798 | 425.819 | 35 | 8 | |
| 首层顶板梁支模板 | m² | 1000.1 | 0.21 | 210.021 | | | | |
| 首层柱支模板 | m² | 291.9 | 0.18 | 52.542 | 163.385 | 27 | 6 | |
| 首层顶板梁钢筋绑扎 | t | 28.4 | 3.40 | 96.56 | | | | |

将设定好的人员时间安排按照软件要求绘制到网络计划软件中，为下一步 4D 建模做准备。基本操作步骤为：

1) 新建工程。输入名称等信息。如图 6-24 所示。

2) 添加工序。左边选项中有添加按钮，点击可以直接调出要添加的工序界面，只需要在弹出的工作信息卡中手动输入工序名称、持续时间以及每个工作日的时间即可，软件会自动根据所填写的信息绘制出时标网络图。如图 6-25 所示。

3) 删除与修改工序。如果出错的话，软件可以很方便地删掉或者添加某一工序，其后的工序会自己作出调整，而不需要像在 CAD 中那样错一个可能就得修改所有的工序，十分便捷。如果需要修改，则只需要点击修改后双击某工序就可以重新回到编辑界面进行

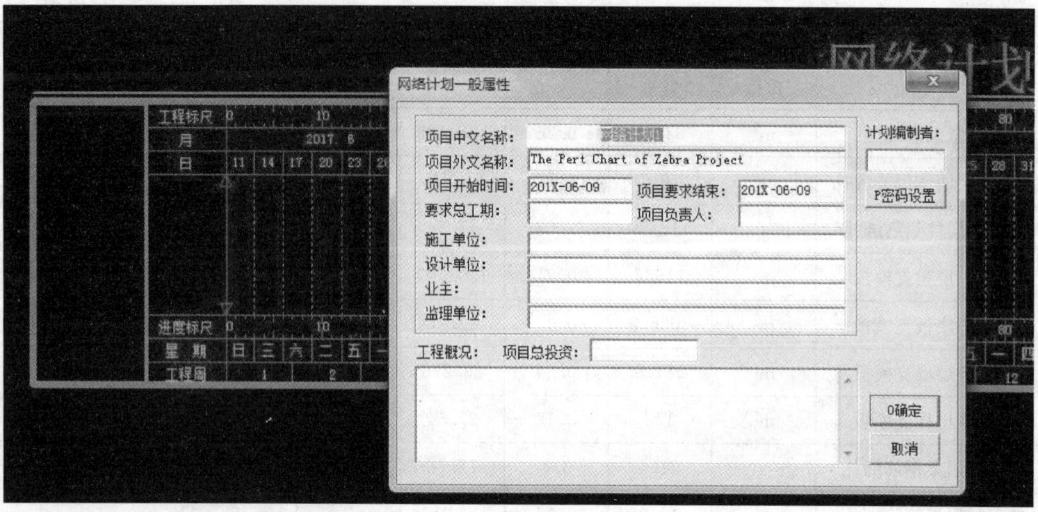

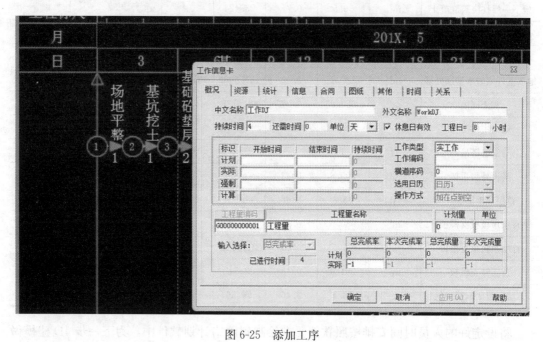

图 6-24　新建工程

图 6-25　添加工序

输入。如图 6-26 所示。

4）得出施工进度计划。该软件可以很清楚地看到工期进度以及各个工序的衔接情况，并且用红线标出了关键线路，一目了然，也可以很方便地导出时标网络图以及横道图等，便于直接观察。如图 6-27 所示。

图 6-27 为最终施工组织进度计划图，主体工程分两段流水，最终工期 135 天，施工现场高峰期人数 68 人，工程项目期间总人数 6381 人，劳动力不均衡系数 $K=$ 施工期现场高峰期人数/施工期平均人数$=68/6381×135=1.439$，满足要求。

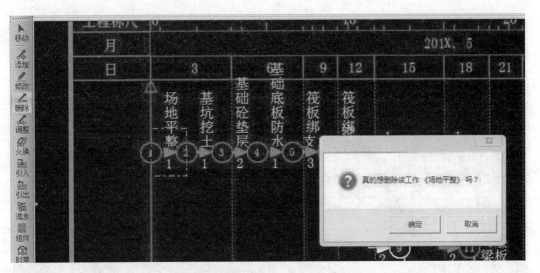

图 6-26 删除工序

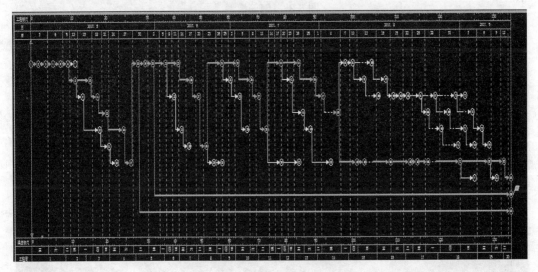

图 6-27 施工进度计划

（6）输出模型

3D 控制与计划完成后，对各部分情况进行判断与审查，检查结果是否全面、准确并输出正确模型。

3. 3D 控制与计划模型展示

应用钢筋软件对建筑的钢筋进行建模，钢筋建模不再局限于线、图层等表达建筑的几何物理特征，而是在达到三维可视化的同时自动计算各类构件所需的钢筋信息。建模三维效果图如图 6-28 所示。

土建建模三维效果图如图 6-29 所示。

进度计划时标网络图及横道图见附件 8。

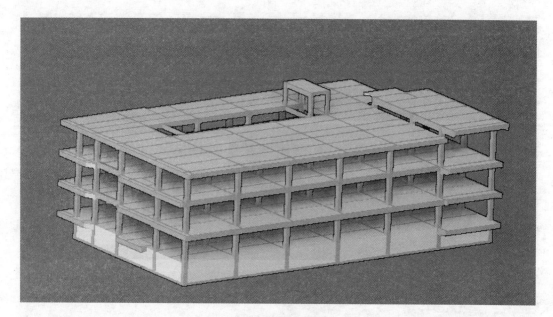

图 6-28　钢筋模型

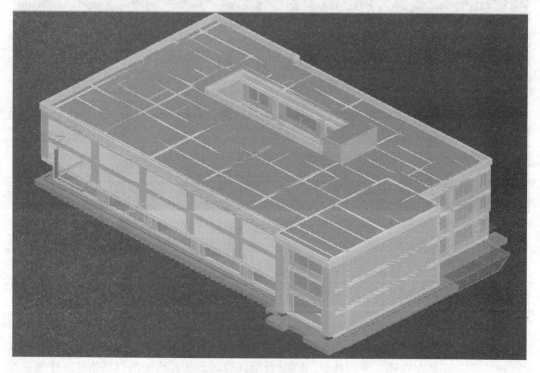

图 6-29　土建模型

### 6.3.4 成本估算

随着建筑业发展越来越成熟，一方面房地产企业对项目成本把控越来越严，另一方面国际化导致的国际合作越来越多，施工单位面临着更严峻的挑战与竞争，精确而且有时效性的成本估算直接影响着项目资金的投入，更影响着最后的利润。故而成本估算工作对施工单位的生存与发展有着极为重要的影响。

BIM 技术不仅可以通过建筑设计的三维、四维可视化模型增加成本估算的准确性，而且还可以通过模型增加各责任方数据与信息共享的及时性。将 BIM 技术引入成本估算的目标中，显著提高了成本估算工作效果。

1. 成本估算具体流程

成本估算的具体流程为：确定成本目标—进行工程量计算与审核—探讨施工工艺—编制清单工程量—组价—审核成本。成本估算流程图见附件 15。

在这个 BIM 应用目标实现过程中，首先确定成本目标。这个流程图中出现在三个网关（又称网间连接器）分别是：模型是否准备好；结果是否可以接受；结果是否符合成本目标。网关体现了成本估算这一 BIM 应用中的核心元素，即 BIM 造价模型与工程量计算。计价软件能够兼容钢筋和土建算量软件生成的工程文件，可快速生成预算书、招投标文件。然后，将与在 3D 控制与计划目标实现后得出的施工方案结合，探讨出合理的施工工艺进行组价。如果最后结果与预先设定的成本目标有较大偏差，需要重新调整 BIM 模型，或者重新审核施工工艺、材料等是否使用合理。

2. 成本估算过程实现

首先，根据收集到的相关信息与经验数据，制定出该幼儿园工程项目的目标成本为550 万元。然后，运用计价软件进行计量计价。在使用计价软件之前，先运用钢筋算量、土建算量等软件对该项目进行 3D 建模，最终导出钢筋及各个构件工程量汇总表用于工程量清单计价和施工进度计划的安排。

（1）钢筋算量软件具体操作步骤

1）按照软件提示新建工程，更改相应计算设置、楼层设置，然后定义轴网。楼层设置时要根据结构标高设定，首先填入首层底标高，然后其他层的底标高会根据输入的每层层高自动计算，如图 6-30 所示。绘制轴网时输入轴号以及轴距，轴网可自动生成，如图 6-31所示，若两边轴号不一致可手动修改，而且轴网只需要绘制一层，其他层会根据所输入的楼层自动生成。

| | 编码 | 楼层名称 | 层高 (m) | 首层 | 底标高 (m) | 相同层数 | 板厚 (mm) | 建筑面积 (m2) | 备注 |
|---|---|---|---|---|---|---|---|---|---|
| 1 | 5 | 出屋面 | 3 | ☐ | 13.6 | 1 | 120 | 输入建筑面积，可以计算指标。 | |
| 2 | 4 | 屋面层 | 2.8 | ☐ | 10.8 | 1 | 120 | 输入建筑面积，可以计算指标。 | |
| 3 | 3 | 第3层 | 3.7 | ☐ | 7.1 | 1 | 120 | 输入建筑面积，可以计算指标。 | |
| 4 | 2 | 第2层 | 3.6 | ☐ | 3.5 | 1 | 120 | 输入建筑面积，可以计算指标。 | |
| 5 | 1 | 首层 | 3.6 | ☑ | -0.1 | 1 | 120 | 输入建筑面积，可以计算指标。 | |
| 6 | -1 | 第-1层 | 2.35 | ☐ | -2.45 | 1 | 120 | 输入建筑面积，可以计算指标。 | |
| 7 | 0 | 基础层 | 0.5 | ☐ | -2.95 | 1 | 500 | 输入建筑面积，可以计算指标。 | |

图 6-30 楼层设置

2）进行构件定义与绘制

① 柱构件定义与绘制。新建柱构件，然后在属性编辑器中完成柱截面尺寸、配筋等信息，在轴网中选中相应的点进行柱绘制，偏心柱可以用 shift 加鼠标左键进行调整。如图 6-32 所示。

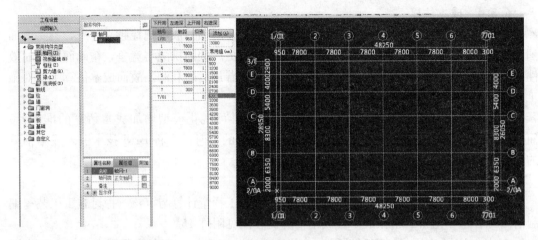

图 6-31　轴网的绘制

图 6-32　柱的绘制

② 剪力墙构件定义与绘制。本工程中剪力墙只有负一层的挡土墙这一种，新建剪力墙构件，然后在属性编辑器中完成墙厚、布筋等信息，在轴网中绘制剪力墙。如图 6-33 所示。

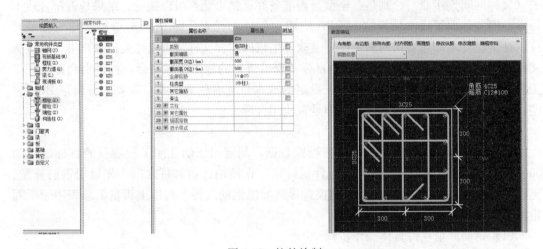

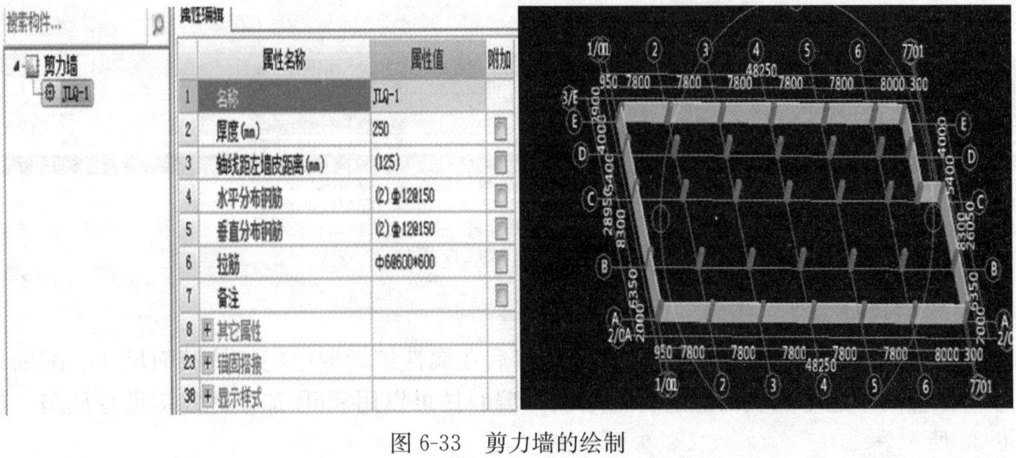

图 6-33　剪力墙的绘制

③ 梁构件的定义与绘制。梁构件的信息比较复杂，梁的类别、截面尺寸、箍筋、拉筋等各种配筋都是在新建构件时需要考虑的，然后根据图纸完成梁的绘制，最后还需要在梁的原位标注选项中输入梁的信息。如图 6-34、图 6-35 所示。

图 6-34 梁的绘制

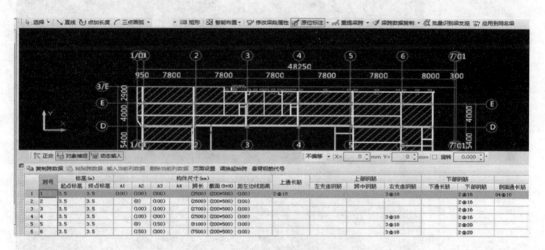

图 6-35 梁的原位标注

④ 板构件的定义与绘制。输入板厚、板标高等信息新建板构件，在绘图界面通过点选或者直线等方式绘制板构件。然后新建板受力筋以及负筋信息，并在图中绘制出来。如图 6-36 所示。

（2）土建算量软件具体操作步骤

1）墙的绘制。由于该工程除了负一层的挡土墙其余均为砌体墙，需要在土建软件中依次进行绘制，在绘制时要注意砌体墙材料的选择，如加气混凝土砌块或者多孔砖等，同时要注意查看原图纸中的信息，卫生间、房间等可能由于功能不同采用不同类型的墙体材料。如图 6-37 所示。

2）楼梯的绘制。在钢筋软件中只是对楼梯的钢筋进行了统计，但是在土建中还需要绘制出具体的楼梯模型，要根据楼梯各项参数创建楼梯模型，参数包括楼梯高度、踏步

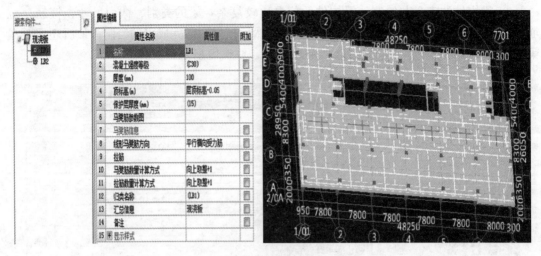

图 6-36 板的绘制

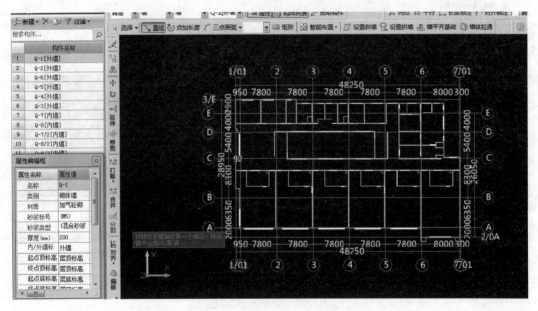

图 6-37 墙的绘制

数、踏步宽度及踏步高度等。如图 6-38 所示。

3）门窗洞口构件的绘制。可以通过直接识别门窗表来实现，直接在墙体上进行布置即可。如图 6-39 所示。

4）装修工程的绘制。包括外墙面、内墙面、房间、顶棚、踢脚等，需要绘制出来才能统计工程量。如图 6-40 所示。

5）栏杆、台阶、雨篷等零星构件的绘制。根据具体项目的需要，在相应的构件选项卡中选择并定义属性，然后绘制具体模型。如图 6-41 所示。

（3）成本估算的实现

在完成钢筋及土建算量软件建模后进行施工工艺的探讨，并套用本项目所在省 2009

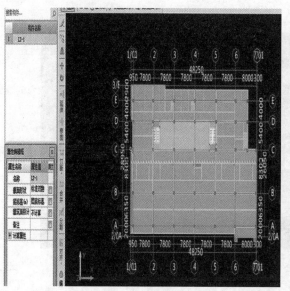

图 6-38 楼梯的绘制

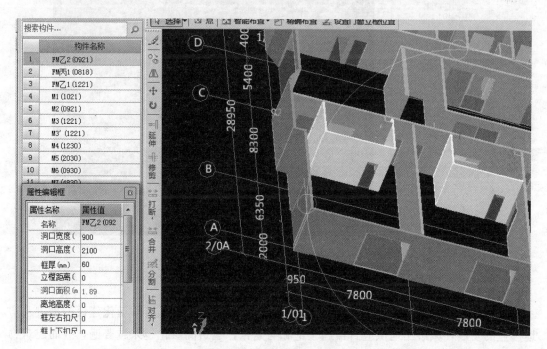

图 6-39 门窗洞口的绘制

年清单库清单，运用计价软件进行工程量清单的编制。清单编制完成后开始进行组价部分的工作，采用本项目所在省 2009 年定额进行定额套取，并通过上网查询获得 2017 年 6 月的最新市场价进行计价。

得出的最终成本价为 535 万元，在本项目目标成本范围内，即该成本估算模型合格，最终输出报表与模型。工程量清单报表见附件 4。

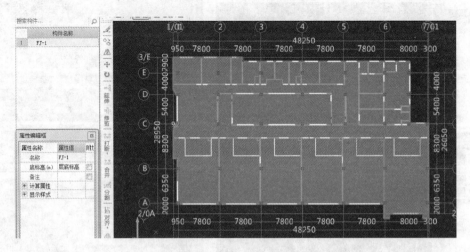

图 6-40　装修工程的绘制

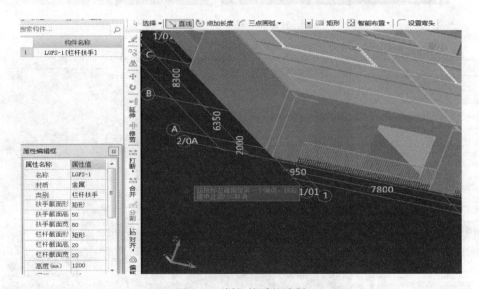

图 6-41　栏杆扶手的绘制

### 6.3.5　日照分析

日照作为一种重要的自然资源，对居民的生活影响很大。随着城镇化建设的推进及房地产业的发展，城市用地供应日益趋于饱和与紧张，建筑高层化越来越普遍，故而建筑物之间的日照关系也日趋复杂。日照分析成为房地产开发项目必不可少的部分。

BIM 日照分析软件可建立三维模型，实现传统 CAD 图纸不具备的可视化、参数化。利用三维模型对楼宇的日照及采光进行分析，可不断对建筑布局及建筑日照时长进行优化，减少人工重复计算的工作量，从而达到所需的日照要求。

1. 日照分析具体流程

日照分析具体流程为：确定日照标准—生成日照布局—生成基础日照模型—修改模型—模型分析—判断与审查—输出模型与报告。日照分析流程图见附件 16。

2. 日照分析实现过程

由于技术及专业限制，本团队采用天正建筑的日照分析模块对幼儿园建筑的日照进行了简单分析，分析过程如下。

（1）日照分析依据：

1）建设单位提供的地形图。

2）建设单位提供的建筑设计方案。

3）周边建筑主体性质及建筑高度。

4）《住宅建筑规范》GB 50368—2005

5）《住宅设计规范》GB 50096—2011

6）《城市居住区规划设计规范》GB 50180—1993

（2）日照分析基础数据：

1）幼儿园建筑面积 3607.77m²，南侧距地界线 17.64m，东侧距 7 号楼 9.17m，北侧距 5 号楼 18.58m，西侧距 6 号楼 9.4m，距地面出入口 6.96m。

2）幼儿园及其周围拟建主体建筑高度见表 6-10 所列。

幼儿园周边项目信息表　　　　　　　　　　　　　　　　表 6-10

| 名称 | 层数 | 建筑高度（m） | 女儿墙高度（m） |
| --- | --- | --- | --- |
| 幼儿园 | 3 | 16.6 | 0.9 |
| 5 号楼 | 11 | 31.9 | 0.9 |
| 6 号楼 | 25 | 72.5 | 0.9 |
| 7 号楼 | 34 | 98.6 | 0.9 |

3）日照分析软件及参数设置：程序采用天正日照分析软件。

4）采用该项目所在市地理条件：纬度 37°85′，经度 112°34′，日期 12 月 22 日，起止时间 6：00—18：00。

（3）将业主规划的建筑布局设计方案图纸导入软件中，设置周边建筑高度，生成了小区整体布局模型，如图 6-42 所示。然后按照构建窗户模型—满窗日照分析—日照多点分析—日照单点分析—日照仿真，对该项目进行分析。

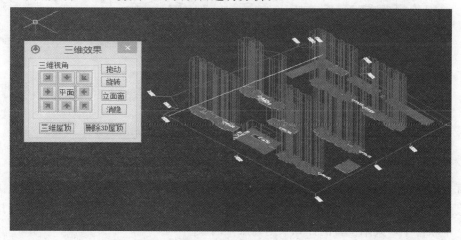

图 6-42　日照分析三维图

1）构建窗户模型。采用顺序插窗，输入窗户的窗台标高、窗宽、窗高、与外墙边线的距离及窗户间距等基本属性信息。如图 6-43 所示。

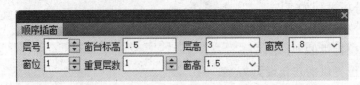

图 6-43　窗户建模设置

2）结合本工程，进行底层满窗日照分析。日照有关法规规定，日照窗计算只需计算南向的窗户，所以此处只需绘制南向底层窗户。根据图纸，幼儿园南面窗户全为落地窗。如图 6-44 所示。

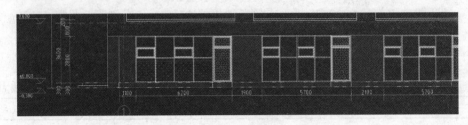

图 6-44　建筑立面图底层局部

满窗日照是一个建筑设计用词，是指标准居室窗户以外墙面作为基准面，墙面上窗口的四个外框边同时都得到阳光照射，即为"满窗日照"。当有某部分边框未被阳光照射时，则不满足满窗日照要求，不算入规范规定的"满窗日照时长"。如图 6-45 所示。

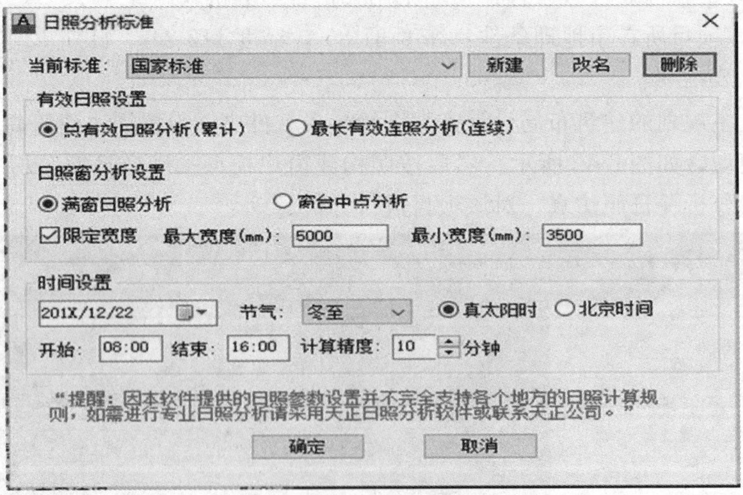

图 6-45　满窗日照设置

真太阳时：太阳连续两次经过当地观测点的上中天（正午 12 时，即当地当日太阳高度角最高之时）的时间间隔为 1 真太阳日，1 真太阳日分为 24 真太阳时，也称当地正午时间。本软件中，太阳位置的计算采用真太阳时。

满窗日照分析结果如图 6-46 所示。

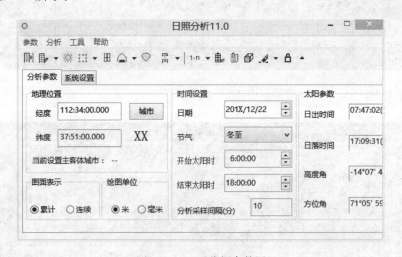

图 6-46 满窗日照分析表

3）对该项目所在市进行日照多点分析，起止时间为 6：00—18：00，每 10min 测试一次。如图 6-47 所示。

图 6-47 日照分析参数图

多点分析：是在建筑群中根据一天中任意时间及高度进行日照时长的分析，计算出建筑群区域内各个点的连续日照时长，并自动生成多点分析图，多点分析设置如图 6-48 所示。幼儿园附近的建筑区域多点分析图如图 6-49、图 6-50 所示。

图 6-49、图 6-50 中显示的数字表示所在点受日照时间（单位为 h）。数字后面带"＋"号的，表示日照时间超过这个数字再加 0.5。例如"2＋"表示此点的日照时间超过 2.5h。

4）单点分析。对幼儿园建筑上高度为 1.35m 的几个点进行日照时长分析，所选的点及其最大连续日照如图 6-51 所示。

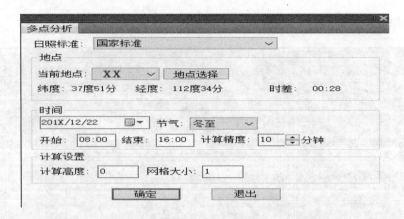

图 6-48 多点分析设置

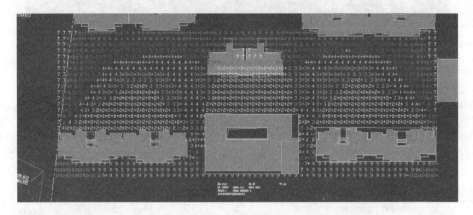

图 6-49 多点分析图 1

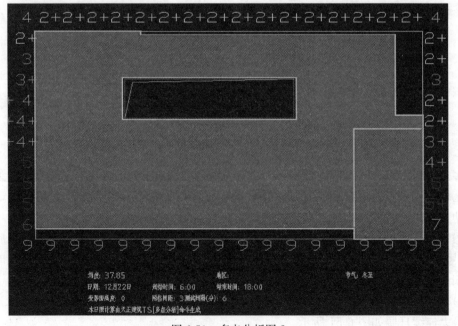

图 6-50 多点分析图 2

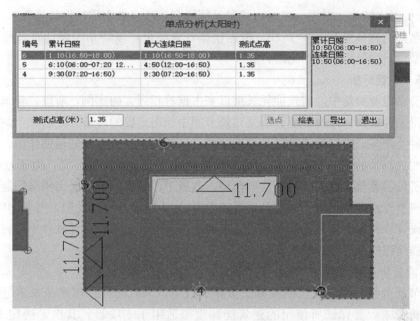

图 6-51　单点分析过程图

5）日照仿真。可三维动态模拟小区建筑日照情况，现截取 9：30 小区日照情况，如图 6-52 所示。日照仿真录屏见附件及成果展示。

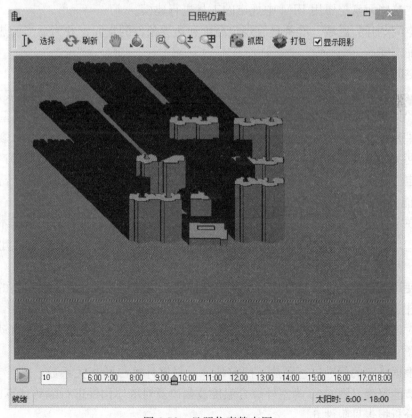

图 6-52　日照仿真静态图

6）分析得出结论。根据《××市建筑日照规则》及《中小学校设计规范》，普通教室向阳面冬至日满窗日照不应少于 2h，根据模型计算结果，该幼儿园设计符合要求，故输出分析模型及日照分析报告，见附件 5。

### 6.3.6　节能分析

在社会总能源消耗中，建筑能耗长期以来占据着相当大的比例，所以，建筑节能方面的工作显得尤为重要。建筑节能分析是建筑节能中相当重要的环节。我国如今的建筑节能设计软件种类众多，它们对现阶段的建筑节能设计起到了至关重要的辅助作用，但因为设计理念和相关技术的限制，在软件运用方面仍然存在着众多问题。如，由于软件的不兼容，设计阶段需要重复建模、不断修改模型，造成工作效率低下、易出错等问题。许多问题导致建筑节能设计在我国无法顺利开展。随着 BIM 技术的飞速发展，基于 BIM 技术的建筑节能设计软件系统开发已是大趋势，它能解决目前建筑节能设计软件中存在的某些缺陷，以此提高建筑节能设计的工作效率。

1. 节能分析具体流程

对于节能分析，首先做出的业务决策是项目应该采取何种合规路径来满足优化能源绩效的目标要求，要保证所使用的建筑能源模拟适用于本项目。其次是确定 BIM 模型是否已被适当地开发和配置，使之能用于能源模拟。节能分析的建模需要参考以下几点要求：

（1）物理要素。建筑元素如墙壁（包括开口和幕墙）、板/地板、屋顶/顶棚、柱和遮阳装置等，这些元素需要用 BIM 中规定的工具进行建模。

（2）空间/房间/区域。准备具有规定高度和边界条件的空间，并为适当的热区和暖通空调区分配空间。

（3）空间界限。开发占据相邻空间的二级空间边界。

节能分析具体流程为：选定节能标准—3D 建模—节能计算—输出节能报表。

流程图见附件 17。根据流程图，首先注意到的是两个网关，分别是：模型是否可以预测，结果是否合理。网关是业务决策的过程控制，由相应的策略或适用的参考标准驱动。每个网关的意义都是前面一系列工作完成是否合理的判断依据，也对后面产生结果的质量有决定性影响力。节能分析结果是否准确，取决于已建好的 BIM 模型是否合理。

2. 节能分析过程实现

（1）在节能建模前，需要根据项目所在地理位置进行节能标准选择。根据本项目的基本信息得知，本项目属于寒冷 A 区，所以选定的节能标准参照《××省公共建筑节能设计标准》—寒冷 A 区的数据标准。

（2）使用天正节能设计软件进行节能模型构建，但建模无需达到土建建模的标准，只需把墙、柱、屋面、门窗进行 3D 建模，并设定好房间属性，如图 6-53 所示。

（3）对建好的模型中不同的工程构造选定保温隔热材料，以便后面软件自动进行节能计算。如图 6-54 所示。

（4）根据已定的标准进行隔热、门窗计算，根据计算出的相关系数，进行节能分析，最后输出节能报表。图 6-55 为室外综合温度波幅以及对墙体构件进行隔热计算的参数图。输出节能分析报告见附件 6。

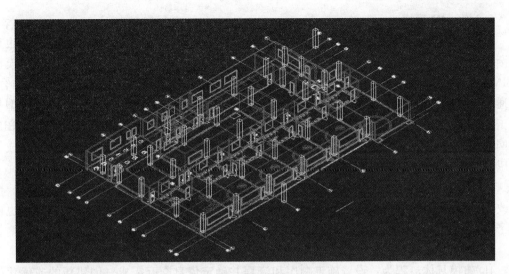

图 6-53 节能分析建模

| 类别\名称 | | 编号 | 传热系数 | 热惰性指标 | 日射吸收率 | 外表面换热阻 | 内表面换热阻 | 备注 |
|---|---|---|---|---|---|---|---|---|
| 外墙 | | | | | | | | |
| | 钢筋混凝土(聚氨酯) | 1 | 0.548 | 2.883 | 0.7 | 0.05 | 0.11 | |
| 屋顶 | | | | | | | | |
| | 平屋面(聚氨酯硬泡) | 2 | 0.578 | 3.633 | 0.7 | 0.05 | 0.11 | |
| 热桥柱 | | | | | | | | |
| | 钢筋砼墙(挤塑板) | 3 | 0.509 | 2.776 | 0.7 | 0.05 | 0.11 | |
| 热桥梁 | | | | | | | | |

图 6-54 工程构造界面

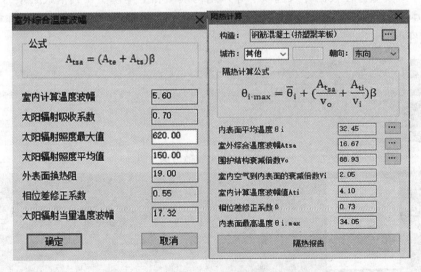

图 6-55 室外综合温度波幅及墙体隔热参数

### 6.3.7　4D 建模

三维设计近几年来发展十分迅速，相应地，各种各样不同软件之间的信息整合性也在逐渐提高，不同软件通过面向对象的技术来纳入各对象数据库从而形成建筑信息模型（BIM）工具，如果再与施工进度计划结合便可以形成 4D 模型。BIM 与 4D 技术的结合，是通过建立基于 IFC 的 4D 施工信息模型实现的，它将建筑物及其施工现场的 3D 模型与施工进度链接，使施工资源、安全质量以及场地布置等信息集成一体，实现了基于 BIM 和网络的施工进度、人力、材料、设备、成本、安全、质量和场地布置的 4D 动态集成管理以及施工过程的 4D 可视化模拟。

4D 模型通过空间和时间来呈现项目整体施工过程，更能给人一种直观上的感受。模型改变了传统的项目规划、设计及施工管理策略，不仅发挥了 3D 模型的最大效用，也增加了项目团队间的互动，还可以在施工前协助管理人员发现施工过程的潜在问题。

1. 4D 建模具体流程

4D 建模具体流程为：设置施工顺序和流程并确定信息交互需求—创建新的或优化已有的 3D 模型—链接活动的 3D 元素—验证 4D 模型的准确性—查看 4D 模型表—输出 4D 模型及计划文件。详细流程图见附件 18。

2. 4D 建模实现过程

在做出了 3D 模型以及施工进度计划之后，将其导入 BIM 4D 软件中进行 4D 模型的绘制与动态模拟。3D 模型加上合理的施工计划可以将施工现场的实际施工情况在电脑中进行仿真模拟，同时还能进行有效协同，项目参与方也能够对工程项目之中的各种情况了如指掌，及时找出施工中可能发生的空间设计冲突和时间冲突，从而在项目正式开工前就进行设计上的变更或是施工计划上的调整，提前发现并且解决冲突，减少施工中的安全和质量问题，同时减少整改和返工，让拟订的施工进度计划更具有可行性及完整性。其具体步骤为：

（1）导入模型。在数据导入选项下导入结构模型和土建模型，其格式必须为在钢筋和土建软件中导出的 pds 格式的文件，并且可以在模型视图界面观察其三维模型。如图 6-56、图 6-57 所示。

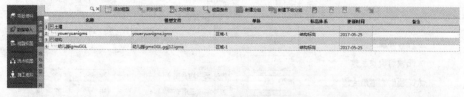

图 6-56　导入土建结构模型图

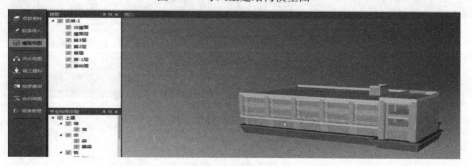

图 6-57　模型视图

（2）漫游。可以设定路线实现真人现场模拟，通过对模型内部的直接观察可以直观地发现建模中存在的问题，如门窗洞口、墙体位置等，从而可以提前返回土建模型中进行修改，避免严重错误的发生，提高施工建筑的安全性。如图 6-58 所示。

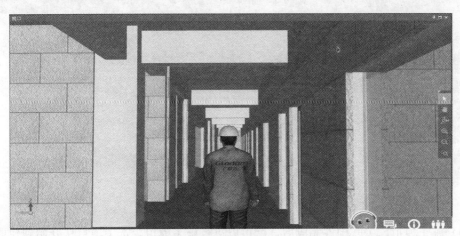

图 6-58　漫游

（3）流水段划分。在流水视图中对流水段进行划分。本项目主要有土建、钢筋以及粗装修三个专业，需要在每一个专业的每一层划分流水段。如果某一层不同构件存在不同的流水施工，则需要分开布置。比如土建基础层，场地平整、基坑挖土等不划分流水段，而负一层梁板柱施工划分了两段，这就需要建立两个模型并关联不同的构件。如图 6-59 所示，基础层-1 不划分流水，关联土方、基础垫层等构件；基础层-2 划分为两个流水段，关联-1 层柱墙梁板等构件。如两层划分相同的流水，则可以直接复制粘贴。

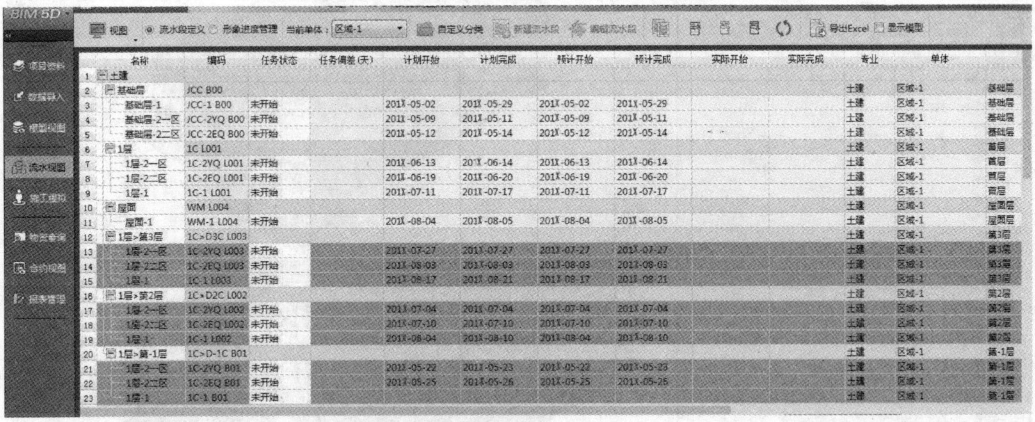


| | 名称 | 编码 | 任务状态 | 任务偏差(天) | 计划开始 | 计划完成 | 预计开始 | 预计完成 | 实际开始 | 实际完成 | 专业 | 单体 | |
|---|---|---|---|---|---|---|---|---|---|---|---|---|---|
| 1 | 土建 | | | | | | | | | | | | |
| 2 | 基础层 | JCC B00 | | | | | | | | | 土建 | 区域-1 | 基础层 |
| 3 | 基础层-1 | JCC-1 B00 | 未开始 | | 201X-05-02 | 201X-05-29 | 201X-05-02 | 201X-05-29 | | | 土建 | 区域-1 | 基础层 |
| 4 | 基础层-2一区 | JCC-2YQ B00 | 未开始 | | 201X-05-09 | 201X-05-11 | 201X-05-09 | 201X-05-11 | | | 土建 | 区域-1 | 基础层 |
| 5 | 基础层-2二区 | JCC-2EQ B00 | 未开始 | | 201X-05-12 | 201X-05-14 | 201X-05-12 | 201X-05-14 | | | 土建 | 区域-1 | 基础层 |
| 6 | 1层 | 1C L001 | | | | | | | | | 土建 | 区域-1 | 首层 |
| 7 | 1层-2一区 | 1C-2YQ L001 | 未开始 | | 201X-06-13 | 201X-06-14 | 201X-06-13 | 201X-06-14 | | | 土建 | 区域-1 | 首层 |
| 8 | 1层-2二区 | 1C-2EQ L001 | 未开始 | | 201X-06-19 | 201X-06-20 | 201X-06-19 | 201X-06-20 | | | 土建 | 区域-1 | 首层 |
| 9 | 1层-1 | 1C-1 L001 | 未开始 | | 201X-07-11 | 201X-07-17 | 201X-07-11 | 201X-07-17 | | | 土建 | 区域-1 | 首层 |
| 10 | 屋面 | WM L004 | | | | | | | | | 土建 | 区域-1 | 屋面层 |
| 11 | 屋面-1 | WM-1 L004 | 未开始 | | 201X-08-04 | 201X-08-05 | 201X-08-04 | 201X-08-05 | | | 土建 | 区域-1 | 屋面层 |
| 12 | 1层>第3层 | 1C>D3C L003 | | | | | | | | | 土建 | 区域-1 | 第3层 |
| 13 | 1层-2一区 | 1C-2YQ L003 | 未开始 | | 201X-07-27 | 201X-07-27 | 201X-07-27 | 201X-07-27 | | | 土建 | 区域-1 | 第3层 |
| 14 | 1层-2二区 | 1C-2EQ L003 | 未开始 | | 201X-08-03 | 201X-08-03 | 201X-08-03 | 201X-08-03 | | | 土建 | 区域-1 | 第3层 |
| 15 | 1层-1 | 1C-1 L003 | 未开始 | | 201X-08-17 | 201X-08-21 | 201X-08-17 | 201X-08-21 | | | 土建 | 区域-1 | 第3层 |
| 16 | 1层>第2层 | 1C>D2C L002 | | | | | | | | | 土建 | 区域-1 | 第2层 |
| 17 | 1层-2一区 | 1C-2YQ L002 | 未开始 | | 201X-07-04 | 201X-07-04 | 201X-07-04 | 201X-07-04 | | | 土建 | 区域-1 | 第2层 |
| 18 | 1层-2二区 | 1C-2EQ L002 | 未开始 | | 201X-07-10 | 201X-07-10 | 201X-07-10 | 201X-07-10 | | | 土建 | 区域-1 | 第2层 |
| 19 | 1层-1 | 1C-1 L002 | 未开始 | | 201X-08-04 | 201X-08-10 | 201X-08-04 | 201X-08-10 | | | 土建 | 区域-1 | 第2层 |
| 20 | 1层>第-1层 | 1C>D-1C B01 | | | | | | | | | 土建 | 区域-1 | 第-1层 |
| 21 | 1层-2一区 | 1C-2YQ B01 | 未开始 | | 201X-05-22 | 201X-05-23 | 201X-05-22 | 201X-05-23 | | | 土建 | 区域-1 | 第-1层 |
| 22 | 1层-2二区 | 1C-2EQ B01 | 未开始 | | 201X-05-25 | 201X-05-26 | 201X-05-25 | 201X-05-26 | | | 土建 | 区域-1 | 第-1层 |
| 23 | 1层-1 | 1C-1 B01 | 未开始 | | | | | | | | 土建 | 区域-1 | 第-1层 |

图 6-59　流水段划分

（4）导入进度计划。在施工模拟界面可以直接导入施工进度计划软件绘制的施工进度计划。

（5）关联构件图元和工序。进度关联模型界面会显示出当前任务，需要根据当前任务选出其所对应专业中的构建类型，并选择关联。关联完成后，直接点击下一条会自动显示下一道工序，直接选择构件进行关联即可。要注意工序与构件的对应，避免关联失误导致模拟时出现问题。如图 6-60 所示。

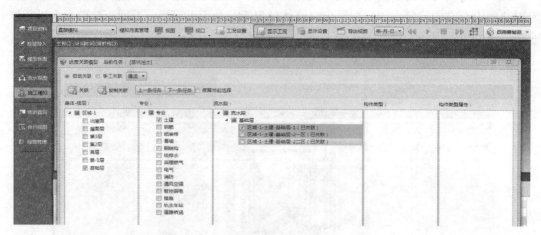

图 6-60　关联图元和工序

（6）施工模拟。关联构件完成后，就可以进行施工模拟。选中项目从开始到建成的整个时间点，在视图属性中选择全部构件，就可以看到该幼儿园一天一天的施工情况。也可以选择多个视图从不同角度进行观察，并可导出模拟视频。

在模拟过程中发现构件建造的不合理，要及时查看施工进度计划工序前后搭接是否合理或者是否在与模型关联中出现错误，及时返回修改施工进度计划或者重新关联施工工序与模型构件来解决施工中的问题，最后导出合理的施工进度动态视频。其中部分视频截图如图 6-61、图 6-62 所示。

图 6-61　施工进度动态模拟 1

在施工模拟动画中会清楚地显示正在进行的具体工序名称以及当前时间，通过动画的直观模拟可以准确地反映整个项目的施工过程，并可以在随后的实际建造中实现计划进度

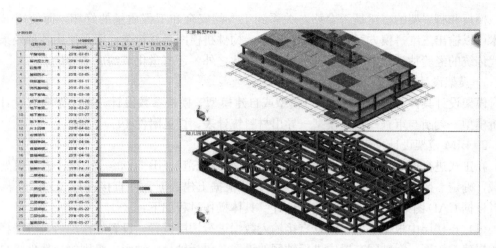

图 6-62　施工进度动态模拟 2

与实际进度的实时对比，随时方便监督项目的进展情况，如果存在偏差也能第一时间反映出来供管理者及时协调，从而有助于项目按时完成。

3. 4D 模型展示

运用 BIM 4D 软件在计划的制定过程中能高度可视化，从而能够避免许多之前无法避免的时空冲突等问题。如图 6-63 所示。而且，BIM 4D 软件不仅能够模拟施工过程，更能在实际施工中起到很好的监督记录作用，使施工管理更加信息化、准确化、高效化。通过建立 4D 模型完成工程项目管理，更适合于我国建筑行业的现实应用环境。

图 6-63　4D 模型图

### 6.3.8　模架设计

模板是新浇混凝土成型用的模型，模板系统由模板、支承件和紧固件组成。脚手架指施工现场为工人操作并解决垂直和水平运输而搭设的各种支架。脚手架和模板的搭设虽然是最基础的工程，却需要一定的技术实力和专业水平。BIM 模架设计可以代替传统的技术人员手工设计模架方案，精准高效地完成设计任务。

　　模板和脚手架的搭建是否合格，关系到工人的安全和工程质量的好坏，而使用 BIM 技术可以输出三维拼模方案效果图、下料单、构件拼模图、材料统计图，使用各种效果图替代传统的经验估计，根据图片进行下料；除此之外，还有量化节约成本等优点。

　　1. 模架设计具体流程

　　模架设计具体流程为：导入 3D 模型或自建模型—模板参数设计—脚手架参数设计—分析模型—判断与审查—输出模型—导出材料统计表。详见附件 19。

　　2. BIM 模架设计过程实现

　　在正式进行模架设计前，根据《建筑结构荷载规范》GB 50009—2012，确定模架风荷载，确定参数后，正式进行 BIM 模架设计。根据土建数据文件直接进行 3D 模型导入，或者根据 CAD 图纸，进行 BIM 模架设计。具体操作过程如下：

　　（1）在楼层中根据本项目信息直接输入数据进行楼层设置。设置好楼层后，可选择任意一层建立轴网，在轴网布置中进行轴网的设置，包括轴号、轴距、级别等，软件将自动生成轴网，点击布置即可在任意位置进行布置。在任意一层建立好轴网后，其他楼层会自动生成同样的轴网。如图 6-64、图 6-65 所示。

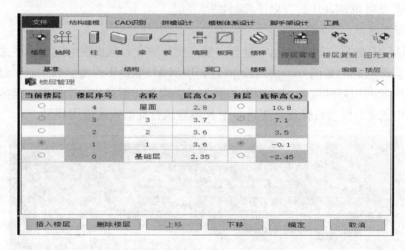

图 6-64　模架设计中的楼层设置

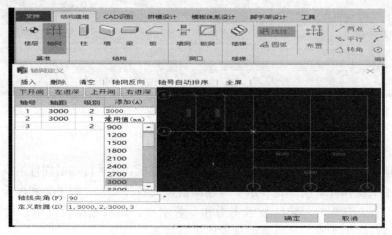

图 6-65　模架设计中的轴网布置

（2）将项目的 CAD 图纸，包括平面图、梁板的平法施工图、建筑图等导入到 BIM 模架设计软件中，并将每层的图纸通过图元移动移动到相应的楼层中，然后对 CAD 图纸进行线条识别，生成相应构件。若 CAD 图纸导入出错，也可以通过定义构件信息进行建模，图 6-66～图 6-68 以柱构件为例，梁、板、墙等构件同柱。

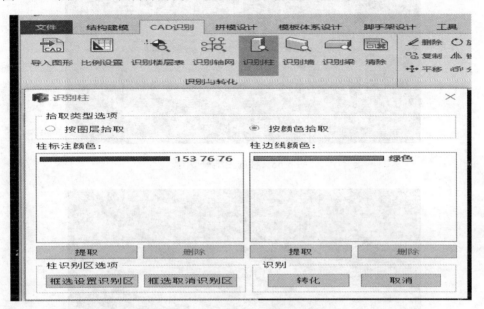

图 6-66　模架设计中柱的识别

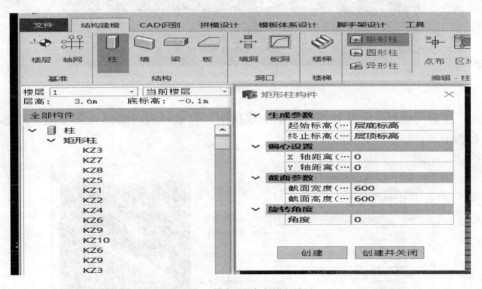

图 6-67　模架设计中柱的定义

（3）在 CAD 图纸中将柱、梁、板、墙等构件全部识别完毕后，利用软件中图元复制和移动的功能将各个构件移动到已建轴网的对应位置，便可完成一层的三维模型建立，全部楼层都建立完成后，点击全部楼层，即可得整体三维模型。如图 6-69 所示。

（4）将主体模型建立好以后，即可对模板和脚手架的参数进行设计，而后进行模架的

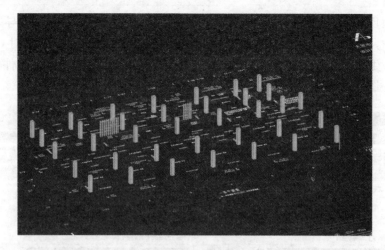

图 6-68　柱的三维模型图

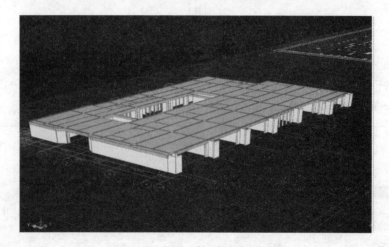

图 6-69　每层主体的三维模型图

布置，产生模架模型，而且软件将自动生成模架材料统计表。如图 6-70～图 6-72 所示。
模板和脚手架材料统计表见附件 1。

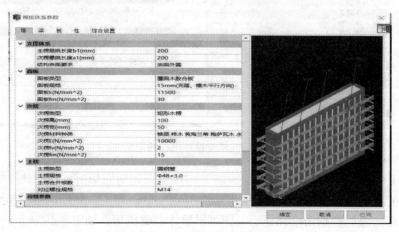

图 6-70　模板参数设计

图 6-71　脚手架参数设计

图 6-72　模架设计三维模型

### 6.3.9　设计协调

设计协调是在各模型已建的基础上,对模型进行的协调过程,主要实现途径是碰撞检查,通过比较建筑系统的 3D 模型,在协调过程中使用碰撞检测软件来确定现场冲突的过程。碰撞检测的目标是消除安装前的主要系统冲突。

协同设计是在建筑业环境发生深刻变化、建筑的传统设计方式必须得到改变的背景下出现的，也是数字化建筑设计技术与快速发展的网络技术相结合的产物。现有的协同设计主要是基于 CAD 平台，并不能充分实现专业间的信息交流，这是因为 CAD 的通用文件格式仅仅是对图形的描述，无法加载附加信息，导致专业间的数据不具有关联性。BIM 的出现使协同已经不再是简单的文件参照，BIM 技术为协同设计提供底层支撑，大幅提升协同设计的技术含量。在设计时，往往由于各专业设计师之间的沟通不到位，而出现各种专业之间的碰撞问题，BIM 的协调性服务就可以帮助处理这种问题。也就是说，BIM 建筑信息模型可在建筑物建造前期对各专业的碰撞问题进行协调，生成协调数据，提供出来。

1. 设计协调具体流程

设计协调具体流程为：根据公司实施标准及合同要求输入相关信息—开始设计协调—创建专业模型—编制合成模型—确定碰撞解决方案—执行碰撞检查。设计协调流程图见附件 20。

2. 设计协调过程实现

BIM 模型的创建与传统的三维设计不同，主要在于 BIM 三维模型在创建过程中以及创建完成后期，项目各参与方都能随时对本专业模型数据等信息进行获取、修改和添加，能够真正实现各专业间信息的无障碍交互。

（1）土建模型的创建

1）族（Family）的使用：使用 Revit 的首要前提就是族的使用，Revit 中所有图元都是用族来创建的。Revit 中的族包括系统族和可载入族，系统族放在族样板里，是软件自带的；可载入族是用户自定义创建的。如图 6-73 所示。

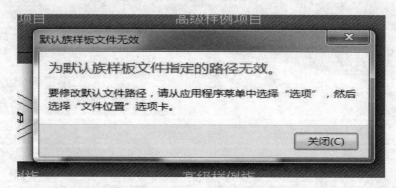

图 6-73　缺少族样板提示

2）建模注意事项

① 标高

标高快捷键为 LL，在立面创建标高。通过项目浏览器进入任一立面，已有标高不够可选中标高线点复制或阵列，勾选"约束"和"多个"，约束相当于 CAD 中的正交开关，约束打开后只能水平或垂直复制。

楼层平面的创建，通过视图—平面视图—楼层平面菜单，即可显示原项目浏览器没有显示的楼层，选中即可创建。

层高命名最好用英文，方便 Revit 识别。例如，地上层 F1、F2，地下 B1、B2。

如图 6-74 所示。

图 6-74 标高的创建

② 绘制轴网

A. 绘制轴网前先确定好项目基点

选择一个地上层的平面，进入视图可见性（快捷键 VV），在"场地"类别中勾选项目基点，使项目基点得以在图中显示。框选可看到定位信息如图 6-75，但不要去改，保持所有数据归零。不要去单击，容易误操作。这一步操作很重要，特别是在多专业建模中，涉及后期多个模型的整合，将多个专业模型定位在同一个项目基点处，才能实现重合，否则整合的时候模型间找不到共同的点，会使模型错开。

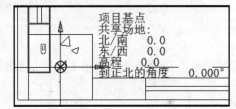

B. 链接 CAD

找到基点后即可导图创建轴网信息。点"插

图 6-75 项目基点

入"—"链接 CAD"，选好 .dwg 图纸（单击）。后勾选左下方"仅当前视图"，因为不勾的话，还能在三维视图中看到此图，非常影响模型显示速度。在"导入单位"中优先选择图纸的单位（mm），尽量减少自动检测。如图 6-76 所示。

如果图纸是天正的，一定要降版存成 T3 格式，否则会丢内容。

用移动命令选中图纸，选 1 轴与 A 轴的交点，放到基点位置。一旦确定后，立即关闭基点可见性。其次，移动好的 .dwg 也要锁定（快捷键 PN），避免误操作。

C. 创建轴网

在建筑/结构选项卡偏后的位置有个"轴网"（GR），选择拾取线，优先选数字轴，选 A 轴后一定要改标头名称，把数字改为 A，遇到 I/O/Z 轴一定要改名称，因为不符合国标。

生成轴网后，.dwg 可以临时隐藏（HH），框选东南西北四个立面符号移动到最好让轴网整个被包起来的位置，不要单击，因为它是两个东西组成，单击只能单击上一个东西。这样，自动生成的立面才是完整的项目立面。

先建立标高后绘制轴网，因为在绘制轴网前如果已建好标高，对应好楼层，则在任何一层处绘制好轴网，其他层自动也有了轴网，反之不会这么方便。对于绘制好的轴网，注

图 6-76  链接 CAD

意要锁定，避免误操作移动了位置。如图 6-77 所示。

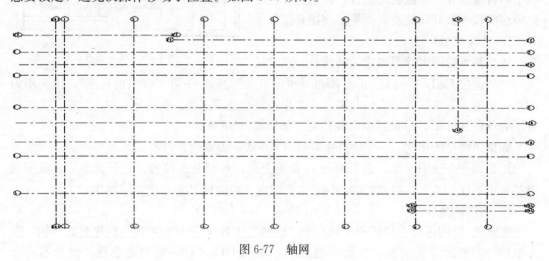

图 6-77  轴网

③ 柱定位

结构施工图上的柱用结构柱建立，"深度"是从当前平面往下降的长度，"高度"是从当前平面往上升的长度。建筑柱在楼层平面中绘制，结构柱在结构平面中绘制。如图6-78所示。

可使用"在轴网处"快速布置柱，如果一片区域柱尺寸大致相同，且定位居中可用这个命令，能在选中的区域内的轴网交点处居中布置柱。柱最好一层一层建，柱的类型以截面尺寸作为定义。

④ 基础

可考虑先放柱，后放基础。因为这样后期柱若移动了，则基础也自动同步移动。放置完成前按空格，可切换插入构件的横竖方向。若放置完成后，可用过滤器选中构件，后按空格切换。

⑤ 结构梁

结构梁在 Revit 里的结构类型被称为"结构框架"。布置方法同土建模型中梁的布置。如图 6-78 所示。

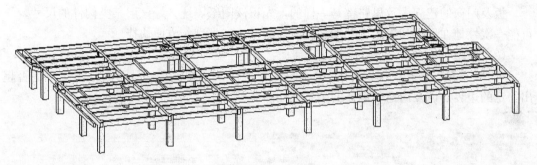

图 6-78 柱和梁

⑥ 墙

墙在楼层平面绘制。不推荐通过拾取线去生成墙，一是因为图纸的 CAD 线是一段一段的，生成的墙是断的，二是因为对后期深化有影响，后期在墙上加各种面层做法后，不能调整墙的面层或中心线与轴线平齐。建议通过画线布置，此法生成的墙便于调整与轴线的相对位置。如图 6-79 所示。

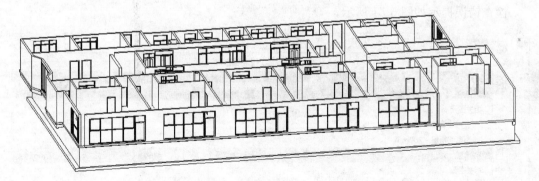

图 6-79 墙

墙的类型分为基本墙、叠层墙和幕墙。在"结构"里创建的墙会被默认具有承重属性。在 Revit 中，承重层为结构层，结构层边线为核心边界，其他功能层一定要放在核心边界之内，各功能层的优先级如表 6-11 所示。

墙功能层优先级　　　　　　　　　　　　　　　　　表 6-11

| 功能 | 优先权 | 描　　述 |
|---|---|---|
| 结构 | 优先权 1 | 支撑其余墙、板、屋顶层 |
| 衬底 | 优先权 2 | 材料，例如胶合板或石膏板，作为其他层的基础 |
| 热障 | 优先权 3 | 隔绝并防止空气渗透 |
| 涂膜层 | | 通常为用于防止水蒸气渗透的薄膜，厚度为零 |
| 涂层 1 | 优先权 4 | 涂层 1 通常为外部层 |
| 涂层 2 | 优先权 5 | 涂层 2 通常为内部层 |

⑦ 构件的建立

板及门窗的建立大致思路都是一样的，先识读图纸，统计好该层某类构件的尺寸，尽可能一次性地在属性列表中全部加载上需要的尺寸、类别，方便快捷。

（2）模型自检

"BIM 算量" — "模型检查"，检查图元是否存在完全包含，是否部分相交，是否超出一定的边界，以及门窗与墙体的关系。如图 6-80 所示。

图 6-80　模型自检

检查错误提示如图 6-81 所示。

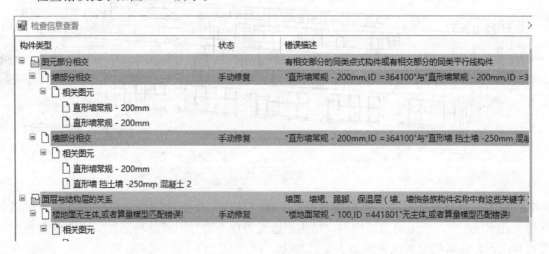

图 6-81　检查错误提示

错误提示里描述了错误构件所属 ID 号，可以进入"管理"选项卡，按 ID 选择构件即可对错误构件进行修改。经修改后已基本无上述错误。重新检查提示如图 6-82 所示。

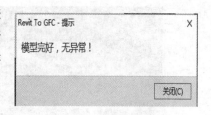

图 6-82　模型完好提示

（3）土建与给水排水管道碰撞检测

在传统的 2D CAD 时代，碰撞检查完全靠各专业结构分析师碰面，在一起审图纸，不仅过程烦琐、抽象，修改复杂、缓慢，而且碰撞结果也无法完整地记录在案。

随着 BIM 技术的发展，Navisworks 已经解决了上述问题。除此以外，该软件还具有更多的功能。如：可以设置需要的碰撞类型，设置碰撞的精度（如 0.05m）；碰撞报告可以导出为多种文件格式：html、txt、文本、XML 等；可以通过下载插件，输入命令启动插件，选择要修改的碰撞点，即可返回 Revit 原模型中对应位置修改。

在本项目中，为了将模型导入碰撞软件，先打开 Navisworks，点击附加或打开选项，选择 Revit 模型的格式，由图 6-83 可见，Navisworks 支持的软件格式有很多，此处我们选择 Revit（＊.rvt；＊.rfa；＊.rte）格式选项，若打开后导出错误，还可以在 Revit 中将模型转为其他格式，如 IFC 格式。导入多个不同专业模型后点击合并，即可整合为一个模型，如图 6-84 所示。

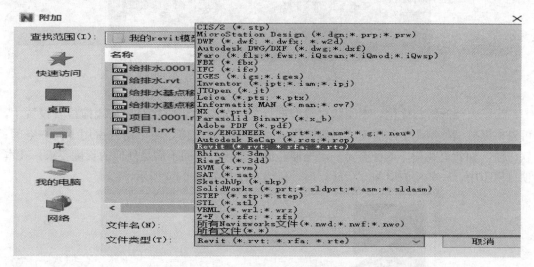

图 6-83　rvt 文件导入 Navisworks

当然，多专业模型能够吻合的前提是前面提到过的模型的项目基点重合。图 6-84 便是土建模型与 MEP 模型的组合模型。可实时漫游查看模型内部管线整体标高是否存在偏差导致与土建模型的碰撞，检查是否存在没发生碰撞但不符合设计要求的地方，并对检查的碰撞结果提前修改。然后使用 ClashDetective 功能分析出该项目模型中其他碰撞点。

对于本项目，在完成 Navisworks 模型整合后，碰撞分析之前，本团队先选择了实时漫游，进入模型内部浏览，这样可以检查给水排水管道与结构是否存在明显标高上的错误。如图 6-85 所示，水平管整体标高低于上方楼板，在此可以直接返回 Revit 模型中调整标高，这样一下就解决了很多可能的碰撞点，从而减少碰撞分析工作量。

图 6-84　整合模型

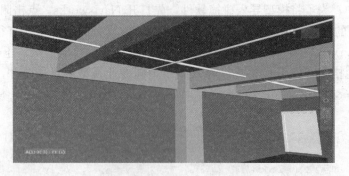

图 6-85　整体标高引起的碰撞

　　为了方便分析与优化，本团队对模型进行分区分专业碰撞检查。在碰撞检查设置中，可以根据碰撞类型调整碰撞模式。碰撞模式有两种：硬碰撞，两个构件占用了同一空间；软碰撞，如管道类构件本身需要一定外伸，但模型该处空间不满足外伸的长度要求。在本项目模型中，一共检测出 400 余处碰撞，碰撞点示例如图 6-86 所示。

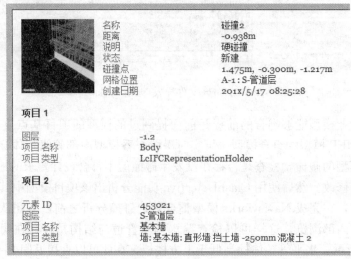

图 6-86　碰撞点示例

（4）解决碰撞冲突

首先判断碰撞类别，是什么原因引起的，是否需要修改，对于不同的碰撞类型有不同的处理措施。根据本项目碰撞报告，碰撞点多为管线与墙体、楼板的碰撞。分析原因，是结构建模时图纸上没有标注需要预留套管的位置，而实际土建施工中需要放入预埋套管，套管中空，给管道留出孔洞。建议补全图纸信息，完善结施图中预埋套管的位置。若是其他原因碰撞，可回到模型中修改。只需在 Revit 里安装 Navisworks 插件，发现碰撞点，输入"nwload Navisworks ready"的命令就可迅速回到 Revit 模型中的相应位置进行修改。

3. 模型展示及碰撞分析报告

（1）最终土建模型三维视图

如图 6-87～图 6-89 所示。

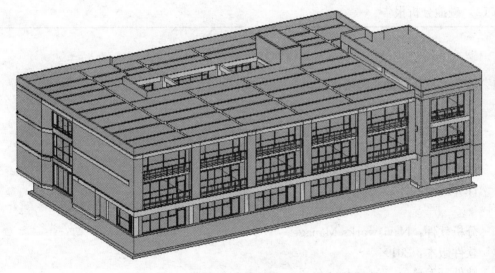

图 6-87　土建模型 1

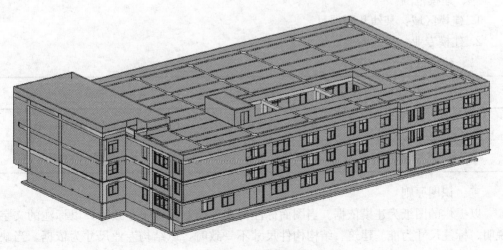

图 6-88　土建模型 2

207

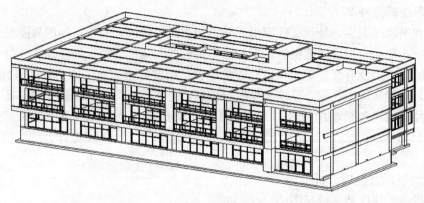

图 6-89 土建模型 3

（2）碰撞分析报告

**碰撞分析报告书**

　　项目名称：某幼儿园项目
　　计算人：H
　　校对人：I
　　审核人：A
　　设计单位：××市建筑设计研究院
　　计算时间：201×年×月×日


　　分析软件：Navisworks Manage
　　软件版本：201×
　　软件开发单位：Autodesk 公司
　　一、建模范围
　　1. 建模区域：某幼儿园项目
　　2. 建模专业：土建专业、给水排水专业
　　二、建模依据

| 专业 | 提资文件 | 提资方 |
|---|---|---|
| 土建专业 | 建筑、结构专业设计图纸 | ××市建筑设计研究院 |
| 给水排水专业 | 给水排水专业设计图纸 | ××市建筑设计研究院 |

　　三、识图原则
　　以提供的图纸为建模依据。当图面标注与实际绘制尺寸不一致时，以标注的文字说明、标注尺寸为准。建筑、结构构件尺寸不一致时，以结构专业尺寸为依据。当缺少必备建模信息时，与设计方进行沟通确认。

## 四、碰撞分类原则

| 序号 | 冲突分类 | 描述 |
|------|----------|------|
| 1 | A 类 | 净高不足，影响空间使用 |
| 2 | B 类 | 墙体、楼板预留洞口与管线冲突 |
| 3 | C 类 | 管线排布（安装）空间不足 |
| 4 | D 类 | 非原则性综合专业冲突 |
| 5 | E 类 | 各专业尺寸标注不明确或遗漏 |
| 6 | F 类 | 标准错漏<br>平、立（剖）、详图不匹配 |

## 五、优化建议

解决碰撞冲突：首先判断碰撞类别，是什么原因引起的，是否需要修改，对于不同的碰撞类型有不同的处理措施。根据本项目碰撞报告，碰撞点多为管线与墙体、楼板的碰撞。分析原因，是结构建模时图纸上没有标注需要预留套管的位置，而实际施工中，在土建施工中需要放入预埋套管，套管中空，给管道留出孔洞。建议补全图纸信息，完善结施图中预埋套管的位置。若是其他原因碰撞，可回到模型中修改。

## 六、碰撞问题明细

| 基本信息 | | | |
|------|------|------|------|
| 问题编号 | 碰撞 2 | 问题分类 | B 类墙体与水管冲突 |
| 涉及专业 | 土建专业、给水排水专业 | 问题定位 | 1.475m，−0.300m，−1.217m |
| 涉及方 | 业主、设计单位 | | |
| **建模依据** | | | |
| 图纸编号 | 结施-03；水施-03 | 图纸版本 | CAD2013 |
| 图纸名称 | 管道层柱平法施工图；一层给水排水消防平面图 | | |
| **问题分析** | | | |
| 问题描述 | 给水管道穿过挡土墙 | | |
| 优化建议 | 此处施工时需在墙体预留刚性防水套管，建议在结构图中标注套管位置 | | |
| 三维模型 | | 平面图纸 | |

 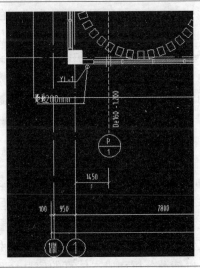

| 修改复核 | | | |
|------|------|------|------|
| 问题解决时间 | 201×/×/× | 问题解决单位 | BIM 项目管理团队 |
| 问题处理结果 | 在墙上预埋套管 | | |

### 6.3.10　记录模型

记录模型流程图见附件 21。

记录建模与 BIM 技术的结合，将通过各个目标负责人各自项目进展的详细情况以痕迹化管理的方式，完整地记录下整个目标的实施节点，以每个节点输出成果或结构构筑为记录标志，是整个项目实施规划的信息集成，也是过程程序的集成。这实际切合了现在的项目断档弊端的解决方式，有利于项目流程的进一步展开。

痕迹化管理，是在各种管理工作过程中，从时间和管理内容方面，不留间隙或空白、死角的缜密的工作记录，包括交接班记录和证据。痕迹化管理最大的优点就是通过查证保留下来的文字、图片、实物、电子档案等资料，可以有效复原已经发生了的生产经营活动。企业实行痕迹化管理就是让所有的生产经营管理都留下印迹，可供日后查证。

记录建模能够使未来建模与三维设计相协调；提供未来使用的环境文件，例如，翻新或历史文件；在许可过程中提供帮助（如连续变化与指定代码）；消除争端（例如链接到合同与历史数据突出预期和比较得出的最终产品）；通过利益相关者对项目排序的深入理解，减少项目交付时间、风险、成本和法律诉讼。

本次设计将以痕迹化管理方式为手段，对项目的规划设计进行记录建模。

## 6.4　BIM 信息交互

### 6.4.1　内容及必要性

信息交互是项目团队记录在 BIM 项目管理实施规划中，作为 BIM 项目管理实施规划过程创建的信息交流的一部分。信息交互的目的为说明模型元素的确定规则、详细水平以及任何特定的属性。项目模型不需要包括项目的每一个元素，但对于团队来说，定义模型组件和规范特定的交付物，以最大化价值限制项目的不必要建模是非常重要的。

在信息交互中，需要注重信息之间的互操作性，由于项目组中非 BIM 用户无法生成、接收和处理模型数据，信息交互和项目信息流可能会遇到不兼容的交互格式，甚至遭遇中断。互操作性的首要解决方案应该考虑到：哪些信息需要交互？什么格式？什么规则？何时何地？信息交互可以实现建筑项目全寿命周期不同阶段的数据和资源供建设项目各参与方共同使用，并且保证项目各参与方将这些信息在项目的决策、设计、施工各阶段进行合理运用，提高项目建设的效率及准确性。

### 6.4.2　信息交互工作表

1. 信息交互工作表介绍

为了定义这些信息交互，了解交付每个 BIM 应用所需的信息，需要设计项目信息交互工作表。其中包含的内容有：项目阶段、信息交互时间、责任方、交付文件格式、清单模型元素、软件类型及版本等。本团队参照已有成熟信息交互工作表设计了本项目的信息交互工作表。信息交互工作表应在设计和 BIM 应用流程图确定之后，在项目的早期阶段完成。以能源分析和成本估算的信息交互工作表为例，如图 6-90 所示。

2. 信息交互工作表说明

信息交互工作表是从一级流程图中识别的每个潜在 BIM 应用的信息交互。每个信息交互都可能与同一个 BIM 应用有多个信息交互，在此，为了简化过程，只需要用一个信

| BIM目标标题 | | | 设计 | | 设计验证 | | | 已有建模条件 | | | 成本估计 | | |
|---|---|---|---|---|---|---|---|---|---|---|---|---|---|
| 项目阶段 | | | 计划 | | 设计 | | | 设计 | | | 设计 | | |
| 信息交互时间 | | | | | | | | | | | | | |
| 责任方（信息接受者） | | | | | | | | | | | | | |
| 接受文件格式 | | | | | | | | | | | | | |
| 应用程序和版本 | | | | | | | | | | | | | |
| 模型元素分解 | | | 信息 | 责任方 | 记录 | 信息 | 责任方 | 记录 | 信息 | 责任方 | 记录 | 信息 | 责任方 | 记录 |
| A | 子结构 | | | | | | | | | | | | | |
| | 基础 | | | | | | | | | | | | | |
| | | 标准基础 | | | | | | | | | | | | |
| | | 特殊基础 | | | | | | | | | | | | |
| | | 板上基础 | | | | | | | | | | | | |
| | 地下室建设 | | | | | | | | | | | | | |
| | | 地下室开挖 | | | | | | | | | | | | |
| | | 地下室墙 | | | | | | | | | | | | |
| B | 外部建筑工程 | | | | | | | | | | | | | |
| | 面层结构 | | | | | | | | | | | | | |
| | | 地面工程 | | | | | | | | | | | | |
| | | 屋顶工程 | | | | | | | | | | | | |
| | 外部结构 | | | | | | | | | | | | | |
| | | 外墙 | | | | | | | | | | | | |

图 6-90　信息交互工作表示例

息交互来记录每个 BIM 应用。交互时间从一级流程图中得出。同时，BIM 应用均按时间顺序列出，以便对模型要求的进展情况进行可视化表示。

（1）信息

实现相应 BIM 应用所需的信息详细程度，IE 工作表采用三级细分结构，见表 6-12。

信息说明　　　　　　　　　　　　　　　　　　　　　表 6-12

| | 信息 |
|---|---|
| A | 准确的尺寸和位置，包括材料和对象参数 |
| B | 一般尺寸和位置，包括参数数据 |
| C | 示意性尺寸和位置 |

（2）责任方

IE 工作表中有两种责任方，一为信息接收者，即接收某个 BIM 应用交付信息以实施未来相关 BIM 应用的所有项目团队成员；二为信息输出者，即每个 BIM 应用中负责创作与生成信息以实现最高生产效率的责任方。本团队根据项目实际情况得出可能的责任方有：建筑师（ARCH）、承包商（CON）、土木工程师（CE）、设施经理（FM）、节能工程师（MEP）、结构工程师（SE）及贸易工程师（TC）。

（3）信息输出与输入

在本团队选取的 BIM 应用中，日照分析与节能分析为项目规划的信息输出者，同时项目规划又可以作为 3D 控制与计划及现场布置计划的信息输出者，4D 建模的信息输入需要建立在前两者（3D 控制与计划及现场布置计划）信息输出之上，同理成本估算需要4D 建模的信息输出而进行信息输入，记录建模的信息输入则依赖于前面几项的信息输出。

在现实中普遍存在输入信息与输出信息冲突与不兼容的问题，导致信息交互的阻滞甚至中断。在现有条件的建筑设施及外在精细化辅助的前提下，几乎不存在规划范围外的潜在冲突信息，因此可否定出现项目目标附加信息的可能性，仅考虑信息准确度提升的问题。如后续 BIM 应用的信息级别要求高于作为其信息输入的 BIM 应用的交付信息，此时需要采取相应补救措施，将信息提升到更高的准确度（在 IE 工作表中简称 RVALUE）。

在整个 BIM 项目管理实施规划中，建模为基础，BIM 应用为重点，信息交互为核心。将整个建筑项目全寿命周期的不同需求信息进行交互，使得项目高效运转。

本团队主要记录项目中发生的信息交流和文件传输，及团队成员之间的交流学习，团队信息交流及文件共享均在 QQ 群和百度云盘中共享。BIM 施工现场布置计划及 3D 控制与计划信息交互如表 6-13 所示。

**BIM 施工现场布置计划及 3D 控制与计划信息交互示例**　　　　　　　　表 6-13

| | |
|---|---|
| 接收的共享信息 | 施工平面布置图 |
| | 幼儿园结构、建筑图 |
| | 一、二级 BIMUSE 流程图 |
| 输出的共享文件 | 幼儿园项目现场布置 . lsg |
| | 幼儿园钢筋建模文件 . stz |
| | 幼儿园土建建模文件 . zip |
| | 脚手架工程汇总表 . pdf |
| | 钢筋算量文件 . tozj |
| | 土建算量文件 . tozj |
| | 日照报告 . doc |
| | 节能报告 . doc |
| | 施工进度计划表 . xls |
| | 幼儿园工程量清单报价 . zip |

### 6.4.3　合作程序

1. 进度及工作分配

本团队根据该项目的具体情况，将该项目划分为四个阶段，分别是设计准备阶段、建模阶段、BIM 应用阶段及施工组织设计阶段。表 6-14 是该项目的具体工作分解情况。

**基于 BIM 的幼儿园项目管理工作分解**　　　　　　　　表 6-14

| 阶段划分 | 软件 | 主要工作内容及目的 | 角色及任务 | 时间 |
|---|---|---|---|---|
| 设计准备阶段 | | 1. 收集工程图纸；<br>2. 工程相关资料：包括地质资料、场地条件、周边环境及临建、工程招投标资料、施工组织及管理资料；<br>3. 工程所在地区资源供应情况、价格及来源等，有关税费规定，有关工程设计、招投标、施工管理等相关法律规范、规定；<br>4. 自学相关 BIM 建模软件：钢筋、土建软件等 | 全员参与 | 201×.04.11～201×.04.18 |

| 阶段划分 | | 软件 | 主要工作内容及目的 | 角色及任务 | 时间 |
|---|---|---|---|---|---|
| 建模阶段 | 钢筋建模 | 钢筋软件 | 1. 运用钢筋软件进行钢筋模型的建立；<br>2. 参数化模型的数据使之能够被准确提取 | 两人 | 201×.04.19～<br>201×.04.25 |
| | 土建建模 | 土建软件 | 1. 运用土建软件进行土建模型的建立；<br>2. 参数化模型的数据使之能够被准确提取 | 两人 | 201×.04.26～<br>201×.05.02 |
| BIM 应用阶段 | 项目规划 | | 根据已知信息对项目进行园林绿化、道路系统及配套设施等规划设计 | 一人 | 201×.05.02～<br>201×.05.15 |
| | 现场布置计划 | 场布软件 | 1. 三维现场布置方案的编制；<br>2. 正确、合理布置场内临建、道路、材料加工及堆放区 | 一人 | |
| | 3D 控制与计划 | 钢筋软件<br>土建软件 | 运用软件进行模型质量的控制，严格按照图纸要求进行建模 | 一人 | |
| | 成本估算 | 钢筋软件<br>土建软件<br>造价软件 | 1. 项目招标控制价文件编制；<br>2. 项目投标报价 | 两人 | |
| | 日照分析 | 天正日照<br>分析软件 | 编制日照分析报告 | 一人 | |
| | 节能分析 | 天正节能 | 对项目进行节能分析 | 一人 | |
| | 4D 建模 | 管理驾驶舱 | 1. 进度计划编制；<br>2. 施工过程模拟 | 两人 | |
| | 记录建模 | | 建模过程模型记录 | 一人 | |
| 施工组织设计阶段 | | | 1. 施工部署；<br>2. 施工专项方案编制 | 全员参与 | 201×.05.15～<br>201×.05.31 |

**2. 合作策略**

项目团队成员之间相互交流与合作，共同完成项目研究任务。本团队都是在一起工作，方便沟通交流以及共同学习、攻克难题。

团队通信方法主要有电话、QQ 群、微信群、百度云盘等；文件传输由于缺乏高级技术支持，主要通过百度云盘与 QQ 群文件的方式进行，由各负责人将相应格式的文件进行上传；信息的记录存储有专门的负责人，进行会议及信息记录并整理与记录建模。图6-91为团队 QQ 群文件上传交互。

文件管理和传输：通过建立百度云盘和 QQ 群，将已做好的文件及模型进行上传保存和更新。

**3. 会议程序**

BIM 项目管理实施规划的实施是一个项目团队的协作过程。该过程的一些部分，例如讨论总体项目目标，是共同任务，而其他部分，例如定义所需文件格式或详细信息交

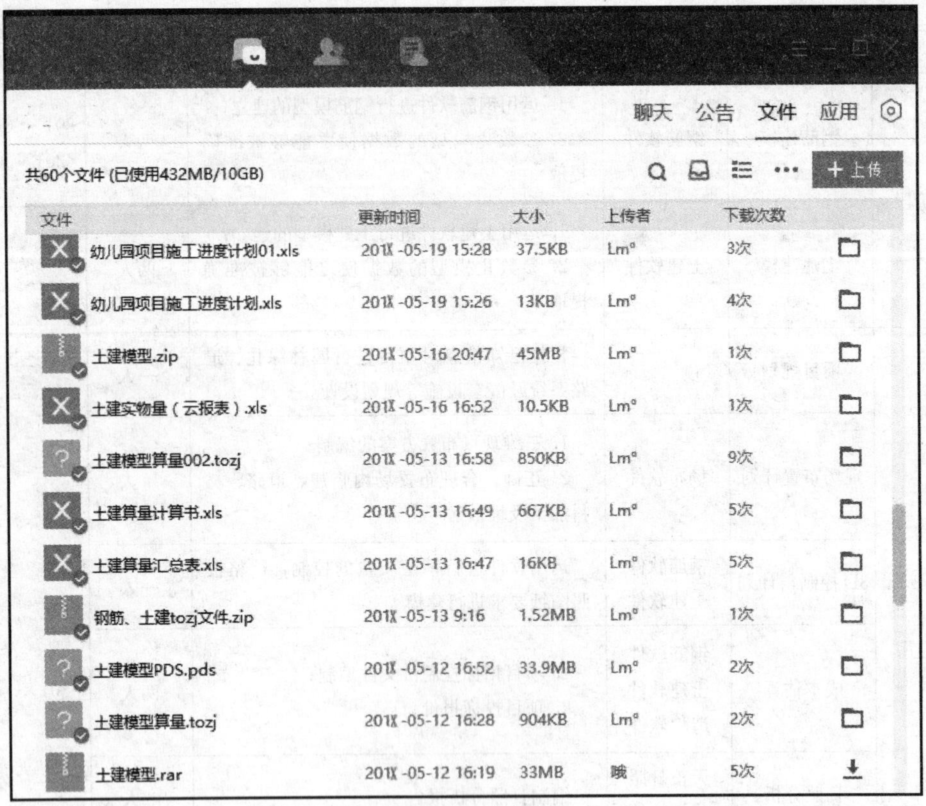

图 6-91　QQ 群文件交互

互，则不一定需要协作。成功制定规划的关键是确保会议安排在需要协同工作时进行，并且及时完成非合作任务。BIM 项目管理实施规划可以通过一系列协作会议开发。本项目开展了四个系列的会议，以实施 BIM 项目管理实施规划。团队可以根据实际有效协作减少会议次数，具体会议的内容见表 6-15。

会议议程　　　　　　　　　　　　　　　　　　　　　　　　　　　　　表 6-15

| 会议类型 | 时间 | 议程 |
| --- | --- | --- |
| 确定 BIM 目标和应用 | 201×.4.27 | 1. 介绍和讨论当下 BIM 的应用情况；<br>2. 制定 BIM 目标（参考 BIM 目标模板文档）；<br>3. 确定哪些 BIM 应用（参考 BIM 应用工作表）；<br>4. 制定 BIM 应用的优先次序及实施顺序，并一起讨论开发一级 BIM 概述流程图；<br>5. 确定每个 BIM 应用的负责方来制定详细的 BIM 应用流程图，即二级流程图 |
| 设计 BIM 项目管理实施规划流程 | 201×.4.30 | 1. 查看初始 BIM 目标和应用；<br>2. 查看一级 BIM 总规流程图；<br>3. 查看来自各方的更详细的工作流程，并确定各种建模任务之间的重叠部分；<br>4. 确定流程中的主要信息交互；<br>5. 确定协调每个信息交互的负责人；<br>6. 允许每个信息交互小组根据需要协调潜在的临时会议，以讨论信息交流的要求 |

| 会议类型 | 时间 | 议程 |
|---|---|---|
| 开展信息交互和确定 BIM 实施的配套基础设施 | 201×.5.3 | 1. 审查初始 BIM 目标和 BIM 应用，以确保项目规划与初始目标一致；<br>2. 审议前面制定的信息交互要求；<br>3. 确定支持 BIM 项目管理实施规划实施流程和信息交互所需的基础设施 |
| 审查最终 BIM 项目管理实施规划 | 201×.5.24 | 1. 审查 BIM 项目管理实施规划草案；<br>2. 制定项目管理制度，确保规划得到遵循；<br>3. 确定好 BIM 项目管理实施规划的监督程序 |

在每次会议前，每个成员应对自己负责的部分做好充分的准备。

### 6.4.4 模型交付

提交和批准信息交互的模型交付时间表，主要是记录项目上发生的信息交互和文件传输，各所需信息及文件格式如表 6-16 所示。

模型交付 表 6-16

| 信息交互 | 文件发送人 | 文件接收人 | 模型文件 | 模型软件 | 本地文件类型 | 文件交换类型 |
|---|---|---|---|---|---|---|
| 钢筋模型 | E | 全员 | 幼儿园钢筋模型 | 钢筋软件 | 钢筋文件 | Pds，LBIM，Excel |
| 土建模型 | B | 全员 | 幼儿园土建模型 | 土建软件 | LB Project | Pds，Excel |
| 4D 模型 | D | 全员 | 幼儿园 4D 模型；进度计划表 | 进度计划软件 | LP 文件 | Avi，Excel |
| 成本估算模型 | C | 全员 | 清单计价表；成本估算模型 | 造价软件 | Lbzj | Excel，IBproject |
| 日照分析模型 | C | 全员 | 日照分析报告 | 天正日照软件 | CAD，Word | CAD，Word |
| 项目规划模型 | C | 全员 | 项目规划模型 | 天正建筑软件 | CAD，Word | CAD，Word |
| 节能分析模型 | B | 全员 | 节能分析报告 | 天正节能软件 | CAD，Word | CAD，Word |

# 6.5 质量控制及基础配套设施的确定

### 6.5.1 质量控制

项目团队应确定和记录他们整体战略的质量控制模型。为了确保每个项目阶段和信息交互之前的模型质量，团队必须做好定义和实施工作。在项目寿命周期中创建的每一个 BIM，必须预先规划模型内容、详细级别、模型格式和更新模型的数据给其他各责任方。每一个 BIM 模型都应有一个负责人协调模型。他们负责解决可能出现的问题，保持模型和数据更新、准确、全面。

交付物的质量控制必须在每个主要 BIM 活动中完成，如设计评审、协调会议或关键节点。数据质量的标准应建立在规划过程中，并由团队商定。如果可交付成果不符合团队标准，则导致未来交付成果缺乏的原因有待进一步调查和预防。

本团队针对建模及 BIM 应用的实施分别进行了质量控制。质量控制的整体策略为：首先针对 3D 建模成果进行碰撞检查，其次针对 BIM 应用实施过程中的关键节点进行检

查，若不符合要求即返回相应步骤重新实施，直到得到最终结果。以下为质量控制的具体
实施操作。

1. 3D 建模的质量检查

3D 建模中，首先对钢筋模型进行云模型检查，对于检查出的错误进行定位与改正，
钢筋建模无误后，将钢筋工程导入土建建模软件中建模，并于建模完成后再次进行云模型
检查，检查时将错误率控制在 0.1％内。过程如图 6-92 所示。

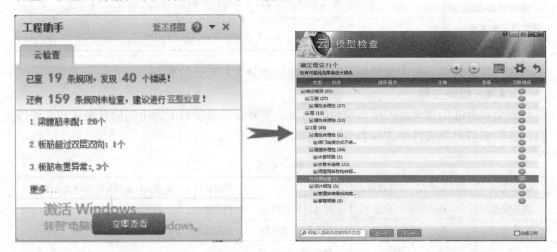

图 6-92　3D 建模云模型检查

2. 模型碰撞检测

将建好的模型在 Bim Works 软件中进行碰撞检测，碰撞检测可以利用云计算功能检
查土建模型与安装模型（给水排水、暖通、机电等模型）中的碰撞点，并形成碰撞报告。
如图 6-93、图 6-94 所示。

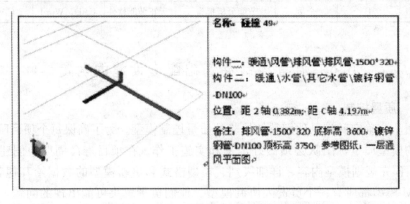

图 6-93　Works 碰撞检查碰撞点报告截图

碰撞检查可以在设计阶段及时发现结构与结构、结构与安装之间的问题，并提出解决
方案，有助于减少施工时不必要的变更及质量问题。

3. 模型漫游检测

漫游可以设定路线，实现真人现场模拟，通过对模型内部的直接观察可以直观地发现

图 6-94 局部碰撞点三维展示

建模中存在的问题，如门窗洞口、墙体位置等，从而可以提前返回土建模型中进行修改，避免严重错误的发生，提高施工建筑的安全性。

漫游中，以人的第三视角进行了多次漫游，并且在模型中显示了全部碰撞点，方便在漫游中查看每一个碰撞点。图 6-95～图 6-97 为在一层漫游中找到的碰撞点。

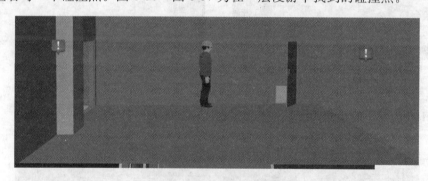

图 6-95 人的第三视角漫游

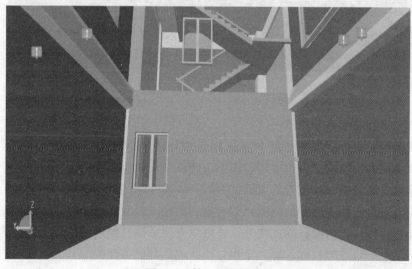

图 6-96 第一视角漫游 1

图 6-97　第一视角漫游 2

此外，软件还显示出了碰撞点构件名称及位置，如图 6-98、图 6-99 所示。

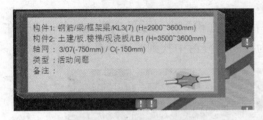

图 6-98　碰撞点构件信息 1

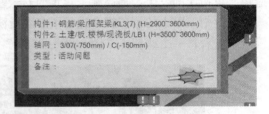

图 6-99　碰撞点构件信息 2

图 6-100 为以车的视角在屋顶进行漫游。

图 6-100　车的视角漫游

**4. 交付成果的质量控制**

交付成果的质量控制必须在每个主要 BIM 应用活动中完成，如设计评审、协调会议或里程碑。质量的标准应在项目规划过程中由团队结合业主要求商定。如果可交付成果不符合团队标准，则需进一步调查其原因。在每一阶段性的任务结束后，团队成员会召开讨论会议，交流各自工作中遇到的问题，如有遇到困难或者发现不了自己的错误，团队所有成员要集体进行探讨、解决；除此之外，还可以方便掌握其他人的工作进度，这样能更准确合理地提出下一阶段的目标。每一个项目团队成员都应该在提交其交付成果之前对其设计、数据集和模型属性进行质量控制检查，生成质量控制检查报告，并由 BIM 经理确定最终质量模型的修订。在确定质量模型控制的过程中，应该按照表 6-17 所示检查程序进行。

质量控制分配表　　　　　　　　　　　　　　表 6-17

| 检查 | 定义 | 控制内容 | 责任分配 | 优化方案 |
|---|---|---|---|---|
| 目视检查 | 确保没有意外的模型组件，并且遵循了设计意图 | 3D 建模、4D 建模、Works 模型、场地规划模型、节能模型等 | 队员各自负责各自的 BIM 应用 | — |
| 干扰检查 | 检测模型中的两个建筑组件是否发生碰撞，包括软硬碰撞检查 | 结构碰撞检查 | B、C | 针对不同的碰撞点具体分析 |
| 标准检查 | 确保遵循 BIM 和 AECCAD 标准（字体、尺寸、线型、级/层等） | 3D 建模、4D 建模、Works 模型、场地规划模型、节能模型等 | 队员之间相互检查 | 对于有问题的模型及时提出修改意见，进行完善 |
| 其他检查 | 确保项目设施数据集不具有未定义、不正确定义或重复定义元素的 QC 验证过程，以及纠正措施计划的报告过程 | 各项 BIM 应用的可交付成果的检查 | A | 反复修改和完善 |

### 6.5.2 基础配套设施的确定

BIM 项目管理实施规划的实施离不开相应的配套基础设施即相关软件，每个 BIM 目标需要运用到以下软件的支撑来完成规划的实施，见表 6-18 所列。

基础设施需求表　　　　　　　　　　　　　　表 6-18

| BIM 应用 | 规则 | 软件 | VERSION 版本 |
|---|---|---|---|
| 现场布置计划 | 土建模型 | 土建软件 | 土建 2017V28 |
|  | 三维场地布置 | 场布软件 | 场布 2017V7 |
|  | 平面布置图 | AutoCAD | CAD2012 |
|  | 施工组织设计平面布置 | Word | Word2003 及以上 |
| 3D 控制与计划 | 钢筋模型 | 钢筋软件 | 钢筋 2017V26 |
|  | 土建模型 | 土建软件 | 土建 2017V28 |
| 成本估算 | 造价模型 | 造价软件 | 造价 2016V13 |
| 日照分析 | 日照模型 | 天正日照分析软件 | 天正日照 V2.0 |
| 节能分析 | 节能模型 | 天正节能分析软件 | 天正节能 V2.0 |
| 4D 建模 | 施工进度计划动态表 | Plan | Plan2017V27 |
|  | 漫游/碰撞 | Navis works | Navis works |

# 第 7 章　BIM 施工组织设计应用案例

本项目应用 BIM 系列招投标软件制作了施工组织设计，生成施工组织设计报告。

## 7.1　编制依据

（1）工程设计委托任务书：165-05（合同书号）；

（2）××市设计研究院有限公司设计的"某幼儿园工程"施工图纸；

（3）依据现行施工验收规范、标准、规程及施工合同，本工程主要技术规范的相关要求；

（4）甲方提供的建筑方案及其他相关资料；

（5）《质量管理体系要求》GB/T 19001—2016；《职业健康安全管理体系要求》GB/T 28001—2011；《环境管理体系—要求及使用指南》GB/T 24001—2016 文件要求；

（6）本公司类似工程施工经验，以及本公司施工及技术人员配备和施工设备装备能力；

（7）××省房屋建筑和市政基础设施工程施工安全监督管理规定；

（8）相关规范、标准、规程。

## 7.2　施工部署及安排

### 7.2.1　施工指导思想

（1）精心组织、精心施工、用户满意、营造建筑精品是公司及项目部施工指导思想。

（2）针对本工程施工工作量大、质量要求高的特点，以质量、工期、安全、文明生产为目标，通过加强施工准备和施工过程管理，努力做好协调工作，围绕满足合同工期、工程质量达到优良的目的，采取各种施工技术措施，严格监督、检查、验收各工序施工质量，自觉接受业主、监理、设计、质检站等单位的监督和检查，以顺利实现各项施工管理预期目标。

### 7.2.2　项目部施工管理目标

1. 质量目标

达到现行国家施工质量验收合格标准，争创结构优质工程。

2. 工期目标

施工工期：135 日历天。

3. 安全生产目标

强化安全意识，建立安全制度，搞好安全防护，严格检查督促，保证安全施工无事故发生。

4. 文明施工目标

施工现场严格按照××市关于文明施工的各项管理规定和管理办法执行，并达到"安全生产文明施工标准化工地"要求。

5. 要求

严格按照 GB/T 24001—2016 标准和程序文件、作业文件的要求进行施工，环境管理要求做到：

（1）施工噪声满足要求。

（2）施工现场目视无扬尘、道路运输无遗撒。

（3）对有毒、有害废物进行有效控制和管理，减少对环境的污染。

（4）生产、生活废水排放符合地方标准。

（5）节能降耗，减少资源浪费。

（6）工程成本造价控制目标。

在保证工程质量、工期的前提下降低工程造价，严格按照项目法管理组织施工，采取科学的管理方法、先进的施工技术、经济合理的施工工艺和施工方案，使工程成本和造价得到有效控制。

### 7.2.3 施工管理流程及准备内容

1. 施工管理流程

施工管理流程，如图 7-1 所示。

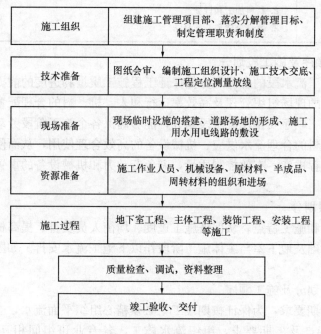

图 7-1 施工管理流程

2. 施工准备工作内容

施工准备工作内容，见表 7-1。

**施工准备工作内容**　　　　　　　　　　　　　　　　　表 7-1

| 序号 | 项目 | 内容 | 完成时间 |
|---|---|---|---|
| 1 | 技术准备 | 1. 施工图纸预审、会审；<br>2. 结合工程实际，编制有针对性的施工方案；<br>3. 对所用材料取样，检验 | 开工前 |
| 2 | 物资准备 | 1. 材料准备、构（配）件和制品加工准备、建筑施工机具准备；<br>2. 编制各种物资需要量计划，与合格物资供应方签订物资供应合同，确定物资运输方案和计划，组织物资按计划进场和保管 | |
| 3 | 劳动力组织准备 | 1. 优选劳动力队伍<br>2. 集结施工力量、组织劳动力进场<br>3. 做好工人入场三级教育 | 开工前 |
| 4 | 现场准备 | 1. 施工现场控制网测量，复核各控制网点；<br>2. 做好"三通一平"；<br>3. 临时设施搭设；<br>4. 组织施工机具进场；<br>5. 组织建筑材料进场；<br>6. 拟订有关试验、测试项目计划 | 开工前 |
| 5 | 施工场外协调 | 1. 办理施工许可证及其他相关手续；<br>2. 材料加工和订货；<br>3. 签订分包和劳务合同 | 开工前 |

### 7.2.4　施工顺序及施工段划分

施工顺序和施工流水段的合理划分是保证工程施工质量和进度的前提条件，同时也关系到整个工程施工的现场组织管理及高效率运行和人、机、料的合理配置。

通过合理的施工顺序安排及流水段划分，能够确保各个施工阶段劳动力及各工种的不间断流水作业、材料的合理流水供应、机械设备的高效合理使用，从而便于现场组织、管理和调度，加快工程进度，有效控制质量，避免劳动力和机械设备的重置浪费，有效地控制工程成本。

1. 施工流水段划分

结合工程设计和施工特点，从保证施工进度、均衡人员安排、提高机械使用效率的角度考虑，计划在基础及地下室与主体施工阶段作以下施工流水安排。如图 7-2 所示。

2. 施工顺序

（1）施工阶段划分及施工顺序

根据本工程工期要求，为保证按期竣工，必须精心组织平面流水，立体交叉作业。根据本工程的结构特点及工期要求，组织流水施工，各专业班组间相互配合，进行交叉作业。

施工总的原则是，先地下后地上，先主体后装修，先土建后安装，先室内后室外。尽量加快主体结构的施工进度，为装饰、水电安装及专业安装分包留有足够的时间和空间。施工阶段土建主要划分为基础施工阶段、主体结构施工阶段、内外装饰阶段及室外工程施

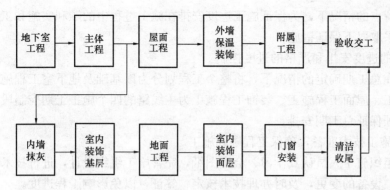

图 7-2 施工流水段划分

工阶段；安装划分为配合土建预留预埋阶段、全面安装阶段及通电通水调试验收阶段。

建设总体施工顺序如下：

施工准备→土方开挖→基础施工→上部框架结构施工→屋面施工→内外装饰工程和设备安装调试→室外散水及室外工程收尾→竣工。

（2）地下室施工顺序

土方机械开挖→人工清底、砖砌侧模→验槽→筏板底板垫层、防水及保护层→筏板底板钢筋、模板、混凝土→墙柱钢筋、模板、混凝土→顶板钢筋、模板、混凝土→外墙防水及保护层→土方回填。

（3）主体结构工程施工顺序

轴线、标高复核→墙、柱钢筋绑扎→墙、柱模板安装→墙柱混凝土浇筑→梁、板底模安装→梁、板钢筋绑扎→梁、板侧模安装→梁、板混凝土浇筑→重复上述工序至主体结构施工完成。

## 7.3 施工进度计划及工期保证措施

### 7.3.1 施工进度计划编制依据

（1）《某幼儿园工程》对工期的具体要求。

（2）××市设计研究院有限公司设计的《某幼儿园工程》设计施工图纸及施工现场踏勘情况。

### 7.3.2 施工总工期计划

（1）施工合同要求的合同工期为 135 个日历天，含土建、装饰、安装、电梯及总平面施工内容。

（2）根据对工程施工特点的分析，施工进度计划确定了分区域以流水施工作业、突出重点为原则的进度安排。

（3）施工总体进度计划根据各分部分项工程施工工作量大小和对施工进度计划的影响，确定了各分部分项工程施工控制时间，并对施工进度计划进行了切合实际的安排，最终确定了本工程施工实际工期为 135 天，竣工时间达到了施工合同对工期的要求。

### 7.3.3 工期保证措施

根据本工程施工现场具体情况、施工合同文件对施工工期具体要求，掌握本工程设计意图和施工特点的情况下，为保证施工进度安排在施工过程中的顺利实施和工期安排的顺利实现，将采取以下保证措施：

1. 科学的进度安排和严格的进度控制

本工程在总工期确定的情况下，将整个工程划分为以基础及地下室工程施工、幼儿园主体工程施工、屋面工程施工、装饰工程施工为主线路的四个施工工期控制段，各控制段施工时间必须保证总工期安排。

2. 做好施工技术准备，确保工程顺利施工

施工前组织施工人员认真学习、会审图纸，完善施工组织设计，进行技术交底。施工图纸及材料、设备的变更，及时办理技术核定、签证，以免影响工程进度。

结合工程施工特点及具体要求，编制有针对性的施工组织设计和专项施工方案，及时进行认真、仔细的施工技术交底，使工程施工能够有条不紊地正常进行。

3. 劳动力组织保障措施

现场根据工程施工规模，提出劳动力需用计划，要求工种配备齐全，人员数量充足。

为保证和加快施工进度，组织两个施工班组，每班每天工作 8 小时，每班每天的施工工作内容必须按计划完成，不得延误。

# 7.4　施工平面布置图

### 7.4.1　施工平面布置原则

（1）本工程本着满足工程施工和管理需要，达到"安全生产文明施工标准化工地"要求的原则进行布置。

（2）施工平面布置安排为：基础及地下室施工阶段、主体阶段和装饰阶段三次形成，并尽量在满足施工需要的同时，做到分区合理、紧凑、有序地布置。

（3）临时设施的布置按满足生活、生产、办公的要求执行，包括办公室的设置及生活设施的设置要求。

### 7.4.2　临时设施的做法

1. 围墙、大门

高 2.5m，240mm 标砖、M5 混合砂浆砌筑围墙，内外侧抹灰，涂刷防水涂料，并在大门入口侧设置灯箱式施工公告牌；大门宽度 3.0m，大门门柱 500mm×500mm 砖砌，高度 3.5m；大门为电动伸缩门。

2. 办公室、会议室、材料室

采用二层彩钢板成品临时活动房搭建。

3. 配电房

配电房采用 40 标砖、M5 混合砂浆砌筑，蓝色玻钢瓦单坡屋面，宽度为 4.0m。

4. 钢筋加工房、模板加工房

采用 φ48 钢管搭设，蓝色玻钢瓦单坡屋面，双层木板防护，宽度 4.0m。

### 7.4.3　场内排水

1. 生产废水的排放

生产废水的处理主要通过二级沉淀，沉淀池设置在大门入口处及预拌砂浆搅拌储存器

处，生产废水经沉淀处理后才能排放。

2. 场地水排放

场内沿临时道路布置排水明沟，场地水通过排水明沟有组织排放。

3. 排水设施做法

沉淀池、排水明沟均采用240mm标砖、M5水泥砂浆砌筑。其中，沉淀池为1200mm×1800mm，排水明沟宽度240mm，坡度5‰，排水出口标高根据整个现场排水管网标高确定。

### 7.4.4 施工用水

1. 生产用水量

$$q_1 = K_1 \times K_2 \times \frac{\sum Q_1 \times N_1}{8 \times 3600}$$

其中：

施工用水不均衡系数 $K_1$ 取 1.05，$K_2$ 查表得 1.50；

$\sum Q_1$ 取混凝土浇筑最大台班工作量 387.9m³；

$N_1$ 查表得 300L。

则：$q_1 = 1.05 \times 1.50 \times \dfrac{387.9 \times 300}{8 \times 3600} = 6.36$ L/s

2. 生活用水量

$$q_2 = \frac{P_1 \times N_3 \times K_4}{t \times 8 \times 3600}$$

其中：

高峰期人数 $P_1 = 68$ 人，生活用水定额 $N_3 = 140$ L/人；

生活用水不均衡系数 $K_4$ 取 1.30，$t$ 取 1。

则：$q_2 = \dfrac{68 \times 140 \times 1.30}{1 \times 8 \times 3600} = 0.43$ L/s

$$Q = q_1 + q_2 = 6.36 + 0.43 = 6.79 \text{L/s}$$

由于 $Q$ 小于最小消防用水量 10L/s 要求，因此，以消防用水量作为施工现场总用水量计算基础，管网漏水损失系数取 1.5。

3. 管径确定

$$d = \sqrt{\frac{4Q}{\pi V \times 1000}} = 76 \text{mm}$$

故供水主管接口管径 $\phi 80$，场内布置支管选用 $DN25$ 能够满足施工需要。

### 7.4.5 施工用电

1. 用电量确定

根据施工机械高峰期用电量统计。

（1）电动机额定功率：$\sum P_1 = 185.4$ kW

其中，

塔吊：$30.5 \times 1 = 30.5$ kW

门架：$7.50 \times 1 = 7.5$ kW

插入式振动棒：$1.10 \times 1 = 1.1$ kW

钢筋调直机：$9.00 \times 1 = 9.00\text{kW}$

钢筋切断机：$5.50 \times 1 = 5.50\text{kW}$

钢筋弯曲机：$2.80 \times 1 = 2.80\text{kW}$

电渣压力焊机：$45.0 \times 1 = 45.0\text{kW}$

直螺纹连接机：$4.50 \times 1 = 4.50\text{kW}$

混凝土输送泵：$75.5 \times 1 = 75.0\text{kW}$

（2）电焊机额定功率：$\sum P_2 = 347.00\text{kVA}$

其中，

交流电焊机：$23.50 \times 1 = 23.50\text{kVA}$

钢筋对焊机：$100.0 \times 1 = 100.00\text{kVA}$

（3）总用电量：

$P_{动} = 0.7 \times 185.4/0.75 + 0.65 \times 347.00 = 398.59\text{kVA}$

$P_{照} = P_{动} \times 10\% = 39.86\text{kVA}$

$P_{总} = 398.59 + 39.86 = 438.45\text{kVA}$

**2. 用电线路布置**

（1）本工程施工总用电量为 438.45kVA。施工现场设置配电房，从业主配电房引入，动力照明线路采用 380/220V 三相五线制分色配线，其截面选择根据 BLA 持续允许电流表确定。动力供电和照明线路分回路布置，分别用于塔吊、门架、钢筋加工房、木工加工房、搅拌机、办公及施工照明用电。

（2）电源进线中间及末端至少三处作重复接地保护，电阻小于 $10\Omega$，配电箱开关带漏电保护装置。

（3）动力用电线路采用埋地暗敷，照明用电线路穿 PVC 管沿围墙或室内顶棚明设。

### 7.4.6  施工平面布置

施工平面布置如图 7-3 所示。

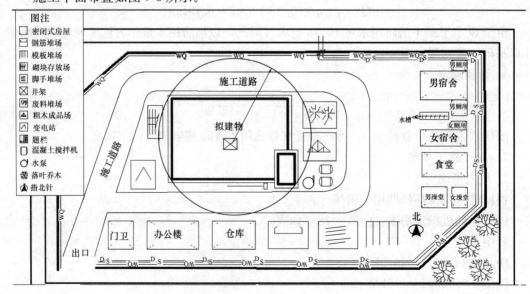

图 7-3  施工平面布置图

经现场踏勘综合考虑，施工现场分办公区、施工区、加工棚、材料堆放区，设置独立的生活区。除办公和生活区在整个施工过程中基本不变，其他如车间、仓库和堆场根据各个施工阶段作出相应的调整。

## 7.5 主要施工方案

### 7.5.1 基础及地下室施工

1. 施工顺序

土方机械开挖→人工清底、砖砌侧模→验槽→筏板底板垫层、防水及保护层→筏板底板钢筋、模板、混凝土→墙柱钢筋、模板、混凝土→顶板钢筋、模板、混凝土→外墙防水及保护层→土方回填。

2. 基坑开挖

开挖基槽时，不应扰动土的原状结构。机械挖土时应按有关规范要求进行，坑底应保留 200mm 厚的土层用人工开挖。如经扰动，应挖除扰动部分，根据土的压缩性选用砂石进行回填处理，压实系数应大于 0.95。土方开挖完成后应立即对基坑进行封闭，防止水浸和暴露，并应及时进行地下结构施工。基坑土方开挖应严格按设计要求进行，不得超挖。基坑周边超载，不得超过设计荷载限制条件。基槽开挖至设计标高后应进行基槽检验。

3. 基坑支护

基坑开挖时，应根据勘察报告提供的参数进行放坡或支护。非自然放坡开挖时，基坑护壁应做专门设计，以确保道路、市政管线和现有管线及现有建筑物的安全和施工的顺序进行，支护、帷幕及降水应由有相应设计和施工资质的单位承担施工。

4. 地下防水施工

（1）地下防水工程执行《地下工程防水技术规范》GB 50108—2008。地下防水等级二级，地下室底板防水层采用 3mm+4mm 厚 SBS 聚酯胎改性沥青防水卷材。

（2）地下室外墙防水层采用 2.0mm 溶剂型橡胶沥青防水涂料+4mm 厚 SBS 聚酯胎改性沥青防水卷材。底板与墙面交界处 4mm 厚 SBS 聚酯胎改性沥青防水卷材外侧增加一道 2mm 溶剂型橡胶沥青防水涂料附加层 2mm+4mm+2mm。

5. 筏板基础做法

采取底板和梁柱钢筋、模板一次同时支好，梁侧模板用混凝土支墩或钢支脚支承，并固定牢固，混凝土一次连续浇筑完成。

6. 地下室钢筋的制作、绑扎施工

（1）根据设计说明，筏板基础的上部钢筋在支座处接长，下部钢筋在跨中 1/3 范围接长。筏板与抗水板钢筋规格不同，交接部位处的筏板上部钢筋延伸入抗水板 $1.6L_a$ 范围内，筏板下部钢筋与抗水板下部钢筋 $L_a$ 搭接。筏板、抗水板及柱基下部钢筋保护层厚度为 40mm，上部为 25mm。

（2）施工前根据结构设计说明明确底板、侧壁、顶板的钢筋保护层厚度。施工时采用与混凝土同成分的水泥砂浆垫块来保证钢筋的保护层厚度，垫块厚度等于保护层厚度，其平面尺寸为 50mm×50mm。

**7. 地下室侧壁混凝土浇筑**

侧壁混凝土浇筑：

（1）四周侧壁呈环状回路浇筑，高差不大于 300mm，以避免产生不均匀的侧压力。

（2）分段施工，每层混凝土厚度约为 500mm。

（3）振捣上层混凝土时，应插入下层中 50mm 左右，消除两层之间的接缝。

（4）振捣上层混凝土时，必须在下层混凝土初凝之前进行。

**8. 土方回填**

（1）土方回填在整个地下结构工程验收合格、混凝土达到一定的强度不致因回填而受损时，方可进行。根据设计说明，地下室外墙防水外围回填土采用富黏土（不得掺有建筑垃圾和块土），厚度不小于 500mm，分层夯实，取样的干密度不小于 1.5g/cm³。

（2）土方回填顺序：基坑底地坪清理→检验土质→分层铺土、耙平→夯打密实→检验密实度→修整找平验收。

（3）回填土前对基础等隐蔽工程进行验收，办好隐蔽验收记录；清除基坑内的积水和有机杂物。

（4）检验回填土中有无杂物，粒径是否符合规定。检测回填土的含水量是否在控制范围内，若水量偏高，采用均匀掺入干土或换土等措施；若含水量偏低，可采用预先洒水湿润等措施，使其含水量符合要求。

（5）回填土分层铺摊。每层铺土厚度根据土质、密实度要求和机具性能确定。蛙式打夯机每层铺土厚度为 250～300mm，人工打夯不大于 200mm。

### 7.5.2　主体工程施工

**1. 施工顺序**

轴线、标高复核→墙、柱钢筋绑扎→墙、柱模板安装→墙、柱混凝土浇筑→梁、板底模安装→梁、板钢筋绑扎→梁、板侧模安装→梁、板混凝土浇筑→重复上述工序至主体结构施工完成。

**2. 主体模板施工**

（1）模板种类选择

柱、梁、墙模板均采用 15mm 厚复合木模板，$\phi$48.3×3.6 钢管支撑。

现浇板底模采用 15mm 复合木模板，板缝平接，对拼缝用不干胶带贴缝，以防漏浆。

现浇楼梯板底模采用 15mm 覆膜胶合板，利用双排钢筋支撑；踏步板齿形侧模采用 50mm 厚木板制作。

（2）模板的安装施工

1）模板支撑按《建筑施工扣件式钢管脚手架安全技术规范》JGJ 130－2011 的要求进行计算。

2）所有结构支模前均应由专人进行配板设计，画出配板放样图，并考虑一定留量调整。

3）支撑架应满足强度、刚度和稳定性的要求。支撑架底部设通长垫板使之支撑在可靠的基层上，保证其在混凝土浇筑过程中不下沉。

4）模板的支设必须保证结构的几何尺寸及轴线位置准确，拼缝严密，做好截面控制。

5）梁板跨度不小于 4m、悬臂梁悬臂长度不小于 1.5m 时，其中部应起拱，起拱高度宜为梁板跨度的 0.2%、悬臂梁悬臂长度的 0.3%。

6）上下层模板的支柱应尽可能安装在一条竖向中心线上。若不能设置在一条中心线上，必须对楼板承载能力进行验算，合格后方可安设，否则必须采取加固措施。

7）模板上的预埋件及预留洞等不得遗漏且安装牢固，位置准确，符合规范要求。

8）模板安装完毕后，应仔细检查扣件、支撑架是否牢固；斜撑、支柱的数量和着力点是否合理，是否满足要求；钢楞、对拉片（螺栓）及支柱的间距是否符合要求；各种预埋件和预留孔洞的规格尺寸、数量、位置及固定情况是否符合图纸要求；模板结构的整体稳定性以及拼缝是否严密等，发现问题，及时纠正。

（3）模板的拆除施工

1）模板的拆除应遵循后支的先拆，先支的后拆，先拆除非承重部分，后拆除承重部分的原则。模板拆除日期，应按结构特点和混凝土所达到的强度来确定，不允许未到拆模期限便过早拆模。

2）拆模时不得用铁锹撬开模板，还要保护模板边角和混凝土边角。拆下的模板要及时清理，清理残渣时，严禁用铁铲、钢刷之类的工具清理，可用模板清洁剂，使其自然脱落或用木铲刮除残留混凝土。

（4）现浇构件底模拆除时混凝土强度必须达到的要求

现浇构件底模拆除时的混凝土强度要求，见表 7-2。

现浇构件底模拆除时的混凝土强度要求 表 7-2

| 结构类型 | 结构跨度（m） | 按设计的混凝土强度标准值的百分率（%） |
|---|---|---|
| 板 | ≤2 | 50 |
| | >2、≤8 | 75 |
| | >8 | 100 |
| 梁 | ≤8 | 75 |
| | >8 | 100 |
| 悬臂构件 | — | 100 |

（5）模板安装的允许偏差

梁、板模板安装前应用水准仪抄平弹墨线控制标高，安装固定后复查轴线、标高、几何尺寸、模板平整度及支撑系统稳定性。其允许偏差不大于以下要求，见表 7-3。

模板安装允许偏差要求 表 7-3

| 项目 | | 允许偏差（mm） |
|---|---|---|
| 轴线位置 | | 3 |
| 底板上表面标高 | | ±5 |
| 截面内部尺寸 | 基础 | ±10 |
| | 柱、梁、板 | +2、−5 |
| 层高垂直度 | ≤5 | 3 |
| 相邻两板面高低差 | | 2 |
| 表面平整度（2m 长度） | | 5 |

3. 主体钢筋施工

(1) 原材料质量要求

所有进场的钢筋必须具备出厂合格证，进场后按规定进行抽样试验，合格后经质检员或技术负责人同意后方可投入使用。合格钢筋在储运堆放时，必须挂标牌进行标识，并按级别、品种分规格堆放整齐，不得混杂。钢筋在加工过程中，若发生脆断、焊接性能不良或力学性能不正常等现象，应对该批钢筋进行化学成分分析。不符合国家标准规定的钢材不得用于工程。

(2) 钢筋的加工制作

现浇板的钢筋采用搭接接头，不应采用焊接接头，其最小搭接长度应大于 300mm。箍筋采用封闭箍，箍筋末端做成 135°弯钩，弯钩的平直部分不小于 $10d$。

(3) 钢筋保护层做法

1) 采用与混凝土同成分的水泥砂浆垫块来保证钢筋的保护层厚度，垫块厚度等于保护层厚度。

2) 钢筋保护层垫块的平面尺寸为：①当保护层厚度不大于 20mm 时为 30mm×30mm；②当保护层厚度大于 20mm 时为 50mm×50mm。当在垂直方向使用垫块时，在垫块中埋入 20～22 号钢丝。

3) 设置垫块的间距：梁柱不大于 1m，板不大于 1.2m×1.2m，梅花形布置。

(4) 钢筋的安装绑扎

1) 按照设计、规范要求进行锚固、搭接。钢筋接头不得设置在梁端、柱端的箍筋加密区内。

2) 安装绑扎前先根据图纸要求找出钢筋的摆放位置，并画线确认：柱的箍筋，在两根对角线主筋上画点；梁的箍筋，则在上部钢筋上画点；现浇板钢筋，在模板上用墨线弹线。

3) 柱梁、梁梁相交的节点处钢筋布置较密，安装绑扎前应根据施工图确定好各梁、柱钢筋的安装顺序和穿插次序，确保受力钢筋的位置正确。

4) 主次梁交接处，次梁的上下部钢筋应在主梁纵筋之上；当梁边与柱边齐平时，梁纵筋放于柱筋内侧。板的底部钢筋，短向筋放在下层，长向筋放在短向筋之上，板上部负弯矩钢筋的长向筋在下层，短向筋在长向筋之上。

5) 现浇板双层钢筋绑扎时，上部钢筋应待水电安装等安装工作完毕之后，最后进行绑扎。为防止浇筑混凝土时踩踏楼板负弯矩钢筋，浇筑混凝土时用铁马凳搭设活动跑道，同时派钢筋工值班，随时修复被踩踏的楼板负弯矩筋。

4. 主体混凝土施工

本工程主体阶段混凝土采用商品混凝土运至现场，分别用混凝土输送泵送至各浇筑点，塔吊则辅助运输。

(1) 混凝土的运输

1) 为防止商品混凝土在运送过程中坍落度产生过大的变化，一般要求搅拌后 90min 内泵送、浇筑、振捣完毕。

2) 搅拌运输车运送混凝土至现场卸料，最好有一段搭接时间，即一台尚未卸完，另一台就开始卸料，以保证混凝土级配的衔接。

3）搅拌运输车在卸出混凝土时，应先出少量混凝土，观察其质量，如大石子夹着水泥浆先流出，说明搅拌筒内物料已发生沉淀，应立即停止出料，再顺转高速搅拌 2～3min，方可出料。

4）发现粘罐后，要及时进行清理，清洗后要将搅拌筒内的积水放净。

（2）混凝土的振捣

1）浇筑混凝土前，模板表面清洁无污染，混凝土在离开搅拌机后最短时间内入模。

2）在混凝土浇筑时，做好记录，包括浇筑时间、浇筑部位、相应的混凝土试件的号码。

3）混凝土保持连续浇筑，不留冷缝，新浇混凝土应在已浇混凝土初凝前浇筑。倾倒混凝土的高度不超过 1.25m，每次倾倒的数量要准确控制，不可过多。

4）浇筑时遇到下雨，立即停止施工。如果下雨前混凝土已经凝结，则 12h 以后再行浇筑。

5）振捣时，振动混凝土到最大的密度、没有孔隙、充满模板及包住钢筋。对配筋的混凝土钢筋特别密的部位，使用特别配合比，如有需要，派甲方同意的专人进行人工振捣。

6）振捣时防止混凝土出现蜂窝组织、气泡，尽量保证混凝土表面坚固平滑。振动的时候，振动棒不能碰撞预埋件、模板和钢筋，各个插入点保持对称均匀，按顺序进行，不漏振，棒距不超过振动棒作用半径的 1.5 倍，不超过 300mm。处于一个位置振动时间不超过 30s。

（3）混凝土浇筑注意事项

1）混凝土浇筑前，办理好有关部位的隐蔽工程记录和混凝土浇筑许可证。如果混凝土浇筑量大，必须昼夜连续施工时，还要预先办理夜间施工许可证。

2）混凝土振捣，由经过专业技术培训的工作人员操作，现场混凝土浇筑指挥由工长或技术人员负责。

3）混凝土浇筑施工随时掌握供料和浇筑状况，确保混凝土浇筑的连续性。

4）浇筑混凝土期间，加强气象监测，及时预报天气状况，防止大雨、暴雨、曝晒等天气对混凝土质量的影响。当有必要时，则应采取措施，防止恶劣天气对混凝土施工的影响，以确保混凝土质量。

（4）混凝土养护

混凝土在浇筑 12h 内覆盖并保温养护，养护的时间不得少于 7d，浇水次数应能保持混凝土处于湿润状态，采用塑料薄膜覆盖养护的混凝土，并保护塑料内有凝结水，掺外加剂的泵送混凝土养护时间不少于 14 昼夜，混凝土强度达到 $1.2N/mm^2$ 前，不得在其上踩踏或安拆模板支撑。

（5）混凝土工程的质量检测以及有关规定

混凝土工程施工质量检测内容、方法及标准执行《混凝土结构工程施工质量验收规范》GB 50204－2015 和《建筑工程施工质量验收统一标准》GB 50300－2013。

5. 砌体工程

（1）砌体施工工艺流程

砖浇水湿润→定位放线→摆砖→盘角→双面挂线→立皮数杆→砌筑→浇筑构造柱。

（2）原材料质量要求

1）砂浆用砂采用过筛中砂，砂中的含泥量不超过 5%。砂浆配合比必须经试验室试配确定。

2）砂浆应随拌随用，水泥砂浆（±0.00 以下砌体）必须在拌制后 3h 内、混合砂浆在拌制后 4h 之内使用完毕，施工期间最高气温超过 30℃时，分别在拌成后 2h 和 3h 内使用完毕。

3）砂浆试样在搅拌机出料口随机取样、制作。每一楼层或 250m² 砌体中的各种强度等级的砂浆，每台搅拌机至少取样一次。

4）砌体工程所采用的砖材应符合国家现行标准《烧结空心砖和空心砌块》GB 13545—2014 的规定。

5）砌体在运输、装卸过程中，严禁抛掷和倾倒，进场后按品种、规格分别堆放整齐，堆置高度不宜超过 2m。

6）提前浇水湿润砌体，使其含水率达到 10%～15%。

（3）墙体砌筑施工

1）墙体砌筑施工前，逐一复查主体的轴线、标高，按照施工图纸在现浇板上弹好墙的施工墨线，标注出门窗洞口位置，并根据结构高度，制作皮数杆，在皮数杆上注明门窗洞口、木砖、拉结筋、过梁的尺寸标高。

2）填充墙底部应先砌筑三皮左右的实心砖，高度不宜小于 200mm；填充墙砌至接近梁板底部时，应留设一定缝隙，待填充墙砌筑完并至少间隔 7d 后，再采用实心砖斜砌挤紧，其倾斜度为 60°左右，砌筑砂浆应饱满；门窗洞口处可在安装位置配置一定数量的红砖，便于门窗框的安装锚固。

3）为避免填充墙与混凝土连接处因材料不同收缩变形而导致墙面抹灰层出现裂缝，施工时应在接缝 300mm 以内的砌体水平灰缝内预埋 22 号钢丝，@150mm 两端露出墙面 50mm，以备后期墙面抹灰时绑扎固定抗裂钢板网。

4）砖的砌筑应上下错缝，砖竖缝应先挂灰后砌筑。砌体灰缝应横平竖直，水平灰缝和竖向灰缝厚度应控制在 10mm，不得小于 8mm，也不得大于 12mm。

5）砌体灰缝应砂浆饱满，水平灰缝砂浆饱满度达 80% 以上，竖缝不得出现透明缝、瞎缝。

（4）砌体预留件

1）门窗洞口预留木砖时应小头在外，大头在内；预留数量按洞口高度决定，洞口高度在 1.2m 以内，每边放 2 块；高 1.2～2m，每边放 3 块；高 2～3m，每边放 4 块。预埋木砖的部位一般在洞口上边或下边 4 皮砖，中间均匀分布。木砖要提前做好防腐处理。

2）安装预制过梁时，其标高、位置及型号必须准确，坐浆饱满；如坐浆厚度超过 2cm，要用细石混凝土铺垫；过梁安装时，两端支承点的长度应一致。

3）预埋管道应在砌筑时进行，且埋在细石混凝土内或 1：2 水泥砂浆内，不允许在砌体横向或斜向凿打开槽。

（5）砌体工程的质量检测以及有关规定

1）砌筑完成每一楼层后，及时校核砌体的轴线和标高，在允许偏差范围内，其偏差可在基础顶面或楼面上校正，标高偏差应通过调整上部灰缝厚度逐步校正。

2）砌体的尺寸和位置允许偏差，见表 7-4 所列。

**砌体的尺寸和位置允许偏差表**　　　　　　　　　表 7-4

| 项目 | | | 允许偏差（mm） | 检验方法 |
|---|---|---|---|---|
| 轴线位移 | | | 10 | 用经纬仪和标尺检查或用其他测量仪器检查 |
| 基础顶面和楼面标高 | | | ±15 | 用水准仪和标尺检查，不少于 5 处 |
| 墙面垂直度 | 每层 | | 5 | 用 2m 托线板检查 |
| | 全高 | 不大于 10m | 10 | 用经纬仪或吊线和标尺检查 |
| | | 大于 10m | 20 | |
| 表面平整度 | 清水墙、柱 | | 5 | 用 2m 直尺和楔形塞尺检查 |
| | 混水墙、柱 | | 8 | |
| 水平灰缝平直度 | 清水墙 | | 7 | 拉 10m 线和标尺检查 |
| | 混水墙 | | 10 | |
| 水平灰缝厚度（10 皮砖累计数） | | | ±8 | 与皮数杆比较，用标尺检查 |
| 外墙上下窗口偏移 | | | 20 | 用经纬仪或吊线检查，以底层窗口为准；检验批的 10%，不少于 5 处 |
| 门窗洞口高、宽（后塞口） | | | ±5 | 用标尺检查；检验批洞口的 10%，且不应少于 5 处 |

### 7.5.3　脚手架施工

1. 脚手架的选用

本工程的脚手架工程含防护脚手架、模板支撑脚手架、砌筑脚手架、装饰脚手架等众多内容，施工时根据实际情况分别选用。

2. 脚手架拆除的一般要求

（1）脚手架使用完毕后，经项目技术负责人或项目经理确认后方可拆除，拆除前必须编制拆除方案并必须由专业架子工负责整个拆除工作。

（2）脚手架的拆除顺序：拆除安全网→拆除挡脚板→拆除脚手板→拆除小横杆→拆除剪刀撑→拆除连墙杆件→拆除大横杆→拆除立杆→拆除斜杆。

（3）脚手架的拆除顺序必须由上而下逐层进行，水平方向一步拆完再拆下步，严禁上下同时作业；连墙件必须随脚手架逐层拆除，严禁先整层拆除连墙件再拆除脚手架。

（4）拆除脚手架时，划出禁入区，设立警戒标志并派专人守卫，统一指挥，上下呼应，相互协调，所有材料应用滑轮和绳索运送，不应抛丢。

3. 脚手架搭设的质量要求

（1）立杆垂直偏差：不大于 ±100mm。

（2）大横杆：一根杆的两端高差不大于 ±20mm，同跨内两根杆纵向水平高差不大于 ±10mm。

（3）脚手架间距：立杆横距偏差不大于 ±20mm；立杆纵距偏差不大于 50mm；步距不大于 ±20mm。

（4）双排架横向水平杆外伸长度应为 500mm，允许偏差值为 ±50mm。

（5）扣件安装：主节点处各扣件中心相互距离不大于150mm。同步立杆上两个相隔对接扣件的高差不小于500mm。立杆上的对接扣件到主节点的距离不大于$H/3$。纵向水平杆上的对接扣件到主节点的距离不大于$L_a/3$。

4. 脚手架搭拆的质量检测

双排扣件式脚手架及悬挑型钢式脚手架搭拆执行《建筑施工扣件式钢管脚手架安全技术规范》JGJ 130−2011的规定。

### 7.5.4　屋面工程及外墙保温工程施工

1. 屋面工程

本工程屋面防水等级为Ⅰ级，屋面采用1.5mm厚JS-Ⅱ型聚合物水泥防水涂料和1.5mm厚自粘聚合物改性沥青防水卷材加刚性防水层三道设防，防水层合理使用年限为15年。屋面排水均采用有组织排水，排水方向如图7-4所示。

（1）屋面工程施工的一般原则

1）屋面防水施工顺序：屋面结构层清理→管周管孔嵌缝→管周嵌防水油膏→找平层施工→找坡层弹墨线→找坡层坡向、厚度确定→找坡层施工→找平层施工→保温层施工→找平层施工→防水层施工→保护层施工→细石混凝土层施工。

2）保温非上人屋面：

钢筋混凝土屋面板（原浆抹平压光，局部修补）；

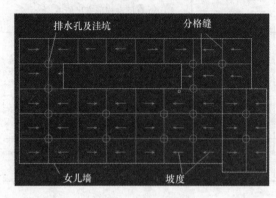

图7-4　屋顶平面图

2.0mm溶剂型橡胶沥青防水涂料；

0.4mm厚聚乙烯膜一层；

80mm厚挤塑聚苯板保温层；

1：8水泥憎水型膨胀珍珠岩最低处为30mm，找2%坡度，振捣密实，表面抹光；

20mm厚1：2.5水泥砂浆找平层；

冷底子油一道；

3mm厚SBS聚酯胎改性沥青防水卷材；

40mm厚C20细石混凝土随打随抹平压光，3m×3m分缝，缝宽10mm，缝填聚苯板，缝上部填密封膏。

3）施工前应仔细研究图纸，为屋面施工做好技术准备。屋面防水施工的重点在于细部的处理，如防水接头的处理、雨水管周边的处理等。细部处理质量的好坏直接影响到屋面防水的效果。施工管理人员必须在施工前明确节点的具体做法。

4）防水原材料必须坚持"先复检，后施工"的原则，根据施工规范要求，对原材料需要检测的各项性能指标进行复试，不符合要求的不能进场使用，更不能"先施工，后试验"。

5）每道工序施工前，应有细致明了的技术交底，其内容应符合规范和设计要求。如泛水坡度、分水线位置、上翻高度、新材料的操作工艺等都必须交代清楚。

（2）找平层施工

1）屋面找平层施工的工艺流程：基层处理→设标疤→嵌木隔条→抹水泥砂浆→抹压收光→养护→成品保护。

2）基层处理：屋面的找坡层铺设平实。

3）施工前应将基层表面清理干净，洒水润湿，将找平层厚度、坡度和预埋件等的位置标出。

4）水泥砂浆的原材料要求：水泥强度等级 42.5 级普通水泥，砂应使用洁净的中砂或粗砂，含泥量不应大于 3%。

5）砂浆找平层厚度应满足设计要求，应使屋面坡度符合排水的要求，分水线和汇水线明显、顺直，并在找平层铺设前拉线做标疤。

6）标疤终凝后即可抹水泥砂浆找平层，在抹水泥砂浆前，应刷一遍水灰比为 0.4～0.5 的素水泥浆，随刷浆随抹灰。按标疤的高度严格掌握屋面坡度，一次连续铺设。

7）找平层上留设分格缝，缝宽为 20mm，并嵌填密封材料。其纵横缝的最大间距为不大于 6m。

8）屋面上的女儿墙、管道、雨水口等处均应做成半径不小于 50mm 的圆角。

9）找平层施工完后应设专人浇水养护，养护时间不应少于 3 昼夜。

10）找平层的质量要求，见表 7-5。

**找平层的质量要求**　　　　　　　　　　　　　　　　　　　　表 7-5

| 项目 | 施工质量要求 |
|------|------|
| 材料 | 配合比必须符合设计要求或有关规定 |
| 平整度 | 应粘结牢固，没有松动、起壳、翻砂等现象。表面平整，用 2m 长的直尺检查，找平层与直尺间的空隙不超过 5mm，空隙仅允许平缓变化，每米长度内不得多于一处 |
| 坡度 | 找平层坡度应符合设计要求，一般天沟纵向坡度不小于 5‰；内部排水的落水口周围应做成半径为 0.5m 和坡度不宜小于 5% 的杯形洼坑 |
| 转角 | 两个面的相接处，如：墙、女儿墙、管道泛水处以及檐口、天沟、水落口、屋脊等，均应做成半径不小于 10～15cm 的圆弧或斜边长度为 10～15cm 的钝角垫坡，并检查汛水处的预埋件位置和数量 |
| 分格 | 找平层宜留设分格缝，缝宽一般为 20mm，分格缝应留设在板端、屋脊、防水层与凸出屋面的交接处，其纵横向的最大间距为不大于 6m；分格缝应嵌填密封材料或空铺卷材条 |

（3）屋面卷材防水层施工

1）施工时应选择良好的气候条件，施工时温度最好在 5～35℃。下雨刮大风以及预计下雨的天气，均不得施工。气温低于 0℃时不宜施工。施工中途下雨、下雪，应做好已铺卷材的保护工作。

2）屋面防水工程应待穿屋面管道及雨水口安装完成后再施工。施工前认真检查上道工序的施工质量并办好交接手续，若不符合要求则先进行修补或返工。屋面基层表面应平整、干燥，其基层的坡度必须符合设计要求，并不得有积水现象。

3）进入施工现场的屋面防水材料，要有出厂合格证和进场试验报告，确保其符合标准和设计要求。

4）防水层施工前先将施工部位基层表面上的灰渣、浮尘和砂浆毛刺等杂物剔除干净，落水口做好临时封闭。

5）幅宽内加热应均匀，以卷材表面熔融至光亮黑色为度，不得过分加热或烧穿卷材。卷材表面热熔后立即滚铺，滚铺时应排除卷材下面的空气，使之平展，不得皱折，并应滚压粘结牢固。搭接缝部位以溢出热熔的改性沥青为度，并随即刮封接口。

6）平面与立面相连接的卷材，由下而上铺贴，使卷材紧贴阴角，不得出现空鼓现象。

7）每铺完一张卷材后，立即用干净而松软的长把辊刷，从卷材的一端朝卷材的横向顺序用力滚压一遍，以彻底排除卷材粘结层的空气，在排除空气前尽量不踩踏卷材。

8）铺贴卷材时应平整顺直，搭接尺寸准确，不得扭曲。每幅卷材的每边接头宽度不小于 100mm。立面卷材收头的端部应裁齐，压入预留凹槽内并固定，然后用密封材料将凹槽嵌填封严。

9）屋面阴阳角、女儿墙、天沟等处抹成半径为 100～150mm 的圆弧或钝角。注意管道周围应高出基层至少 20mm，而排水口或地漏低于防水基层。

（4）屋面工程质量及检验的一般要求

1）屋面坡度准确，排水系统通畅。找平层表面平整度不大于 5mm，并不得有酥松、起砂、起皮现象。

2）节点严格按照设计要求施工，保证封固严密，无开缝、翘边。落水口及凸出屋面设施与屋面连接处，保证固定牢靠、密封严实。

3）屋面工程施工中必须加强分项工程的交接检查，未经检查验收，不得进行后续施工。特别是防水层施工中，第一道防水层完成后，由专人进行检查，合格后方可进行下一道防水层的施工。

4）本工程屋面工程质量检测内容、方法及标准执行《屋面工程质量验收规范》GB 50207—2012 及《建筑工程施工质量验收统一标准》GB 50300—2013 等有关技术规范。

2. 外墙保温层施工

（1）施工工艺流程

墙体抹灰基层清理→墙体基层界面拉毛→吊垂直、套方、弹控制线→做饼、冲筋、做口→钉射钉（或膨胀螺栓）→抹保温浆料→绑扎钢丝网→抹抗裂砂浆→外墙其他面层。

（2）施工工艺

1）所有材料必须在搅拌棚内机械搅拌，以防止聚苯颗粒飞散，影响现场文明施工；聚苯颗粒应有好的保护，防止包装的破坏；窗框下框处应有扣板保护，扣板可用 1cm 木板钉成Ⅱ形状，扣板的顶板比框高 2cm 左右。

2）材料进入现场应检测的内容：材料的合格证、检测报告是否齐全，是否与所送材料配套；抽检材料单位的重量体积与合格证标明是否在合理误差范围内；检查包装有无破损；检查材料是否在有效期内。

3）墙面应清理干净，清洗油渍、清扫浮灰等；墙表面凸起物不小于 10mm 时应剔除。

4）界面拉毛用辊子滚、笤帚拉、木抹子拔都可，但在配合比上应作调整，控制水泥与砂子的比为 1∶1，合理调整界面剂用量。拉毛不宜太厚，但必须保证所有的混凝土及砌块墙面都做到毛面处理。

5）吊垂直、套方、弹控制线，做灰饼。在顶部墙面固定膨胀螺栓，作为挂线钢丝的垂挂点；根据室内三零线向室外返出外保温层抹灰厚度控制点，而后固定垂直控制线两端；复测每层三零线到垂直控制通线的距离是否一致，偏差超过 20mm 的，查明原因后做出墙面找平层厚度调整；根据垂直控制通线做垂直方向灰饼，再根据两垂直方向灰饼之间的通线，做墙面保温层厚度灰饼，每灰饼之间的距离（横、竖、斜向）不超过 2m；测量灰饼厚度，并作记录，计算出超厚面积工程量；灰饼可用废聚苯板 5cm×5cm 粘贴，用干缩变形量小的粘结材料粘结。

6）抹基层保温浆料。保温浆料的配制：先将 25～30kg 水倒入砂浆搅拌机中，然后倒入一袋 25kg 胶粉料搅拌 3～5min，再倒入一袋 130L 聚苯颗粒继续搅拌 3min，搅拌均匀后倒出，浆料应在 4h 内用完；需设专人专职进行保温浆料及抗裂砂浆的搅拌，保证搅拌时间和加水量的准确。胶粉聚苯颗粒保温层每次抹灰厚度宜控制在 20mm 左右。

7）抹面层保温浆料面层抹灰时，其平整度偏差不应大于±4mm，不能抹太厚，以 8～10mm 为宜。保温面层抹灰时，抹灰厚度应略高于灰饼的厚度，而后用杠尺刮平，用抹子局部修补平整。

8）绑扎、铺贴钢丝网待保温层强度达到要求时，根据结构尺寸裁剪钢丝网分段进行铺贴。铺贴前应检查锚固钉及锚固钢丝分布是否合理，有无松动及漏钉，如发现及时补缺，补缺的过程应严格把关。

9）抹抗裂砂浆隐检工程验收完结，保温设计厚度及钢丝网铺贴锚固经验收合格后，进行抗裂砂浆找平的麻面处理。在网格上抹抗裂砂浆，网格以似漏非漏为宜，为下一层的连接提供相应的效果。钢丝网抹抗裂砂浆应适当增加稠度，抗裂剂用量有适当调整，砂子可采用稍粗些的，抹时要求上杠找平，最后可用木抹子搓平，达到设计要求时进行下道工序，但必须经过有关方面对基层的验收。

（3）保温及抗裂防护层质量验收

1）所用原材料品种、质量、性能符合设计与现行国家标准的要求；保温层与墙体以及各构造层之间必须粘结牢固，无脱层、空鼓、裂缝，面层无粉化、起层、爆灰等现象。

2）表面平整、洁净，接槎平整、无明显抹痕、线脚，分格线顺直、清晰。

3）保温层厚度不允许有负偏差。允许偏差项目及检验方法按《建筑装饰装修工程质量验收规范》GB 50210—2001 的"一般抹灰工程"执行。

# 7.6 施工技术措施

## 7.6.1 防渗漏及防水施工措施

卫生间是建筑物容易出现质量通病的部位，为此本团队着重致力于该部位防渗漏及防水特别措施的研究，确保工程质量。

（1）施工程序

楼板堵管洞→抹灰找平→管根处理→防水层→砂浆保护层→第一次蓄水试验→砂浆找

平层→墙面、地面砖→洁具安装→ 第二次蓄水试验→验收。

（2）质量通病控制措施

1）卫生间的防水基层，必须用 1∶2 水泥砂浆抹找平层，要求抹平压光无空鼓，表面要坚实，不应有起砂、掉灰现象。在抹找平层时，凡遇到管子根的周围，要使其略高于地平面；在地漏的周围，应做成略低于地面的洼坑。

2）穿过楼面或墙壁的管件处抹灰必须收头圆滑，管件安装牢固，泄露电缆安装要准确，周围要符合设计要求的坡度，不得积水。

3）找平层必须干燥，一般表面泛白无明显水印时，才能进行防水层的施工。施工前要把基层表面的尘土杂物彻底清扫干净。

4）预留孔洞先用钻子将孔扩成倒锥台形，然后用专用卡具支孔底模，间隙用 C20 细石混凝土堵塞，堵塞分两次进行，第一次堵至板面口 2cm 处，隔一夜再用 1∶2.5 水泥砂浆压实抹平。

5）地漏上口在面层铺设前用嵌缝油膏填实压平。

### 7.6.2　季节性施工措施

1. 雨期施工措施

（1）雨期施工准备

1）提前准备好足够的排水设备、草包、编织袋、覆盖薄膜、雨衣、雨鞋等防雨物资，并在工地成立专门的防汛领导小组，组长由项目经理担任。

2）合理安排临时设施的位置，选择地势较高处搭设临时住房、材料库房。

3）雨期中，施工应有专人收听天气预报，并记录在册，技术管理人员通过天气情况安排开槽施工的进度。

4）经常查看便道的排水情况，保证施工便道能晴雨畅通。雨期中在便道上行驶的车辆应有防滑措施，并在便道上铺设草袋，做好防滑处理。

（2）雨期混凝土浇筑施工

1）电焊施工最好不要在雨天施工，必要时，焊工在雨天必须穿绝缘胶鞋，以防触电，并搭设防雨设施。

2）浇筑混凝土前，要了解近日天气预报，必须避开大雨天气施工。遇下雨时，才浇完的混凝土要用塑料薄膜覆盖。

3）雨期应随时测定砂、石含水率，掌握其变化幅度，及时调整配合比。

（3）雨期施工中对机械设备的控制措施

1）加大安全施工管理工作，对所用的设备进行检查，严防打滑。

2）所有机电棚搭设严密，防止渗漏，并防水淹。机电设备要安装接地安全装置，保护装置要可靠。

3）大雨以后恢复施工前，必须仔细检查所有机械的安全接地装置以及电线等的绝缘情况，避免事故。

2. 夏季施工质量保证措施

（1）夏季施工时应调整作息时间，中午 12 点前后 3h 内不得施工，避开一日最热时间。

（2）注意操作环境，搭设安全通道、休息凉棚，做好防暑降温措施，并集中设置茶水桶，宿舍安装电扇降温。

（3）夏季施工作业时，作业班组宜轮班作业或尽量避开烈日当空酷暑的时间段，宜安排在早上或晚间气候条件较适宜的情况下施工。

（4）砂浆应当天拌制并及时使用，以保证粘结力，确保砌体的施工质量。已完成的工作面加强养护，必要时用草包蓄水覆盖，防止暴晒。

### 7.6.3 成品、半成品保护措施

做好成品、半成品的保护工作，是工程质量保证的一项重要措施。行之有效的管理制度，全面细致的技术措施，是搞好成品保护的关键。

1. 编制成品保护方案，强化总包对分包的成品保护管理

项目部根据工程实际、设计图纸编制成品保护方案；以合同协议等形式明确各分包对成品的交接和保护责任，确定主要分包单位为主要的成品保护责任单位；项目经理部在各分包单位保护成品工作方面起协调和监督作用。

2. 钢筋的成品保护措施

（1）钢筋进场后，应按规格、品种放置整齐并垫木方块，做好标识。

（2）已加工成型的钢筋，按工程部位，分规格、型号码放整齐，做好标识。

（3）工程施工过程中，在已绑扎完的钢筋上施工时，不得踩踏钢筋、踩弯或移动主筋位置。

（4）结构竖向钢筋均采用塑料套管进行保护，以防下部结构混凝土浇筑时对上部钢筋污染。

（5）板内上层钢筋采用钢筋撑铁作支架，以保护板内上层钢筋不位移、不变形。

（6）钢筋绑扎完，采取有效保护措施，铺设架板禁止其他工种踩踏。浇筑混凝土时，设专人旁站，防止并及时纠正钢筋移位。

（7）安装电管、水管或其他设施时，不得任意切割和碰动钢筋。

3. 模板的成品保护措施

（1）在使用过程中尽量避免碰撞，拆模时不能任意撬砸，堆放时防止倾覆。

（2）每次拆模后及时清除模板表面上的残渣和水泥浆，涂刷隔离剂。

（3）对模板零件妥善保管，螺母螺杆经常擦油润滑，防止锈蚀。拆下来的零件要随手放入工具箱内，随大模一起吊运。

4. 混凝土的成品保护措施

（1）混凝土在气温高的条件下施工时，浇筑完后及时覆盖浇水，防止表面过早脱水而干缩开裂。

（2）梁柱构件的拆模时间不宜过早，棱角采用角钢进行保护。

（3）细石混凝土楼（地）面施工完后关门上锁，防止踩伤表面。在混凝土未达到设计强度前，表面不能与金属器具相接触。

5. 砌体的成品保护措施

（1）机械吊装、脚手架搭拆、材料卸运以及施工操作等不能任意碰撞已完成和正在施工的砌体，不能任意弯折埋入砌体内的拉结钢筋。

（2）施工进出口周围砌体要遮盖，以防砂浆溅脏墙面。

（3）门窗框用木框护角，以防撞坏。

6. 楼地面的成品保护措施

（1）楼地面抹灰完成后，在养护期间和面层强度未达到 5MPa 前，不能上人行走或插入下道工序的施工。

（2）铺贴块材地（楼）面之前，使用木塞或水泥纸将地漏等临时封闭，防止砂浆或杂物坠入，影响排水；铺贴过程中，随铺贴随擦净表面的水泥浆。

（3）新铺贴的房间临时封闭，当操作人员确需踩踏时穿干净的软底鞋。

（4）板块地（楼）面铺贴后，表面覆盖锯末加以保护，在通道处搭设跳板。

7. 门窗安装的成品保护措施

（1）门窗应放入库房存放，下边应垫起、垫平、码放整齐。

（2）门窗保护膜应检查完整无损后再进行安装，安装后应及时将门框两侧用木板条捆绑好，并禁止从窗口运送任何材料，防止碰撞损坏。

（3）若采用低碱性水泥或豆石混凝土堵缝时，堵后应及时将水泥浮浆刷净，防止水泥固化后不好清理，并损坏表面的氧化膜。门窗在堵缝前，对与水泥砂浆接触面应涂刷防腐剂进行防腐处理。

（4）抹灰前应将门窗用塑料薄膜保护好，在室内湿作业未完成前，任何工种不得损坏其保护膜，防止砂浆对其表面的侵蚀。

（5）门窗的保护膜应在交工前撕去，要轻撕，且不可用开刀铲，防止将表面划伤，影响美观。

（6）门窗表面如有胶状物时，应使用棉丝蘸专用溶剂擦拭干净，如发现局部划痕，可用小毛刷蘸染色液进行涂染。

# 第 8 章　BIM 5D 应用案例

## 8.1　BIM 5D 实施方案

### 8.1.1　项目实施目标

某项目拟选定试点项目，结合 BIM 5D 应用需求，经过梳理和分析，确定本项目目标如下：

(1) 建设 BIM 中心，完成人员专业化建设。

(2) 形成 BIM 5D 应用规范体系。

(3) 以试点项目为基础，形成 BIM 5D 应用点状成果。

1) 多专业综合碰撞及优化；

2) 工程场地布置和规划；

3) 工程资料协同管理；

4) 流水段管理；

5) 施工模拟；

6) 形象进度管理及完工量统计；

7) 项目物资管控；

8) 二次结构专项方案；

9) 二维码信息查询；

10) 三算对比成本分析；

11) 手机端 APP 应用；

12) Web 端协同管理。

### 8.1.2　项目主要工作分工

项目的工作分工是实现项目高效运行的关键。基于 BIM 的项目也是如此，其主要工作的分工见表 8-1 所列。

BIM 项目主要工作分工

表 8-1

| 序号 | 阶段 | | 服务项目 | 甲方职责 | 乙方职责 |
|---|---|---|---|---|---|
| 一、标准实施 | | | | | |
| 1 | BIM 实施准备 | 1. | 企业级 BIM 实施策划 | 配合乙方完成企业 BIM 需求的策划，审核企业 BIM 实施策划方案 | 企业需求调研、分析、策划，辅助编写公司级 BIM 应用方案 |
| | | 2. | 项目级 BIM 实施策划 | 配合乙方完成项目 BIM 需求的策划，审核项目 BIM 实施策划方案 | BIM 实施项目需求调研、分析、策划，负责编写项目应用级 BIM 应用方案 |

续表

| 序号 | 阶段 | | 服务项目 | 甲方职责 | 乙方职责 |
|---|---|---|---|---|---|
| 1 | BIM 实施准备 | 3. | 辅助公司建立 BIM 实施团队 | 配合乙方完成项目人员任职要求，配合乙方完成人员组织架构 | 辅助公司 BIM 中心团队建立，提供 BIM 人员供职能力要求及人员安排架构 |
| | | 4. | 辅助 BIM 软硬件选型 | 与乙方商讨各方软件优劣性，并完成建模软件及应用平台的选型 | 辅助公司 BIM 中心进行 BIM 建模软件及应用平台选型 |
| | | | | 与乙方商讨在保证各软件正常工作情况下各厂家硬件配套设施的优劣性，并完成相应硬件的购买 | 辅助公司进行可用于 BIM 应用的硬件的选型及采购 |
| 2 | BIM 实施阶段 | 1. | BIM 模型建立 | 提供各专业施工图纸，选择各专业建模细度，审核交付模型并提出修改意见 | 根据施工图纸完成各专业模型的建立 |
| | | 2. | 建模软件培训 | 提供培训场地，组织培训人员参加，维持培训记录，协助乙方完成考核 | Revit 建筑结构 |
| | | | | | Revit 机电 |
| | | | | | MagiCAD 软件 |
| | | | | | 广联达算量软件 |
| | | | | | 广联达场地三维布置软件 |
| | | 3. | 应用平台软件培训 | 提供培训场地，组织培训人员参加，维持培训记录，协助乙方完成考核 | 广联达 BIM 5D 软件培训 |
| | | | | | BIM 审图软件培训 |
| | | 4. | 模型交互验证 | 配合并学习各模型与平台之间交互关系的验证方法 | Revit-GCL 模型验证 |
| | | | | | Revit MEP-BIM 5D 模型验证 |
| | | | | | Tekla-BIM 5D 模型验证 |
| | | | | | MagiCAD-BIM 5D 模型验证 |
| | | 5. | 协助公司制定企业建模规范 | 提供培训场地，组织人员学习平台建模规范，配合乙方完成公司自身建模规范 | 平台相关建模规范交付，平台相关建模规范内容交底，辅助建立公司自身各专业建模规范 |
| | | 6. | 现场驻场支持 | 提交技术问题，配合乙方工程师完成问题测试，配合乙方工程师完成各 BIM 功能的推进，配合乙方工程师完成项目 BIM 应用资料的收集和总结 | 软件功能现场答疑 |
| | | | | | 软件新功能现场交底 |
| | | | | | 项目 BIM 应用推进 |
| | | | | | 协助准备项目 BIM 应用总结资料 |
| | | | | | 新需求现场收集及反馈 |
| 3 | 竣工阶段 | 1. | 竣工 BIM 模型的交付 | 提供过程施工图纸，审核过程 BIM 模型，审核最终 BIM 模型 | 维护和更新施工阶段 BIM 模型 |
| | | | | | 竣工 BIM 模型交付 |
| | | 2. | BIM 应用总结汇报 | 配合乙方完成汇报材料的整理 | 汇报材料整理 |
| | | | | 协助完成汇报 PPT 的制作 | 汇报 PPT 制作 |
| | | | | 进行 BIM 应用的最终汇报 | 协助甲方进行 BIM 应用的汇报 |

续表

| 序号 | 阶段 | 服务项目 | | 甲方职责 | 乙方职责 |
|---|---|---|---|---|---|
| | 二、报奖专项 | | | | |
| 4 | 报奖专项 | 1. | 汇报 PPT | 提供汇报基本材料 | 协助准备汇报或报奖材料 |
| | | | | 配合乙方进行汇报 PPT 的制作 | 协助编写汇报 PPT |
| | | | | 配合乙方进行汇报解说的编写 | 协助编写汇报演说稿 |
| | | 2. | 报奖视频制作 | 提供视频制作材料，提供或协商录音稿 | 根据提供的材料进行报奖视频的制作，视频配音录制 |
| | 三、投标辅助 | | | | |
| 5 | 投标应用 | 1. | BIM 应用标书编写 | 提供业主方 BIM 应用需求，审核 BIM 应用标书并提出改进意见 | 针对业主方关于 BIM 应用方面的需求，完成 BIM 应用标书的编写 |
| | | 2. | 投标模型建立 | 提供各专业施工图纸，选择各专业建模细度，审核交付模型并提出修改意见 | 根据施工图纸完成各专业模型的建立 |
| | | 3. | 述标视频制作 | 提供制作材料及要求，提供视频脚本或旁白，完成视频各阶段审核并提出修改意见 | 根据甲方提供的资料及要求完成述标视频制作 |

### 8.1.3 实施组织架构

1. 项目实施组织架构图

项目实施组织架构图，如图 8-1 所示。

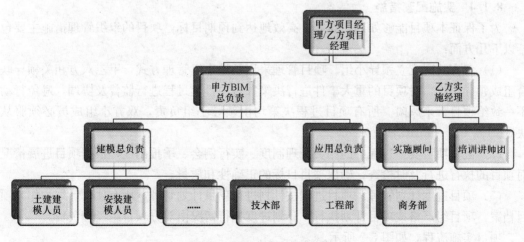

图 8-1 项目实施组织架构图

2. 甲方项目组织及要求

甲方项目组组织机构人员表及职责能力建议见表 8-2 所列。

甲方项目组组织机构及职责能力表　　　　　　　　　　　　　　表 8-2

| 甲方 BIM 项目人员组织 | 职责要求 | 岗位能力要求 |
| --- | --- | --- |
| BIM 总负责（1 名） | 有推动 BIM 项目的主动意愿 | 对 BIM 行业有深刻的认识 |
| 建模总负责（1 名） | 主动承担建模阶段的所有计划协调工作，是模型的主要负责人 | 1. 熟练视图<br>2. 精通多个建模软件，包括广联达算量软件<br>3. 对 BIM 有深入的了解 |
| 建模人员（2~3 名） | 建模人员组成：土建和钢筋模型可由熟悉广联达算量软件的商务人员配合技术人员完成；机电建模：由管道公司熟悉 MagiCAD 或 Revit 的机电专业人员完成；<br>钢构模型：钢结构公司熟悉 Tekla 的建模人员完成 | 1. 熟练识图<br>2. 精通广联达算量软件、CAD 等建模工具类软件、MagiCAD 或者 Revit MEP 软件、Tekla 软件<br>3. 能够自审自查模型 |
| 应用总负责（1 名） | 主动承担应用阶段的所有计划协调工作，是 BIM 软件应用主要推动人 | 熟练操作计算机，5 年以上工程施工管理经验 |
| 应用人员（2~3 名） | 有参与 BIM 项目的主动意愿，能按领导要求应用 BIM 软件 | 熟练操作计算机，3 年以上工程施工管理经验 |

### 8.1.4　实施配套措施

为了保证本项目能够如期、高质、高效地达到预期目标，项目的组织管理措施主要包括以下几方面：

（1）双方共同成立领导小组。项目管理采用领导小组管理方式，甲乙双方相关领导联合组成领导小组，对项目的重大事件进行决策并对项目全过程进行监督及协调，避免行动不一致给项目带来风险。所有项目过程决策均由领导小组负责，双方小组成员必须服从决定。

（2）健全项目实施过程中的相关管理制度。实行例会、季报制度，根据项目进展情况对项目的执行进行及时检查，确保项目目标的正确性和质量。

（3）项目进度计划管理。项目进程按计划进行项目计划管理，所有项目计划均作为项目档案，项目组严格按项目计划执行，计划进度执行情况由双方项目组经理负责。

项目实施流程，如图 8-2 所示。

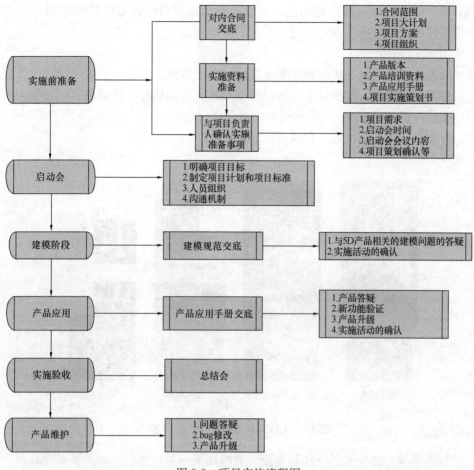

图 8-2 项目实施流程图

## 8.2 BIM 5D 应用目标成果

### 8.2.1 多专业综合碰撞及优化

1. 应用场景

各个专业之间，如结构与水暖电等专业之间的碰撞是一个传统二维设计难以解决的问题，往往在实际施工时才发现管线碰撞、施工空间不足等问题，造成大量变更、返工，费时费力。

基于 BIM 的多专业协同及碰撞检测能很好地解决这个问题。以三维 BIM 信息模型代替二维的图纸，解决传统的二维审图中难想象、易遗漏及效率低的问题，在施工前快速、准确、全面地检查出设计图纸中的错、漏、碰、缺问题。不仅如此，通过模型检查软件还能够提前发现和消防规范、施工规范等规范冲突的问题等，减少施工中的返工，节约成本，缩短工期，保证建筑质量，同时减少建筑材料、水、电等资源的消耗及带来的环境问题。

**2. 应对软件及操作步骤**

BIM 审图软件提供碰撞检查功能，可以检查出集成后的各专业模型的问题，通过视点、红线功能可以将碰撞位置进行记录并作后续沟通。

软件主要功能有：

（1）发现结构与机电、机电各个专业之间的各类碰撞。

（2）发现门窗开启、楼梯碰头、保温层空间检查等建筑特有软碰撞。

（3）支持一键返回 Revit 定位碰撞构件操作。

（4）导出多格式图文报告，轴线定位。

如图 8-3 所示。

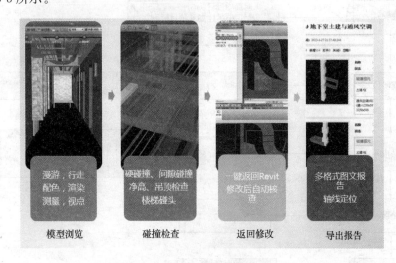

图 8-3　BIM 5D 审图软件主要功能

软件操作步骤：选择楼层→选择专业→碰撞结果→导出报告。如图 8-4 所示。

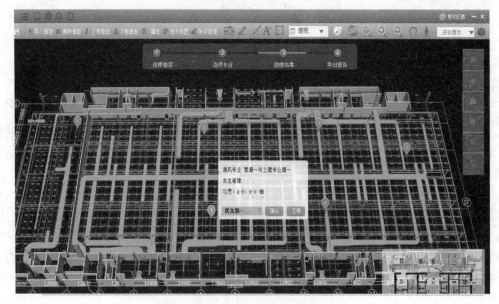

图 8-4　BIM 5D 审图软件操作步骤（一）

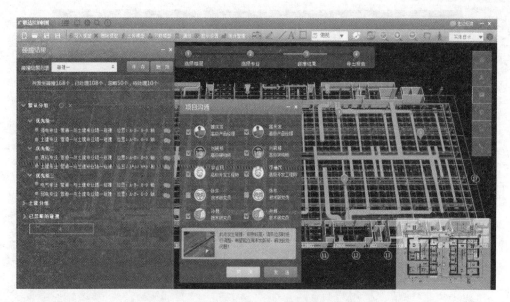

图 8-4 BIM 5D 审图软件操作步骤（二）

### 8.2.2 工程场地布置和规划

1. 应用场景

施工场地布置是施工现场必须提前规划好的一项重要工作。传统的做法是采用 CAD 的方式绘制，方案展示主要靠文字结合二维图纸来完成，现场布置是否合理只能依靠经验来判断，而相关结算数据更是缺少依据。为了解决上述问题，少数企业开始尝试用 BIM 手段建立三维模型，但是费时费力且成本较高，没有取得很好的成效。

2. 应对软件及其功能

某 BIM 施工现场三维布置 GSL 产品是一个基于 BIM 技术快速建立施工现场布置情况的软件，具备简单、直观、智能、合理的特点。

软件主要功能有：

（1）软件中内置道路、板房、加工场、料场、围栏等 100 多种施工现场构件，并可以导入施工场地布置平面图，帮助客户快速地建立施工现场的三维模型，同时实现所见即所得。如图 8-5 所示。

（2）智能自动计算临建工程量，为临设成本控制、分包结算提供参考依据。如图 8-6 所示。

图 8-5 场地布置案例模型

图 8-6　场地临设工程量统计

### 8.2.3　工程资料协同管理

1. 应用场景

在项目施工过程中，可以将各种格式的电子版工程资料上传到 BIM 5D 中，并与模型进行关联，实现工程资料的分类、定位管理。在应用中可方便快捷地查看到所需的工程资料。

2. 应对软件及其功能

BIM 5D 的资料管理模块可以实现基于云技术的资料分类管理及共享。

软件主要功能有：

（1）基于云端的工程资料上传。

（2）工程资料与模型的关联。如图 8-7 所示。

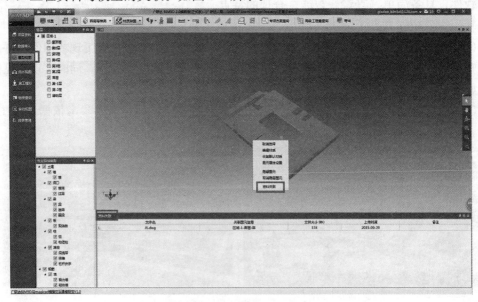

图 8-7　工程资料与模型关联

（3）工程资料的分类管理与共享。

### 8.2.4　流水段管理

1. 应用场景

在进度计划中合理安排分区流水施工是生产管理的重要内容。

2. 应对软件及其功能

BIM 5D 软件通过流水段划分的方式将模型划分为可以管理的工作面，并且将进度计划、工程量、资源等信息按照工作面进行组织及管理。

软件主要功能有：

（1）可以清晰地看到各个流水段的进度时间、工程量、图纸、清单、所需的物资量、定额劳动力等。如图 8-8 所示。

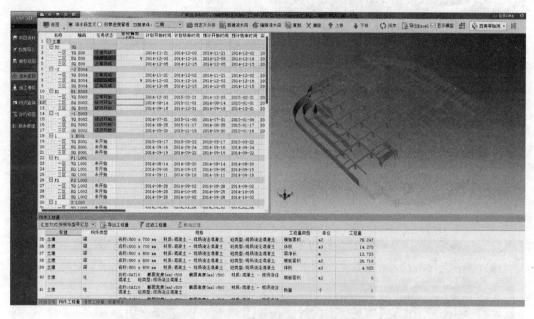

图 8-8　流水段管理截图

（2）帮助生产管理人员合理安排生产计划，提前规避工作面冲突及资源配置等问题。

### 8.2.5　施工模拟

1. 应用场景

让项目管理人员在施工之前提前预测项目建造过程中每个关键节点的施工现场布置、大型机械及措施布置方案，还可以预测每个月、每一周所需的资金、材料、劳动力情况，提前发现问题并进行优化。

2. 应对软件及其功能

BIM 5D 的施工模拟打破传统"华而不实"的虚拟建造过程展现方式，对 BIM 应用中的施工模拟进行了重新的定义。应用于项目整个建造阶段，真正做到前期指导施工、过程把控施工、结果校核施工，实现项目的精细化管理。如图 8-9～图 8-11 所示。

软件主要功能有：

（1）计划进度模拟。

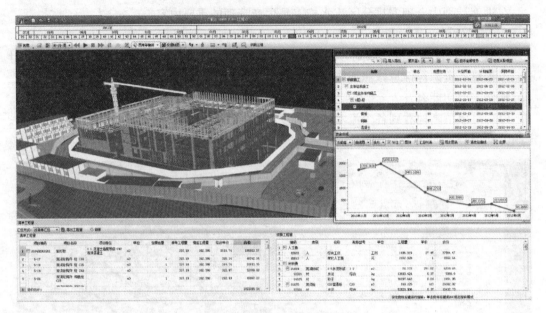

图 8-9　施工进度模拟

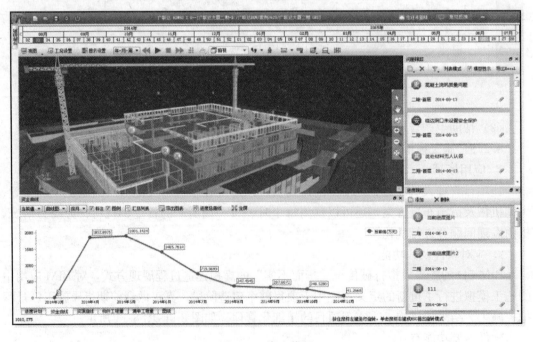

图 8-10　资金模拟

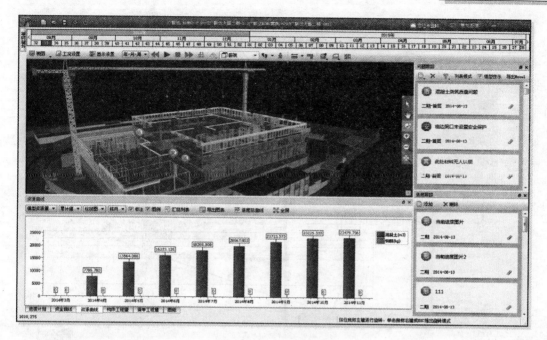

图 8-11　物资耗量模拟

（2）实际进度模拟。

（3）计划与实际进度对比模拟。

（4）施工场地布置及机械措施模拟。

（5）资金模拟。

（6）物资耗量模拟。

（7）多视点、多种方案动画及视频导出。

### 8.2.6　形象进度及完工量统计

1. 应用场景

实现工程现场进度管理的目的。通过选择模型构件的方式采集现场的实际完工情况，对比计划完工量，从而分析工程进度提前还是滞后，并且通过报表导出以及模型色彩渲染的方式呈现。

2. 应对软件及其功能

BIM 5D软件有如下功能：

（1）统计周期设置。

（2）按计划工期生成计划完工量。

（3）按实际工期生成实际完工量。

（4）选择模型图元生成实际完工量。如图 8-12 所示。

（5）计划与实际对比（表格与模型渲染）。如图 8-13 所示。

### 8.2.7　项目物资管控

1. 应用场景

BIM 模型上记载了模型的定额资源，如混凝土、钢筋、模板等用量，用户可以按照楼层、流水段统计所需的资源量，作为物资需用计划、节点限额的重要参考，将客户物资

251

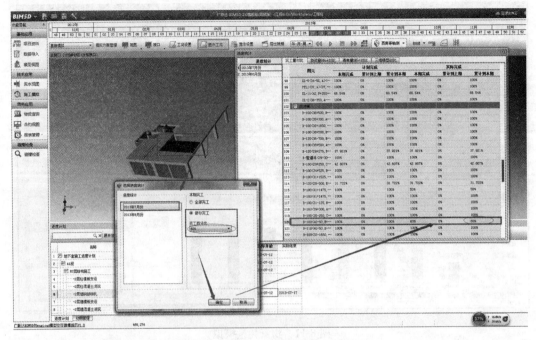

图 8-12　选择模型图元生成实际完工量

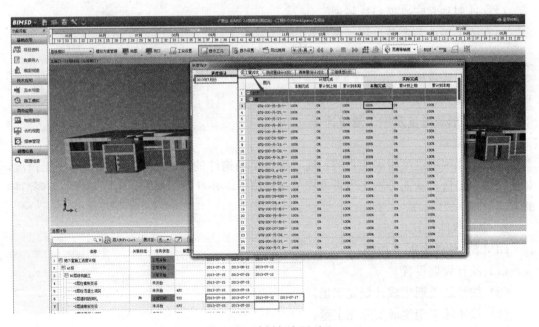

图 8-13　计划与实际对比

管控的水平提高到楼层、流水段级别。

（1）工程部：工程师可以迅速提供准确的分流水段、分楼层的材料需求计划。

（2）物资部：材料员可以迅速审核工程部工程师材料计划的准确性，使审核流程有效可靠，真正做到限额领料。

（3）商务部：预算员可以根据模型数据的提取，实现成本分析、成本控制、成本核算；迅速完成对业主月度工程量审报，对分包的实际完成工程量审核。

（4）项目经理：可以随时查看项目成本控制情况，对宏观决策提供支持。

2. 应对软件及其功能

BIM 5D 软件有如下功能：

（1）物资耗量模拟。如图 8-14 所示。

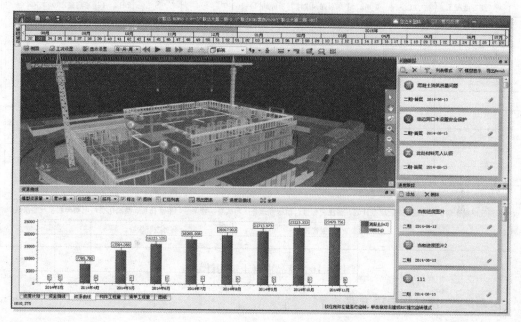

图 8-14　基于 BIM 5D 的物资耗量模拟

（2）快速物资提取。如图 8-15 所示。

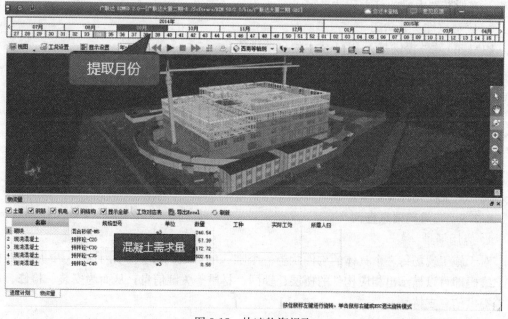

图 8-15　快速物资提取

（3）自动生成物资报表。如图 8-16 所示。

商品混凝土需用计划表

填报单位：施工管理 I 部　　　　　　填报时间：2014年6月11日　　　　　　　　　　编号：060

| 序号 | 物资名称 | 规格型号 | 计量单位 | 输送方式 | 使用部位 | 塌落度 | 商务部预算量 | 施工部计划量 | 计划使用时间 | 联络人及电话 | 备注 |
|---|---|---|---|---|---|---|---|---|---|---|---|
| 1 | 细石混凝土 | C20 | m2 | 非泵送 | 塔楼75层导墙 | 14~16 | 5 | 5 | 2014.6.12 | 李启豪1890×××××× | |
| 2 | 细石混凝土 | C20 | m2 | 非泵送 | 塔楼76层导墙 | 14~16 | 5 | 5 | 2014.6.13 | 李启豪1890×××××× | |
| | | | | | | | | | | | |
| | | | | | | | | | | | |
| | | | | | | | | | | | |
| | | | | | | | | | | | |
| | | | | | | | | | | | |
| | | | | | | | | | | | |
| | | | | | | | | | | | |
| | | | | | | | | | | | |
| | 部门经理签字栏 | | | | | 商务部： | | 施工部： | | | |

说明：浇筑混凝土前润泵砂浆也需要填报计划，请注明标号；输送方式分：车载泵、臂架泵、电动托泵、柴油托泵、电动车载泵及非泵送。

制表：　　　　　　　　　生产主管领导：　　　　　　　　　商务主管领导：

图 8-16　商品混凝土需用计划表

### 8.2.8　二次结构专项方案

1. 应用场景

二次结构专项方案编制的时候，对于砌体的排布，需要考虑到墙体的高度、砖块的模数、行业规范、设计构造要求、机电管线及门窗安装等因素。一套完整且合理的砌体排布图纸，需要花费大量的脑力劳动来完成。

2. 应对软件及其功能

BIM 5D 软件提供基于 BIM 技术的自动排砖功能。

软件主要功能如下：

（1）砌体砖、塞缝砖的尺寸和材质设置。

（2）导墙高度、水平灰缝厚度、竖直灰缝厚度设置。

（3）构造柱及圈梁、过梁布置。

（4）洞口、管槽布置。

（5）自动排砖，导出排砖图。如图 8-17 所示。

（6）最大损耗计算。

### 8.2.9　二维码信息查询

1. 应用场景

对于施工现场每一个具体的构件赋予一个唯一的二维码标识，用手机 APP 应用扫描该二维码即可以显示出相应构件的楼层、轴网、材质等关键信息，从而为安装、检修、定位等提供信息支持。

2. 应对软件及其功能

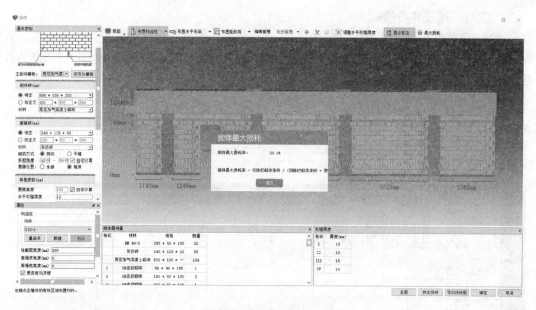

图 8-17 自动排砖

　　BIM 5D 软件提供基于 BIM 技术的二维码标识及打印功能，并且提供手机 APP 应用，可以通过扫描该二维码显示出相应构件的楼层、轴网、材质等关键信息。如图 8-18 所示。

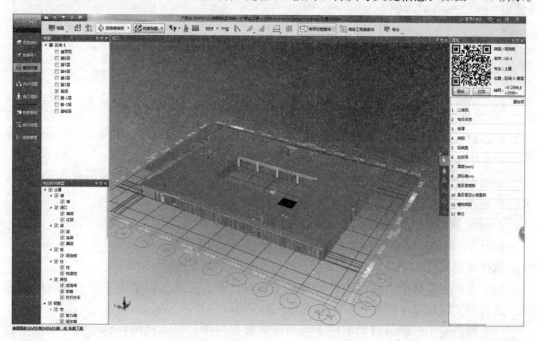

图 8-18 二维码标识及打印功能

### 8.2.10 三算对比成本分析

1. 应用场景

项目商务部要做商务策划，且定期、不定期给上级做损益分析。

**2. 应对软件及其功能**

BIM 5D 软件提供基于 BIM 技术的三算对比功能。通过三算（中标价、预算成本、实际成本）对比以清单和资源不同维度得出盈亏（收入－支出）和节超（预算－支出）值，帮助相关人员了解项目资金情况。

软件主要功能如下：

（1）清单三算对比。如图 8-19 所示。

（2）资源三算对比。

（3）合约规划。

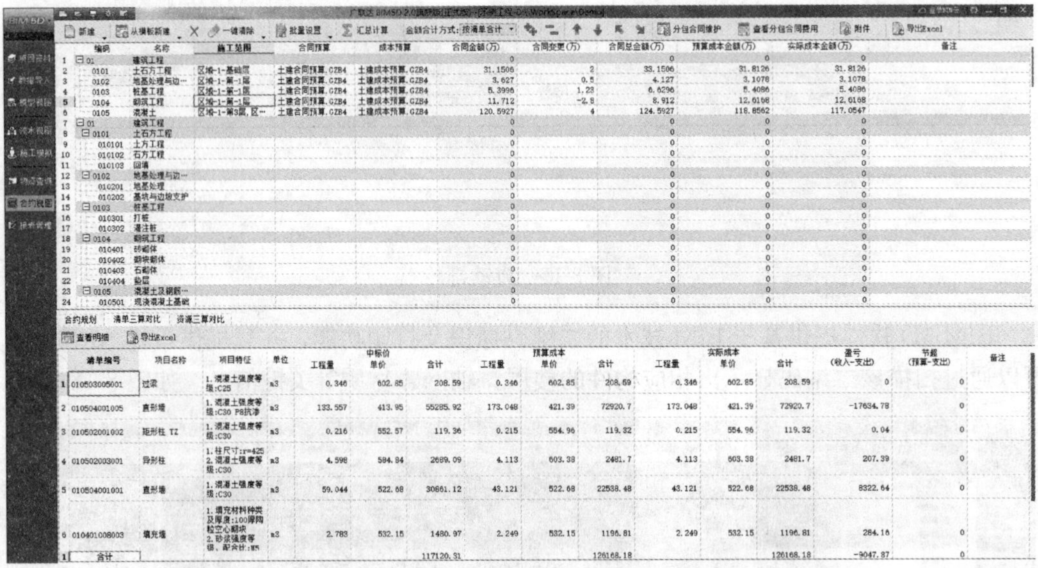

图 8-19　清单三算对比

### 8.2.11　手机端 APP 应用

**1. 应用场景**

工程管理人员在施工现场巡视中采集的进度、质量、安全等方面图文资料的及时共享及分析处理的重要性毋庸置疑。

**2. 应对软件及其功能**

BIM 5D 软件提供基于云技术的移动端数据共享管理方案。

软件主要功能如下：

（1）在现场巡视中，驻场工程师通过手机对进度、质量、安全等方面的问题进行拍照、录音和文字记录，并关联模型。如图 8-20 所示。

（2）软件基于广联云自动实现手机与电脑数据同步，以文档图钉的形式在模型中展现，协助生产和技术管理人员对进度、质量、安全等问题进行管理。如图 8-21 所示。

### 8.2.12　Web 端协同管理

**1. 应用场景**

公司的管理层领导需要能够远程异地、随时方便直观地查看项目的最新动态，包括：项目进度、成本、质量、安全等方面的相关信息。

支持记录问题的备注、上传图片、拍照、录音、上传附件和记录问题的处理状态。

图 8-20　基于 BIM 5D 移动应用记录现场质量安全等问题

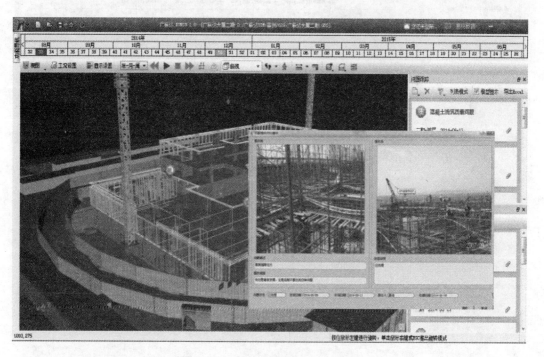

图 8-21　质量安全问题跟踪与处理

2. 应对软件及其功能

BIM 5D 软件提供基于云技术的 Web 端数据共享管理方案。

软件主要功能如下：

（1）质量、安全问题分析热力图。

（2）形象进度看板。

（3）进度照片墙。

（4）模型及属性信息浏览。

（5）成本分析穿透报表。

（6）项目资料云盘。

如图 8-22 所示。

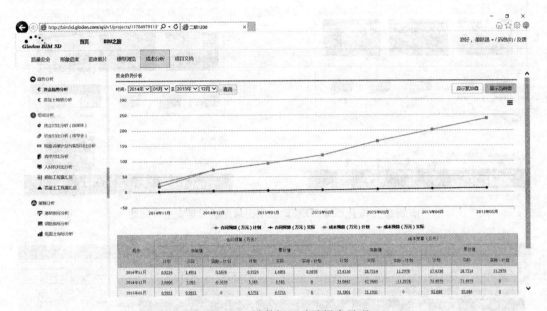

图 8-22　Web 端数据汇总及报表呈现

# 附　　件

## 附件1　脚手架、模板材料统计表

**外架材料统计表**

| 材料名称 | 用途 | 规格 | 单位 | 数量 |
|---|---|---|---|---|
| 48×3.5钢管 | 小横杆 | 1.4m | 根 | 1198 |
| | | 1.5m | 根 | 296 |
| | 斜撑 | 1.5m | 根 | 19 |
| | | 2.0m | 根 | 1 |
| | | 2.5m | 根 | 11 |
| | | 3.0m | 根 | 9 |
| | | 3.5m | 根 | 14 |
| | | 4.0m | 根 | 6 |
| | | 4.5m | 根 | 6 |
| | | 5.0m | 根 | 21 |
| | | 5.5m | 根 | 23 |
| | | 6.0m | 根 | 104 |
| | 横向斜撑 | 1.6m | 根 | 2 |
| | | 1.8m | 根 | 30 |
| | | 1.9m | 根 | 248 |
| | 水平杆 | 1.0m | 根 | 26 |
| | | 1.5m | 根 | 44 |
| | | 2.0m | 根 | 43 |
| | | 2.5m | 根 | 45 |
| | | 3.0m | 根 | 165 |
| | | 3.5m | 根 | 17 |
| | | 4.0m | 根 | 24 |
| | | 4.5m | 根 | 17 |
| | | 5.0m | 根 | 19 |
| | | 5.5m | 根 | 24 |
| | | 6.0m | 根 | 696 |
| | 立杆 | 3.0m | 根 | 306 |
| | | 4.0m | 根 | 4 |
| | | 6.0m | 根 | 612 |
| 合计 | | | m | 13717 |

续表

| 材料名称 | 用途 | 规格 | 单位 | 数量 |
|---|---|---|---|---|
| 卸料平台 | 卸料平台 | 2.5m×1.9m×4m | 个 | 1 |
| 安全通道 | 安全通道 | 5.4m×4m×6m | 个 | 1 |
| 底部垫板 | | 底部垫板 | m | 417 |
| 扣件 | 架体钢管间的连接 | 对接扣件 | 个 | 1394 |
| | | 旋转扣件 | 个 | 1366 |
| | | 直角扣件 | 个 | 7052 |
| 挡脚板 | | 挡脚板 | m | 722 |
| 脚手板 | | 脚手板 | m² | 627 |
| 防尘网 | | 防尘网 | m² | 2790 |

### 模板下料统计表

| 工程名称： | | 幼儿园模架设计模型 | 日期： | 201×-×-× |
|---|---|---|---|---|
| 施工单位： | | | | |
| 序号 | 规格（mm） | 单位 | 数量 | 面积（m²） |
| 1 | 2440×1220 | 张 | 179 | 532.85 |
| 2 | 2440×1215 | 张 | 2 | 5.93 |
| 3 | 2425×1220 | 张 | 1 | 2.96 |
| 4 | 2440×1205 | 张 | 2 | 5.88 |
| 5 | 2440×1175 | 张 | 1 | 2.87 |
| 6 | 2349×1220 | 张 | 1 | 2.87 |
| 7 | 2440×1167 | 张 | 1 | 2.85 |
| 8 | 2320×1220 | 张 | 1 | 2.83 |
| 9 | 2440×1129 | 张 | 2 | 5.51 |
| 10 | 2199×1220 | 张 | 3 | 8.05 |
| 11 | 2440×1080 | 张 | 2 | 5.27 |
| 12 | 2440×1079 | 张 | 1 | 2.63 |
| 13 | 2099×1220 | 张 | 1 | 2.56 |
| 14 | 2200×1151 | 张 | 3 | 7.60 |
| 15 | 2089×1200 | 张 | 1 | 2.51 |
| 16 | 2060×1220 | 张 | 1 | 2.51 |
| 17 | 2425×1030 | 张 | 1 | 2.50 |
| 18 | 2440×1000 | 张 | 14 | 34.16 |
| 19 | 1991×1220 | 张 | 1 | 2.43 |
| 20 | 2440×990 | 张 | 1 | 2.42 |
| 21 | 2440×980 | 张 | 2 | 4.78 |
| 22 | 1959×1220 | 张 | 1 | 2.39 |
| 23 | 2440×979 | 张 | 7 | 16.72 |

| 序号 | 规格（mm） | 单位 | 数量 | 面积（m²） |
|---|---|---|---|---|
| 24 | 2440×940 | 张 | 1 | 2.29 |
| 25 | 2440×930 | 张 | 8 | 18.15 |
| 26 | 2440×926 | 张 | 3 | 6.78 |
| 27 | 1850×1220 | 张 | 1 | 2.26 |
| 28 | 2440×910 | 张 | 1 | 2.22 |
| 29 | 2440×905 | 张 | 1 | 2.21 |
| 30 | 2350×939 | 张 | 1 | 2.21 |
| 31 | 1791×1220 | 张 | 1 | 2.19 |
| 32 | 2300×930 | 张 | 1 | 2.14 |
| 33 | 1900×1090 | 张 | 1 | 2.07 |
| 34 | 1850×1100 | 张 | 1 | 2.04 |
| 35 | 1850×1099 | 张 | 1 | 2.03 |
| 36 | 1843×1092 | 张 | 1 | 2.01 |
| 37 | 2130×930 | 张 | 3 | 5.94 |
| 38 | 2180×910 | 张 | 1 | 1.98 |
| 39 | 2440×780 | 张 | 2 | 3.81 |
| 40 | 2440×779 | 张 | 3 | 5.70 |

# 附件2　幼儿园项目土建工程量汇总表

## 幼儿园项目土建工程量汇总表

| 序号 | 指标项 | 单位 | 工程量 |
|---|---|---|---|
| 总建筑面积（m²） | | | |
| 一、土方指标 | | | |
| 1.1 | 挖土方 | m³ | 3786.503 |
| 1.2 | 灰土回填 | m³ | 627.791 |
| 1.3 | 素土回填 | m³ | 0 |
| 1.4 | 回填土 | m³ | 627.791 |
| 1.5 | 运余土 | m³ | 3158.712 |
| 二、混凝土指标 | | | |
| 2.1 | 混凝土基础 | m³ | 756.934 |
| 2.2 | 混凝土墙 | m³ | 76.0812 |
| 2.3 | 混凝土柱 | m³ | 179.684 |
| 2.4 | 混凝土梁 | m³ | 469.9909 |
| 2.5 | 混凝土板 | m³ | 516.7562 |
| 2.6 | 楼梯 | m³ | 11.6044 |

| 序号 | 指标项 | 单位 | 工程量 |
|------|--------|------|--------|
| 三、模板指标 | | | |
| 3.1 | 混凝土基础 | m² | 93.321 |
| 3.2 | 混凝土墙 | m² | 581.892 |
| 3.3 | 混凝土柱 | m² | 1078.0203 |
| 3.4 | 混凝土梁 | m² | 3688.2772 |
| 3.5 | 混凝土板 | m² | 4027.7341 |
| 3.6 | 楼梯 | m² | 0 |
| 四、砖石指标 | | | |
| 4.1 | 砖墙 | m³ | 100.8263 |
| 4.2 | 石墙 | m³ | 0 |
| 4.3 | 砌块墙 | m³ | A |
| 4.4 | 非混凝土基础 | m³ | 0 |
| 4.5 | 砖柱 | m³ | 0 |
| 五、门窗指标 | | | |
| 5.1 | 门 | m² | 217.65 |
| 5.2 | 窗 | m² | 424.22 |
| 5.3 | 门联窗 | m² | 296.1 |
| 六、装饰指标 | | | |
| 6.1 | 地面块料 | m² | 3179.189 |
| 6.2 | 混凝土墙抹灰 | m² | 0 |
| 6.3 | 砖石砌块墙抹灰 | m² | 7994.9876 |
| 6.4 | 顶棚抹灰 | m² | 4084.5715 |
| 6.5 | 混凝土墙块料 | m² | 0 |
| 6.6 | 砖石砌块墙块料 | m² | 8057.9995 |

## 附件3　幼儿园项目钢筋汇总表

### 钢筋分层汇总表

| 楼层名称 | 钢筋形式 | 总长（m） | 总重（kg） | 其中箍筋（kg） | 接头类型 |
|----------|----------|-----------|-----------|----------------|----------|
| | C12 | 247.860 | 220.074 | 220.074 | 绑扎（0） |
| | C22 | 17683.856 | 52768.687 | 0.000 | 绑扎（1731） |
| 0层（基础层） | C25 | 9377.306 | 36130.801 | 0.000 | 绑扎（926） |
| | C28 | 911.886 | 4407.105 | 0.000 | 绑扎（0） |
| | 小计 | 28220.908 | 93526.667 | 220.074 | 接头总数（2657） |

| 楼层名称 | 钢筋形式 | 总长（m） | 总重（kg） | 其中箍筋（kg） | 接头类型 |
|---|---|---|---|---|---|
| 一1层（管道层） | A6.5 | 1692.628 | 438.886 | 438.886 | 绑扎（0） |
| | A8 | 682.452 | 269.136 | 269.136 | 绑扎（0） |
| | C6 | 22.609 | 5.014 | 5.014 | 绑扎（0） |
| | C8 | 6201.637 | 2449.269 | 1607.117 | 绑扎（62） |
| | C10 | 28330.091 | 17479.412 | 2690.869 | 绑扎（338） |
| | C12 | 20022.667 | 17779.264 | 5597.832 | 绑扎（538） |
| | C14 | 128.786 | 155.566 | 0.000 | 绑扎（0） |
| | C16 | 309.800 | 488.862 | 0.000 | 绑扎（0） |
| | C18 | 389.951 | 779.122 | 0.000 | 绑扎（8） |
| | C20 | 595.618 | 1468.795 | 0.000 | 绑扎（6） |
| | C22 | 1282.935 | 3828.259 | 0.000 | 绑扎（149） |
| | C25 | 3801.173 | 14645.894 | 0.000 | 绑扎（303） |
| | C28 | 985.604 | 4763.460 | 0.000 | 绑扎（228） |
| | 小计 | 64445.951 | 64550.939 | 10608.854 | 接头总数（1632） |
| 1层（首层） | A6.5 | 2015.164 | 522.525 | 522.525 | 绑扎（0） |
| | C6 | 239.271 | 53.057 | 53.057 | 绑扎（0） |
| | C6.5 | 3561.026 | 926.039 | 0.000 | 绑扎（0） |
| | C8 | 20301.721 | 8019.577 | 1459.387 | 绑扎（0） |
| | C10 | 20046.786 | 12368.339 | 9694.325 | 绑扎（0） |
| | | 161.028 | 99.414 | 99.414 | 电渣压力焊（0） |
| | C12 | 2635.843 | 2340.641 | 0.000 | 绑扎（0） |
| | C14 | 81.348 | 98.258 | 0.000 | 绑扎（0） |
| | | 214.704 | 259.344 | 0.000 | 电渣压力焊（0） |
| | C16 | 374.761 | 591.382 | 0.000 | 绑扎（4） |
| | C18 | 376.829 | 752.906 | 0.000 | 绑扎（14） |
| | C20 | 519.230 | 1280.429 | 0.000 | 绑扎（10） |
| | | 80.976 | 199.692 | 0.000 | 电渣压力焊（0） |
| | C22 | 1988.500 | 5933.704 | 0.000 | 绑扎（158） |
| | C25 | 4665.077 | 17974.529 | 0.000 | 绑扎（321） |
| | C28 | 1112.392 | 5376.202 | 0.000 | 绑扎（228） |
| | 小计 | 58374.656 | 56796.038 | 11828.708 | 接头总数（735） |
| 2层（普通层） | C6 | 226.726 | 50.275 | 50.275 | 绑扎（0） |
| | C6.5 | 4010.870 | 1042.956 | 0.000 | 绑扎（0） |
| | C8 | 20975.808 | 8286.043 | 1290.309 | 绑扎（0） |
| | C10 | 8605.889 | 5309.584 | 4133.601 | 绑扎（0） |
| | | 161.028 | 99.414 | 99.414 | 电渣压力焊（0） |

| 楼层名称 | 钢筋形式 | 总长（m） | 总重（kg） | 其中箍筋（kg） | 接头类型 |
|---|---|---|---|---|---|
| 2层（普通层） | C12 | 11096.616 | 9853.322 | 7820.220 | 绑扎（0） |
| | C14 | 89.996 | 108.706 | 0.000 | 绑扎（0） |
| | | 214.704 | 259.344 | 0.000 | 电渣压力焊（0） |
| | C16 | 741.448 | 1170.065 | 0.000 | 绑扎（2） |
| | C18 | 201.450 | 402.497 | 0.000 | 绑扎（6） |
| | C20 | 550.316 | 1357.078 | 0.000 | 绑扎（14） |
| | | 80.976 | 199.692 | 0.000 | 电渣压力焊（0） |
| | C22 | 2436.777 | 7271.352 | 0.000 | 绑扎（157） |
| | C25 | 3385.306 | 13043.565 | 0.000 | 绑扎（312） |
| | C28 | 1076.242 | 5201.436 | 0.000 | 绑扎（228） |
| | 小计 | 53854.152 | 53655.329 | 13393.819 | 接头总数（719） |
| 3层（普通层） | A6.5 | 1733.716 | 449.535 | 449.535 | 绑扎（0） |
| | C6 | 159.781 | 35.429 | 35.429 | 绑扎（0） |
| | C6.5 | 0.600 | 0.156 | 0.000 | 绑扎（0） |
| | C8 | 32093.073 | 12676.865 | 1265.259 | 绑扎（0） |
| | C10 | 17836.570 | 11006.499 | 9747.861 | 绑扎（0） |
| | | 80.514 | 49.707 | 49.707 | 电渣压力焊（0） |
| | C12 | 1842.414 | 1636.115 | 0.000 | 绑扎（0） |
| | C14 | 29.004 | 35.032 | 0.000 | 绑扎（0） |
| | | 107.352 | 129.672 | 0.000 | 电渣压力焊（0） |
| | C16 | 173.493 | 273.775 | 0.000 | 绑扎（0） |
| | C18 | 123.358 | 246.468 | 0.000 | 绑扎（4） |
| | C20 | 1824.524 | 4499.269 | 0.000 | 绑扎（66） |
| | | 40.488 | 99.846 | 0.000 | 电渣压力焊（0） |
| | C22 | 1528.110 | 4559.890 | 0.000 | 绑扎（62） |
| | C25 | 4372.725 | 16848.117 | 0.000 | 绑扎（573） |
| | 小计 | 61945.722 | 52546.375 | 11547.791 | 接头总数（705） |
| 4层（屋面） | A6 | 184.690 | 41.001 | 0.000 | 绑扎（20） |
| | A6.5 | 17.056 | 4.420 | 4.420 | 绑扎（0） |
| | C8 | 5294.609 | 2091.231 | 0.000 | 绑扎（252） |
| | C10 | 818.344 | 504.870 | 504.870 | 绑扎（0） |
| | C12 | 45.504 | 40.408 | 0.000 | 绑扎（0） |
| | C16 | 6.288 | 9.922 | 0.000 | 绑扎（0） |
| | C18 | 241.657 | 482.813 | 0.000 | 绑扎（36） |
| | C20 | 59.984 | 147.920 | 0.000 | 绑扎（0） |
| | 小计 | 6668.132 | 3322.585 | 509.290 | 接头总数（308） |
| 合计 | | 273509.521 | 324397.933 | 48108.536 | 接头总数（6756） |

# 附件 4　工程量清单报表

本投标报价是按照招标文件中要求采用的工程量计算规则，根据企业自身的情况、拟订的施工组织设计和施工方案，并结合当地实际情况进行编制的。《工程量清单》中所列的工程量系招标人的估算，工程实际结算时，以由我方和招标人或由招标人授权委托的工程师共同核实的实际工程量为准。本报价为全额预算。

## 一、工程量清单依据

1. 招标文件及补充文件、调价文件、工程量清单及施工设计图纸；
2. ××省建设工程工程量清单计价规则（2009）；
3. ××省建筑工程消耗量定额（2008）；
4. ××省建设工程参考价目表（2009）。

## 二、工程量清单编制说明

以往的分部分项综合单价包括人工费、材料费、施工机械使用费和管理费及利润，以及一定的风险费用。而今，在××省乃至全国，在清单计价中都已纷纷使用全费用综合单价，这个报价的综合单价包含了全部的取费项目，即人工费、材料费、机械费、管理费、利润、风险费用、规费及税金。清单内的工程数量为经过 3D 建模计算出来的工程数量。

措施费用中，除安全文明施工费等不可竞争费用外，其余均按照使用的定额或计价规则进行计算。在措施项目中，考虑到了安全文明施工费，冬雨期、夜间施工措施费，二次搬运，测量放线、定位复测、检测试验，对于其他项目费用，只添加了副食品调节基金，如暂定金额、总承包服务费均未设置。

规费中，社会保障费和住房公积金均以分部分项工程费、措施项目费、其他项目费、人工费价差的合计为取费基础，分别以费率取费。危险作业意外伤害保险以分部分项工程费、措施项目费、人工费价差的合计为取费基础，以费率取费。

税金以分部分项工程费、措施项目费、其他项目费、规费和人工费价差为取费基础，费率取××市市区 3.48%。本项目的投标报价为 5354293.75 元，低于目标成本的 550万元。

## 三、工程量清单报表

### 单位工程招标控制价汇总表

工程名称：幼儿园　　　　　　　　标段：　　　　　　　第 1 页　共 1 页

| 序号 | 汇总内容 | 金额（元） | 其中：暂估价（元） |
|---|---|---|---|
| 1 | 分部分项工程费 | 4001823.25 | |
| 1.1 | A.1 土石方工程 | 105702.21 | |
| 1.2 | A.4 砌筑工程 | 257243.28 | |
| 1.3 | A.5 混凝土及钢筋混凝土工程 | 2702318.87 | |
| 1.4 | A.9 屋面及防水工程 | 274534.48 | |
| 1.5 | A.10 保温、隔热、防腐工程 | 170494.11 | |

| 序号 | 汇总内容 | 金额（元） | 其中：暂估价（元） |
|---|---|---|---|
| 1.6 | A.11 楼地面工程 | 250138.28 | |
| 1.7 | A.8 门窗工程 | 241392.02 | |
| 2 | 措施项目费 | 1084669.42 | |
| 2.1 | 其中：安全文明施工措施费 | 207634.48 | |
| 3 | 其他项目费 | 24394.29 | |
| 4 | 规费 | 238678.41 | |
| 4.1 | 社会保障费 | 219768.13 | |
| 4.1.1 | 养老保险 | 181436.49 | |
| 4.1.2 | 失业保险 | 7666.33 | |
| 4.1.3 | 医疗保险 | 22998.99 | |
| 4.1.4 | 工伤保险 | 3577.62 | |
| 4.1.5 | 残疾人就业保险 | 2044.35 | |
| 4.1.6 | 女工生育保险 | 2044.35 | |
| 4.2 | 住房公积金 | 15332.66 | |
| 4.3 | 危险作业意外伤害保险 | 3577.62 | |
| 5 | 不含税单位工程造价 | 5349565.37 | |
| 6 | 税金 | 186164.87 | |
| 7 | 扣除养老保险后含税单位工程造价 | 5354293.75 | |
| | 招标控制价合计＝5＋6－4.1.1 | 5354293.75 | |

注：本表适用于单位工程招标控制价或投标报价的汇总，如无单位工程划分，单项工程也使用本表汇总。

附件5　日照分析报告

# 日照分析报告书

项目名称：某幼儿园项目

委托单位：某开发有限公司

报告日期：201✕-✕-✕

✕✕✕

### 一、项目概况

| | | | | | |
|---|---|---|---|---|---|
| 委托单位 | 单位名称 | 某开发有限公司 | | | |
| | 通信地址 | ××市小店区平阳南路××号××× | | 邮编 | |
| | 联系人 | ××× | 电话 | ××× | E-mail |
| 受托单位 | 单位名称 | ××× | | | |
| | 通信地址 | ××× | | 邮编 | |
| | 联系人 | ××× | 电话 | | E-mail |
| 分析项目 | 项目名称 | 某幼儿园项目 | | | |
| | 目标定位 | 东 | | 南 | |
| | | 西 | | 北 | |
| | 提交资料 | ■电子图■工程图纸□草图 | | 附图： | |
| | 成果用途 | □规划审批□司法鉴定□其他 | | | |

备注：

　　小区共规划了七栋高层住宅楼及三栋小区配套的临街商业、一座幼儿园、一座换热站，小区设有地下一层停车库。

　　幼儿园建筑面积 3607.77m²，南侧距地界线 17.64m，东侧距 7 号楼 9.17m，北侧距 5 号楼 18.58m，西侧距 6 号楼 9.4m，距地面出入口 6.96m。

### 二、日照分析项目情况

（一）建设项目基本情况

小区共规划了七栋高层住宅楼及三栋小区配套的临街商业、一座幼儿园、一座换热站。

（二）基地内建筑

#### 各建筑物高度及基底标高

| 楼号 | 性质 | 层数 | 架空高度 | 建筑物高度（檐口或女儿墙）（m） | 跃层高度 | 电梯井高度 | 水箱高度 | 室内标高 | 受影面高度（m） |
|---|---|---|---|---|---|---|---|---|---|
| 1 | 住宅 | 25 | | 72.15 | | | | 0.000 | 0.900 |
| 2 | 住宅 | 25 | | 72.15 | | | | 0.000 | 0.900 |
| 3 | 住宅 | 25 | | 72.15 | | | | 0.000 | 0.900 |
| 4 | 住宅 | 25 | | 72.15 | | | | 0.000 | 0.900 |
| 5 | 住宅 | 11 | | 31.70 | | | | 0.000 | 0.900 |
| 6 | 住宅 | 25 | | 72.15 | | | | 0.000 | 0.900 |
| 7 | 住宅 | 34 | | 98.48 | | | | 0.000 | 0.900 |
| 幼 | 住宅 | 3 | | 11.70 | | | | 0.000 | 0.900 |

（三）资料来源

1. 建设单位提供的地形图；

2. 建设单位提供的建筑设计方案；

3. 建设单位提供的周边建筑主体性质及建筑高度；

4. 当地地理位置信息；

5. 《住宅建筑规范》GB 50368—2005；

6. 《住宅设计规范》GB 50096—2011；

7. 《城市居住区规划设计规范》GB 50180—1993。

## 三、日照分析技术参数

《城市居住区规划设计规范》GBJ 50180—1993（2002 版）中住宅日照标准应符合下表规定，对于特定情况还应符合下列规定：

1. 普通教室向阳面冬至日满窗日照不应少于 2h。

2. 在原设计建筑外增加任何设施不应使相邻住宅原有日照的标准降低。

**住宅建筑日照标准**

| 建筑气候区划 | Ⅰ、Ⅱ、Ⅲ、Ⅶ气候区 | | Ⅳ气候区 | | Ⅴ、Ⅵ气候区 |
|---|---|---|---|---|---|
| | 大城市 | 中小城市 | 大城市 | 中小城市 | |
| 日照标准日 | 大寒日 | | | 冬至日 | |
| 日照时数（h） | ≥2 | | ≥3 | | ≥1 |
| 有效日照时间带（h） | 8～16 | | | 9～15 | |
| 计算起点 | 底层窗台面 | | | | |

## 四、日照分析结果（附表）

| 所属城市 | ×× | 经度 | 112°34′ | 纬度 | 37°51′ |
|---|---|---|---|---|---|
| 分析日 | 201×年 12 月 22 日 | 节气 | □大寒■冬至□其他 | | |
| 有效日照时间 | 6：00-18：00 | 控制标准 | 时间（分钟） | 120 | |
| 分析高度（米） | | | 计算方法 | □连续■累计 | |
| 分析方案 | 阴影分析 | | | | |
| 分析结论 | ■满足□不满足 | | 附图： | | |

说明：

据《××市建筑日照规则》及《中小学校设计规范》，普通教室向阳面冬至日满窗日照不应少于 2h，根据模型计算结果，该幼儿园设计符合要求

分析：_____

校对：_____

审核：_____

×××

201×年 × 月 × 日

| 所属城市 | ×× | 经度 | 112°34′ | 纬度 | 37°51′ |
|---|---|---|---|---|---|
| 分析日 | 201×年 12 月 22 日 | 节气 | □大寒■冬至□其他 | | |
| 有效日照时间 | 6：00-18：00 | 控制标准 | 时间（分钟） | | 120 |
| 分析高度（米） | 1.35 | | 计算方法 | | □连续■累计 |
| 分析方案 | 单点分析 | | | | |
| 分析结论 | ■满足□不满足 | | 附图： | | |

说明：

据《××市建筑日照规则》及《中小学校设计规范》，普通教室向阳面冬至日满窗日照不应少于 2h，根据模型计算结果，该幼儿园设计符合要求

分析：＿＿＿＿＿＿＿

校对：＿＿＿＿＿＿＿

审核：＿＿＿＿＿＿＿

×××

201×年 × 月 × 日

| 所属城市 | ×× | 经度 | 112°34′ | 纬度 | 37°51′ |
|---|---|---|---|---|---|
| 分析日 | 201×年 12 月 22 日 | 节气 | □大寒■冬至□其他 | | |
| 有效日照时间 | 6：00-18：00 | 控制标准 | 时间（分钟） | | 120 |
| 分析高度（米） | | | 计算方法 | | □连续■累计 |
| 分析方案 | 多点区域 | | | | |
| 分析结论 | ■满足□不满足 | | 附图： | | |

说明：

据《××市建筑日照规则》及《中小学校设计规范》，普通教室向阳面冬至日满窗日照不应少于 2h，根据模型计算结果，该幼儿园设计符合要求

分析：＿＿＿＿＿＿＿

校对：＿＿＿＿＿＿＿

审核：＿＿＿＿＿＿＿

×××

201×年 × 月 × 日

**附：分析计算说明**

报告依据：

1. 国家有关标准规范。

2. 住房城乡建设部评估认证"SUN 日照分析软件"（天正软件有限公司开发）。

3. 本局有关技术经验。

报告书中，当同一项目采用多种方案分析时，所有方案均满足日照要求方视为该项目满足日照要求。

委托单位提供的资料不实或方案变更等原因导致的分析差错，责任由委托方承担。

本报告仅作为报告中所指定范围内的技术依据，未经相关负责人书面许可，不得作为其他用途。

本报告的图纸报表及相关结论均盖章后生效，私自涂改后的报告书无效。

本报告的解释权归相关负责人。

附件 6　节能分析报告

# 公共建筑节能计算报告书

项目名称：　　　某幼儿园项目　　　

计　算　人：　　　　　B　　　　　

校　对　人：　　　　　　　　　　　

审　核　人：　　　　　　　　　　　

设计单位：　　　××建筑设计院　　

计算时间：　　201×年×月×日　　

计算软件：T20 天正建筑节能分析软件

软件版本：V2.0 Build160108

软件开发单位：天正公司

## 一、项目概况

| | |
|---|---|
| 项目名称 | 某幼儿园项目 |
| 项目地址 | ××省××市小店区 |
| 建设单位 | 某地产开发有限公司 |
| 设计单位 | ××建筑设计院 |
| 设计编号 | |
| 地理位置 | ××-×× |
| 气候分区 | 寒冷 |

## 二、建筑信息

| | |
|---|---|
| 建筑层数 | 地上 3 层，地下 0 层 |
| 建筑高度 | 12.0m |
| 建筑面积 | 地上 0.00m² ，地下 0.00m² |
| 北向角度 | 90.00° |
| 体型系数 | 0.27 |

## 三、设计依据

1. 《公共建筑节能设计标准》GB 50189—2015；

2. 《民用建筑热工设计规范》GB 50176—2016；

3. 《建筑照明设计标准》GB 50034—2013；

4. 《建筑外门窗气密、水密、抗风压性能分级及检测方法》GB/T 7106—2008；

5. 《建筑幕墙》GB/T 21086—2007。

## 四、体型系数

| | |
|---|---|
| 建筑外表面积 | 4498.71m² |
| 建筑体积（地上） | 16661.89m³ |
| 体型系数 | 0.27 |
| 标准规定 | 建筑类型为甲类建筑 |
| 结论 | 满足要求 |

## 五、外墙平均热工参数计算

对于一般建筑，外墙平均传热系数按下式计算：

$K$——外墙平均传热系数 $[W/(m^2 \cdot K)]$；

$K = \varphi K_p$     $K_p$——外墙主体部位传热系数 $[W/(m^2 \cdot K)]$；

$\varphi$——外墙主体部位传热系数的修正系数。

外墙保温形式：外保温

| | | 总体 | 东向 | 西向 | 南向 | 北向 |
|---|---|---|---|---|---|---|
| 墙 | 面积 m² | 1862.22 | 328.2 | 344.61 | 580.2 | 609.21 |
| | 修正系数 | 1.0 | 1.0 | 1.0 | 1.0 | 1.0 |
| | 平均传热系数 | 0.37 | 0.39 | 0.43 | 0.23 | 0.16 |
| 外墙平均传热系数 | | 0.37 | | | | |
| 标准规定 | | 0.75 | | | | |
| 结论 | | 不满足要求 | | | | |

## 六、外窗气密性等级

| 围护结构 | 气密性等级 | 标准规定 | 结论 |
|---|---|---|---|
| 建筑外窗（1~9层） | 7 | 楼层≥1且≤9时，建筑外窗气密性等级应≥6 | 满足要求 |

## 七、外门气密性等级

| 围护结构 | 气密性等级 | 标准规定 | 结论 |
|---|---|---|---|
| 外门 | 4 | 外门气密性等级应≥4 | 满足要求 |

## 八、静态判断计算结论

| 序号 | 项目名称 | 结论 |
|---|---|---|
| 1 | 体型系数 | 满足要求 |
| 2 | 建筑外窗气密性等级 | 满足要求 |
| 3 | 外门气密性等级 | 满足要求 |
| 4 | 外墙平均传热系数 | 不满足要求 |

根据计算，该工程不完全满足《公共建筑节能设计标准》GB 50189—2015 的相应要求，需进行热工权衡判断计算。

## 九、热工权衡判断

| 建筑围护结构热工性能权衡判断审核表 | | | |
|---|---|---|---|
| 项目名称 | 某幼儿园项目 | | |
| 工程地址 | ××省××市小店区 | | |
| 设计单位 | ××建筑设计院 | | |
| 设计日期 | 201×年6月 | 气候区域 | 寒冷 |
| 采用软件 | T20天正建筑节能分析软件 | 版本信息 | V2.0 Build160108 |
| 建筑面积 | 3607.77m² | 建筑外表面积 | 4498.71m² |
| 建筑体积 | 16661.89m² | 建筑体型系数 | 0.27 |
| 设计建筑窗墙比 | | 屋顶透光部分与屋顶总面积之比 M | M 的限值 |
| 北 东 西 南 | | | |
| 0.4　0.34　0.39　0.58 | | — | 20% |
| 围护结构部位 | 设计建筑 传热系数 $K[W/(m^2 \cdot K)]$ | 参照建筑 传热系数 $K[W/(m^2 \cdot K)]$ | 是否符合标准规定限制 |
| 平屋面(不上人) | 0.38 | 0.35 | 否 |
| 外墙 | 0.37 | 0.45 | 是 |
| 外窗 | 2.39 | 东西北向2.0 | 否 |
| 不采暖地下室顶板 | 0.82 | 0.5 | 否 |
| 权衡判断基本要求判定 | 围护结构传热系数基本要求 $K[W/(m^2 \cdot K)]$ | | 设计建筑是否满足基本要求 |
| | 屋面 | ≤0.55 | 满足要求 |
| | 外墙(包括非透光幕墙) | ≤0.60 | 满足要求 |
| | 外窗(包括透光幕墙) | ≤2.7/≤2.4 | 不完全满足要求 |
| | 不采暖地下室顶板 | ≤0.55 | 不完全满足要求 |
| | 围护结构是否满足基本要求 | | 否 |
| 权衡计算结果 | 设计建筑(W/m²) | | 极限标准(W/m²) |
| 耗热量指标 | 14.81 | | 17.7 |
| 权衡判断结论 | 设计建筑的围护结构热工性能满足要求 | | |

# 附件7 施工进度计划表

## 施工进度计划表

| 工序名称 | 工程量 | | 时间定额 | 劳动量 | 合并后劳动量 | 人数 | 时间（天） | 备注 |
|---|---|---|---|---|---|---|---|---|
| | 单位 | 数量 | | | | | | |
| 基础及地下室工程 | | | | | | | | |
| 场地平整 | m² | 1243.5 | 0.016 | 19.896 | 19.896 | 20 | 1 | |
| 基坑挖土 | m³ | 3786.5 | 0.03 | 113.595 | 113.595 | 20 | 1 | 机械 |
| 基础混凝土垫层 | m³ | 127.5 | 0.31 | 39.525 | 39.525 | 20 | 2 | 商品混凝土机捣吊斗送 |
| 基础底板卷材防水层施工 | m² | 1258.96 | 0.0166 | 20.898 | 20.898 | 20 | 1 | |
| 筏板基础绑钢筋 | t | 100.2 | 1.67 | 167.334 | 179.766 | 30 | 6 | |
| 筏板基础支模板 | m² | 77.7 | 0.16 | 12.432 | | | | |
| 浇筑基础混凝土 | m³ | 629.5 | 0.264 | 166.188 | 166.188 | 18 | 6 | |
| 地下一层墙体钢筋绑扎 | t | 10.7 | 4.17 | 44.619 | 86.159 | 22 | 4 | |
| 地下一层柱钢筋绑扎 | t | 15.5 | 2.68 | 41.54 | | | | |
| 地下一层梁支模板 | m² | 716.7 | 0.21 | 150.507 | 382.871 | 32 | 8 | |
| 地下一层板支模板 | m² | 1056.2 | 0.22 | 232.364 | | | | |
| 地下一层墙支模板 | m² | 581.9 | 0.04 | 23.276 | 162.492 | 20 | 8 | |
| 地下一层柱支模板 | m² | 153 | 0.18 | 27.54 | | | | |
| 地下一层梁钢筋绑扎 | t | 21.4 | 3.4 | 72.76 | | | | |
| 地下一层板钢筋绑扎 | t | 18.8 | 2.07 | 38.916 | | | | |
| 地下一层墙浇筑混凝土 | m³ | 76.1 | 0.415 | 31.5815 | 135.65 | 23 | 4 | |
| 地下一层柱浇筑混凝土 | m³ | 30.5 | 0.768 | 23.424 | | | | |
| 地下一层梁浇筑混凝土 | m³ | 97.9 | 0.228 | 22.3212 | | | | |
| 地下一层板浇筑混凝土 | m³ | 183.4 | 0.323 | 59.2382 | | | | |
| 地下室外墙防水基层处理 | m² | 328.2 | 0.401 | 131.6082 | 131.6082 | 43 | 2 | |
| 灰土回填 | m³ | 627.8 | 0.071 | 44.5738 | 44.5738 | 44 | 1 | |
| 地上主体工程 | | | | | | | | |
| 安装塔吊 | 台 | 1 | | | | 10 | 1 | |
| 搭设外脚手架 | m² | 699.6 | 0.42 | 293.8320 | 334.836 | 27 | 12 | |
| 首层柱钢筋绑扎 | t | 15.3 | 2.68 | 41.004 | | | | |
| 首层顶板板支模板 | m² | 980.9 | 0.22 | 215.798 | 425.819 | 35 | 8 | |
| 首层顶板梁支模板 | m² | 1000.1 | 0.21 | 210.021 | | | | |
| 首层柱支模板 | m² | 291.9 | 0.18 | 52.542 | | | | |
| 首层顶板梁钢筋绑扎 | t | 28.4 | 3.4 | 96.56 | 163.385 | 27 | 6 | |
| 首层顶板板钢筋绑扎 | t | 6.9 | 2.07 | 14.283 | | | | |
| 首层柱浇筑混凝土 | m³ | 47.6 | 0.738 | 35.1288 | | | | |
| 首层梁浇筑混凝土 | m³ | 123.9 | 0.228 | 28.2492 | 85.7231 | 14 | 4 | |
| 首层板浇筑混凝土 | m³ | 105.9 | 0.211 | 22.3449 | | | | |

| 工序名称 | 工程量 | | 时间定额 | 劳动量 | 合并后劳动量 | 人数 | 时间(天) | 备注 |
|---|---|---|---|---|---|---|---|---|
| | 单位 | 数量 | | | | | | |
| 搭设外脚手架 | m² | 699.6 | 0.42 | 293.832 | 340.196 | 28 | 12 | |
| 二层柱钢筋绑扎 | t | 17.3 | 2.68 | 46.364 | | | | |
| 二层顶板板支模板 | m² | 950.6 | 0.22 | 209.132 | 406.49 | 34 | 8 | |
| 二层顶板梁支模板 | m² | 939.8 | 0.21 | 197.358 | | | | |
| 二层柱支模板 | m² | 293.4 | 0.18 | 52.812 | | | | |
| 二层顶板梁钢筋绑扎 | t | 27 | 3.4 | 91.8 | 157.86 | 26 | 6 | |
| 二层顶板板钢筋绑扎 | t | 6.4 | 2.07 | 13.248 | | | | |
| 二层柱浇筑混凝土 | m³ | 47.6 | 0.738 | 35.1288 | 78.8129 | 26 | 2 | |
| 二层梁浇筑混凝土 | m³ | 118.3 | 0.228 | 26.9724 | | | | |
| 二层板浇筑混凝土 | m³ | 102.9 | 0.211 | 21.7119 | | | | |
| 搭设外脚手架 | m² | 699.6 | 0.42 | 293.832 | 336.176 | 24 | 14 | |
| 三层柱钢筋绑扎 | t | 15.8 | 2.68 | 42.344 | | | | |
| 三层顶板板支模板 | m² | 1024.7 | 0.22 | 225.434 | 433.733 | 31 | 10 | |
| 三层顶板梁支模板 | m² | 991.9 | 0.21 | 208.299 | | | | |
| 三层柱支模板 | m² | 311.9 | 0.18 | 56.142 | | | | |
| 三层顶板梁钢筋绑扎 | t | 26.7 | 3.4 | 90.78 | 173.832 | 21 | 8 | |
| 三层顶板板钢筋绑扎 | t | 13 | 2.07 | 26.91 | | | | |
| 三层柱浇筑混凝土 | m³ | 51.4 | 0.738 | 37.9332 | 92.5509 | 31 | 2 | |
| 三层梁浇筑混凝土 | m³ | 126 | 0.228 | 28.728 | | | | |
| 三层板浇筑混凝土 | m³ | 122.7 | 0.211 | 25.8897 | | | | |
| 主体结构封顶 | | | | | | | | |
| 首层墙体砌筑二次结构 | m³ | 232 | 0.915 | 212.28 | 212.28 | 30 | 7 | 多孔砖 |
| 二层墙体砌筑二次结构 | m³ | 223.5 | 0.915 | 204.5025 | 204.5025 | 24 | 7 | |
| 三层墙体砌筑二次结构 | m³ | 243.7 | 0.915 | 222.9855 | 222.9855 | 30 | 5 | |
| 屋面工程施工 | | | | | | | | |
| 屋面柱钢筋绑扎 | t | 1.4 | 2.68 | 3.752 | | | | |
| 屋面柱支模板 | m² | 27.7 | 0.18 | 4.986 | | | | |
| 屋面梁支模板 | m² | 20 | 0.21 | 4.2 | | | | |
| 屋面板支模板 | m² | 15.3 | 0.22 | 3.366 | | | | |
| 屋面梁钢筋绑扎 | t | 0.9 | 3.4 | 3.06 | 51.2906 | 26 | 2 | |
| 屋面板钢筋绑扎 | t | 0.1 | 2.07 | 0.207 | | | | |
| 屋面柱浇筑混凝土 | m³ | 2.7 | 0.738 | 1.9926 | | | | |
| 屋面梁浇筑混凝土 | m³ | 1.9 | 0.228 | 0.4332 | | | | |
| 屋面板浇筑混凝土 | m³ | 1.8 | 0.211 | 0.3798 | | | | |
| 屋面墙砌筑 | m³ | 31.6 | 0.915 | 28.914 | | | | |
| 屋面找坡层施工 | m³ | 26.1 | 0.659 | 17.1999 | 17.1999 | 3 | 6 | |
| 屋面保温层施工 | m² | 1304.6 | 0.075 | 97.845 | 97.845 | 16 | 6 | |

| 工序名称 | 工程量 | | 时间定额 | 劳动量 | 合并后劳动量 | 人数 | 时间（天） | 备注 |
|---|---|---|---|---|---|---|---|---|
| | 单位 | 数量 | | | | | | |
| 屋面找平层施工 | m² | 1304.6 | 0.06 | 78.276 | 78.276 | 7 | 6 | |
| 屋面防水层施工（沥青防水卷材） | m² | 1304.6 | 0.02 | 26.092 | 26.092 | 26 | 1 | |
| 装饰装修工程 | | | | | | | | |
| 地下室内墙抹灰 | m² | 331.3 | 0.112 | 37.1056 | 37.1056 | 18 | 2 | |
| 地下室地面抹灰 | m² | 1092.3 | 0.112 | 122.3376 | 122.3376 | 31 | 4 | |
| 一层门窗框安装 | 樘 | 80 | 0.1 | 8 | | | | |
| 二层门窗框安装 | 樘 | 62 | 0.1 | 6.2 | | | | |
| 三层门窗框安装 | 樘 | 61 | 0.1 | 6.1 | | | | |
| 屋面门窗框安装 | 樘 | 1 | 0.1 | 0.1 | 162.1806 | 7 | 15 | |
| 地上一到三层楼梯栏杆、扶手制作、安装 | m | 116.2 | 0.413 | 47.9906 | | | | |
| 地上一到屋面层安装门窗扇 | m² | 937.9 | 0.1 | 93.79 | | | | |
| 一层室内墙面抹灰施工 | m² | 2190.4 | 0.112 | 245.3248 | 249.0878 | 24 | 7 | |
| 一层踢脚抹灰施工 | m² | 71 | 0.053 | 3.763 | | | | |
| 二层室内墙面抹灰施工 | m² | 2214 | 0.112 | 247.968 | 251.1745 | 35 | 5 | |
| 二层踢脚抹灰施工 | m² | 60.5 | 0.053 | 3.2065 | | | | |
| 三层室内墙面抹灰施工 | m² | 1999.3 | 0.112 | 223.9216 | 227.2924 | 37 | 4 | |
| 三层踢脚抹灰施工 | m² | 63.6 | 0.053 | 3.3708 | | | | |
| 地上一至三层卫生间地面抹灰 | m² | 258.4 | 0.112 | 28.9408 | 35.4008 | | | 并入每层踢脚计算 |
| 地上一至三层卫生间地面防水涂料 | m² | 258.4 | 0.025 | 6.46 | | | | |
| 一层室内地面水泥砂浆垫层 | m² | 934.1 | 0.052 | 48.5732 | 48.5732 | 7 | 7 | |
| 二层室内地面水泥砂浆垫层 | m² | 1016.7 | 0.052 | 52.8684 | 52.8684 | 35 | 1 | |
| 三层室内地面水泥砂浆垫层 | m² | 1019.7 | 0.052 | 53.0244 | 53.0244 | 35 | 1 | |
| 楼梯栏杆、扶手表面涂刷 | m² | 139.5 | 0.21 | 29.295 | 115.9305 | 8 | 6 | |
| 一到三层楼梯抹灰 | m² | 156.1 | 0.555 | 86.6355 | | | | |
| 外墙装饰装修工程 | | | | | | | | |
| 屋面外墙抹灰 | m² | 138.8 | 0.12 | 16.656 | 16.656 | 5 | 3 | |
| 三层室外墙面抹灰 | m² | 551.2 | 0.12 | 66.144 | 66.144 | 15 | 3 | |
| 二层室外墙面抹灰 | m² | 503.4 | 0.12 | 60.408 | 60.408 | 20 | 3 | |
| 一层室外墙面抹灰 | m² | 397.9 | 0.12 | 47.748 | 47.748 | 16 | 3 | |
| 外墙外保温施工 | m² | 1591.3 | 0.1716 | 273.06708 | 273.067 | 20 | 9 | |
| 外墙涂料工程施工 | m² | 1591.3 | 0.041 | 65.2433 | 65.2433 | 11 | 9 | |
| 外脚手架拆除 | m² | 2098.9 | 0.013 | 27.2857 | 27.2857 | 9 | 3 | |
| 拆除塔吊 | 台 | 1 | | | | 5 | 2 | |
| 水暖电卫安装 | | | | | | 107 | 3 | |
| 零星工程 | | | | | | 105 | 3 | |

$$k = 68/6381 \times 135 = 1.439$$

## 附件8　幼儿园项目进度计划横道图、网络图

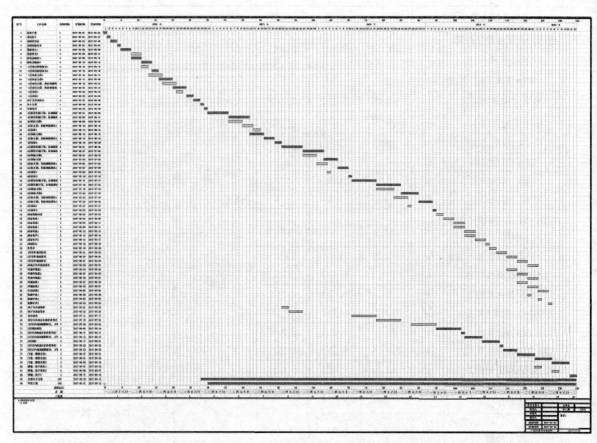

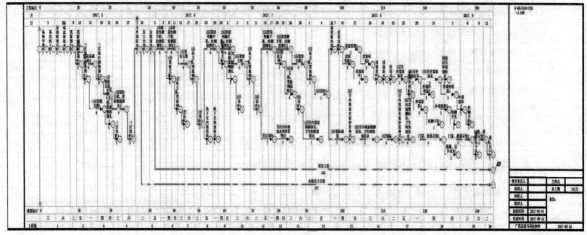

# 附件 9 现场布置三维效果

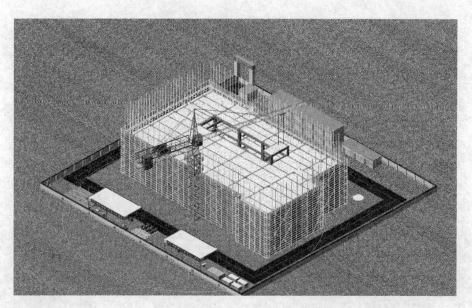

幼儿园项目三维布置效果图——东南视图

幼儿园项目三维布置效果图——西南视图

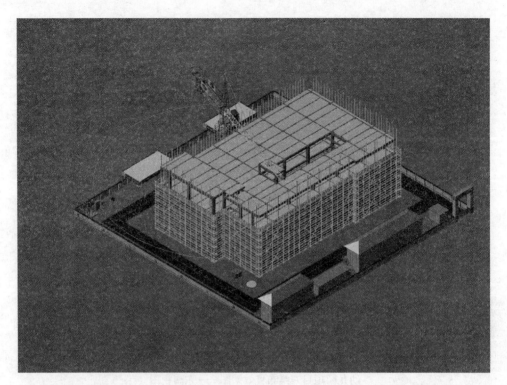

幼儿园项目三维布置效果图——东北视图

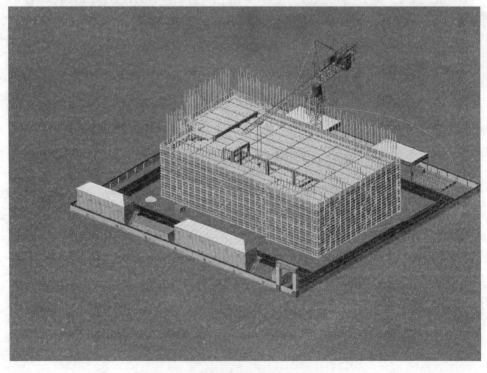

幼儿园项目三维布置效果图——西北视图

## 附件 10　BIM USE 实施规划一级流程图

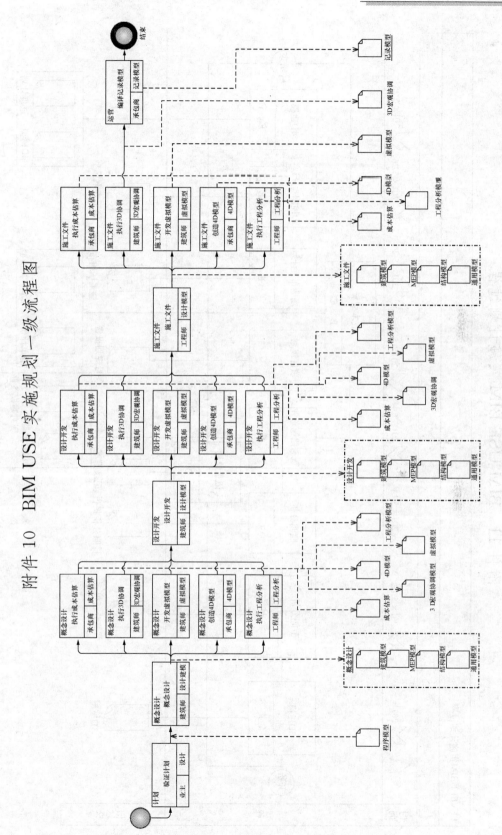

## 附件 11　BIM USE BIM 实施计划过程

LEVEL1：BIM实施计划过程

| 时间 | 201×.5.10 | 201×.5.12 | 201×.5.14 | 201×.5.18 | 201×.5.21 | 201×.5.24 | 201×.5.26 | 201×.5.28 |
|---|---|---|---|---|---|---|---|---|

**过程：**

开始 → 3D建模（全员） → 节能分析（B） → 照明分析（C） → 现有建模条件（B） → 项目规划（C） → 场地布置计划（E） → 3D控制与计划（E） → 4D建模（E、D） → 结束

成本估算（B、C）

记录建模（D）

**信息交互：**

- 3D模型
- 节能分析报告
- 日照分析报告
- 记录模型
- 项目规划报告
- 施工场地布置图
- 施工方案模型
- 4D模型　进度计划
- 调查模型　现有建模条件
- 清单计价表　成本估算模型

# 附件 12　BIM USE 实施规划二级流程图—项目规划

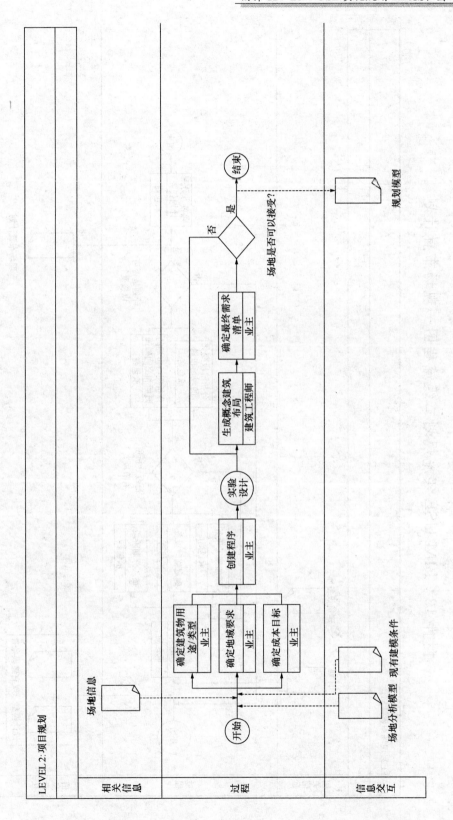

附件 13　BIM USE 实施规划二级流程图—现场布置计划

LEVEL2：现场布置计划

| 相关信息 | 过程 | 信息交互 |
|---|---|---|

**相关信息：** 计划、建筑设备库

**过程：**

开始 → 定义施工阶段（承包商）

添加施工设备（承包商）、确定临时设备（承包商）、插入分期阶段（承包商）

是否分析所有阶段？
- 否
- 是 → 分析现场阶段变化的现场布局（承包商）、分析现场布局的时间和空间碰撞（承包商）

计划是否可以接受？
- 否
- 是 → 向各项分配任务计划（承包商）→ 结束

**信息交互：** 设计模型　现有建模条件 → 现场布置计划

284

## 附件 14　BIM USE 实施规划二级流程图—3D 控制与计划

LEVEL 2:3D控制与计划

相关信息

设计规范　进度，成本和劳动信息　建筑数据集

过程

开始　确定工作范围　承包商

确定可替代的施工方法　承包商

生成其他必需信息　承包商

各种分析方法　承包商

模型是否可以接受？

比较选择选项　承包商

协调施工顺序　承包商

施工顺序是否可以接受？

生成施工图　承包商

结束

3D控制报告

信息交互

设计模型　协作模型

建筑模型

285

# 附件 15　BIM USE 实施规划二级流程图—成本估算

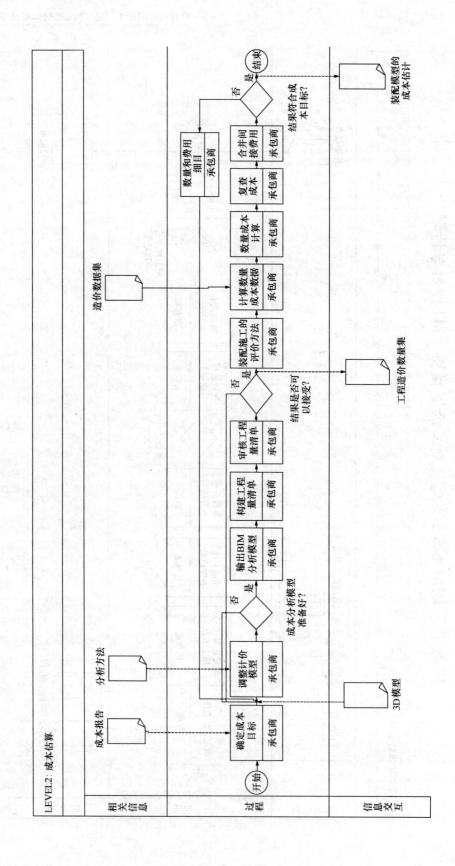

## 附件 16　BIM USE 实施规划二级流程图—照明分析

LEVEL.2:照明分析

**相关信息**

太阳能资料　天气资料

**过程**

开始 → 确定照明分析标准（照明工程师）→ 生成照明布局（照明工程师）→ 生成基础照明模型（照明工程师）→ 导出照明分析应用模型（照明工程师）→ 修正分析模型（照明工程师）

分析日照模型（照明工程师）

分析照明模型等级（照明工程师）

分析密度水平模型（照明工程师）

建筑物照明可接受？ — 否 / 是

导出照明应用设计模型（照明工程师）→ 更新照明模型（照明工程师）→ 结束

**信息交互**

建筑模型　其他应用模型　结构模型

照明设计模型（草稿）

照明分析模型

照明设计模型

附件 17　BIM USE 实施规划二级流程图—能源分析

LEVEL2: 能源分析

**相关信息**

建筑类型库　　空间类型库　机械系统库　　能源价格　分析方法　天气信息

**过程**

开始

调整BIM能源分析 / 相关责任方

指定建筑构件的建筑类型 / 承包商

指定外部设计标准和能源目标 / 机械工程师

创建并分配热区 / 机械承包商

模型是否可以预测?　否 / 是

BIM导出分析 / 机械工程师

分析能源需求和消耗量 / 机械工程师

复查能源分析结果 / 机械工程师

准备文字性报告 / 机械工程师

结果是否可以接受?　否 / 是

结束

**信息交互**

设计模型　　能源分析模型

## 附件 18　BIM USE 实施规划二级流程图—4D 建模

**LEVEL2: 4D模型**

| 相关信息 | 生产信息　交货时间 |
| --- | --- |

过程

```
开始 → 设置施工顺序和流程（所有责任方）→ 准备或调整计划（所有责任方）→ 链接活动的3D元素（4D建模员）→ 验证4D模型的准确性（所有责任方）→ 场地是否正确？→ 查看4D模型表（所有责任方）→ 计划优化？→ 结束

确定信息交换需求（所有责任方）→ 创建新的或优化已有3D模型（所有责任方）
```

场地是否正确？　否／是

计划优化？　否／是

信息交互

3D模型　　计划（草稿）　　4D模型（草稿）　　计划　　4D模型

附件 19　BIM USE 实施规划二级流程图—模架设计

# 附件 20　BIM USE 实施规划二级流程图—设计协调

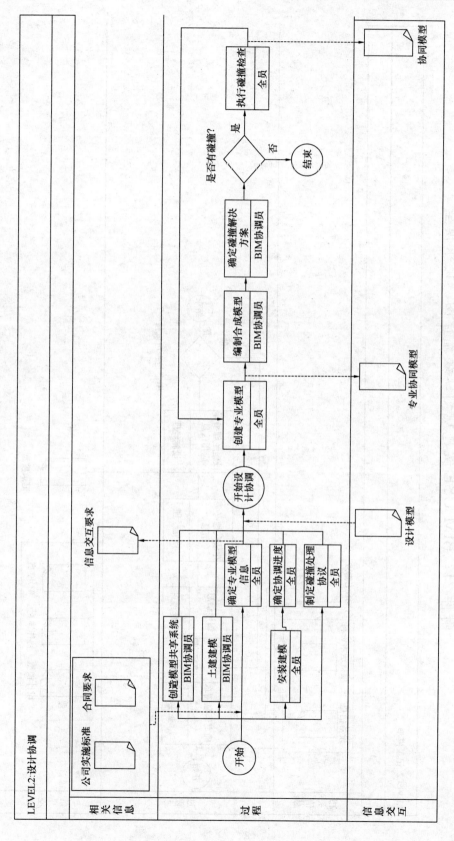

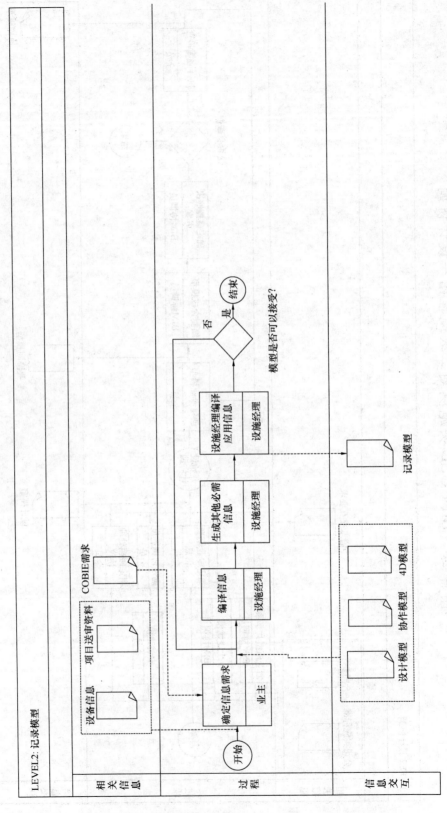

附件 21　BIM USE 实施规划二级流程图—记录模型

# 参 考 文 献

[1] 李勇. 建设工程施工进度 BIM 预测方法研究[D]. 武汉理工大学，2014.

[2] 黄园. 建设项目 BIM 应用成熟度评价研究[D]. 深圳大学，2017.

[3] SACKS R, KANER I, EASTMAN C M, et al. The Rosewood experiment — Building information modeling and interoperability for architectural precast facades[J]. Automation in Construction, 2010, 19(4): 419-432.

[4] VENUGOPAL M, EASTMAN C M, SACKS R, et al. Semantics of model views for information exchanges using the industry foundation class schema[J]. Advanced Engineering Informatics, 2012, 26(2): 411-428.

[5] STEEL J, DROGEMULLER R, TOTH B. Model interoperability in building information modelling [J]. Software & Systems Modeling, 2012, 11(1): 99-109.

[6] DAUM S, BORRMANN A. Processing of Topological BIM Queries using Boundary Representation Based Methods [M]. Elsevier Science Publishers B. V. , 2014.

[7] MAZAIRAC W, BEETZ J. BIMQL - An open query language for building information models [M]. Elsevier Science Publishers B. V. , 2013.

[8] FU C, AOUAD G, LEE A, et al. IFC model viewer to support nD model application[J]. Automation in Construction, 2006, 15(2): 178-185.

[9] ISIKDAG U, ZLATANOVA S, UNDERWOOD J. A BIM-Oriented Model for supporting indoor navigation requirements[J]. Computers Environment & Urban Systems, 2013, 41(3): 112-123.

[10] REZGUI Y, BODDY S, WETHERILL M, et al. Past, present and future of information and knowledge sharing in the construction industry: Towards semantic service-based e-construction[J]. Computer-Aided Design, 2011, 43(5): 502-515.

[11] LEE S K, KIM K R, YU J H. BIM and ontology-based approach for building cost estimation[J]. Automation in Construction, 2014, 41(3): 96-105.

[12] ISIKDAG U, UNDERWOOD J. Two design patterns for facilitating Building Information Model-based synchronous collaboration[J]. Automation in Construction, 2010, 19(5): 544-553.

[13] EASTMAN C M, JEONG Y S, SACKS R, et al. Exchange Model and Exchange Object Concepts for Implementation of National BIM Standards[J]. Journal of Computing in Civil Engineering, 2009, 24(1): 25-34.

[14] LEE G, PARK Y H, HAM S. Extended Process to Product Modeling (xPPM) for integrated and seamless IDM and MVD development[J]. Advanced Engineering Informatics, 2013, 27(4): 636-651.

[15] T Fröebel, B Firmenich, C Koch. Quality assessment of coupled civil engineering applications. Adv. Eng. Inform. 25 (4) (2011) 625-639. http: //dx. doi. org/10. 1016/j. aei. 2011. 08. 005.

[16] MOTAMEDI A, SAINI R, HAMMAD A, et al. Role-based access to facilities lifecycle information on RFID tags[J]. Advanced Engineering Informatics, 2011, 25(3): 559-568.

[17] JIAO Y, WANG Y, ZHANG S, et al. A cloud approach to unified lifecycle data management in architecture, engineering, construction and facilities management: Integrating BIMs and SNS[J]. Advanced Engineering Informatics, 2013, 27(2): 173-188.

［18］ LIN Y C. Construction 3D BIM-based knowledge management system: a case study[J]. Statyba, 2014, 20(2): 186-200.

［19］ COSTA A, KEANE M M, TORRENS J I, et al. Building operation and energy performance: Monitoring, analysis and optimisation toolkit[J]. Applied Energy, 2013, 101(1): 310-316.

［20］ LARSEN K E, LATTKE F, OTT S, et al. Surveying and digital workflow in energy performance retrofit projects using prefabricated elements[J]. Automation in Construction, 2011, 20(8): 999-1011.

［21］ EGUARAS-MART NEZ M, VIDAURRE-ARBIZU M, MART N-G MEZ C. Simulation and evaluation of Building Information Modeling in a real pilot site[J]. Applied Energy, 2014, 114(2): 475-484.

［22］ WANG C, YONG K C, GAI M. As-is 3D Thermal Modeling for Existing Building Envelopes Using a Hybrid LIDAR System[J]. Journal of Computing in Civil Engineering, 2013, 27(6): 645-656.

［23］ GUPTA A, CEMESOVA A, HOPFE C J, et al. A conceptual framework to support solar PV simulation using an open-BIM data exchange standard[J]. Automation in Construction, 2014, 37(37): 166-181.

［24］ WELLE B, HAYMAKER J, ROGERS Z. ThermalOpt: A methodology for automated BIM-based multidisciplinary thermal simulation for use in optimization environments[J]. Building Simulation, 2011, 4(4): 293-313.

［25］ LC Bank, BP Thompson, M McCarthy. Decision-making tools for evaluating the impact of materials selection on the carbon footprint of buildings. Carbon Manag. 2 (4) (2011) 431-441. http: // dx. doi. org/10. 4155/cmt. 11. 33.

［26］ IDDON C R, FIRTH S K. Embodied and operational energy for new-build housing: A case study of construction methods in the UK[J]. Energy & Buildings, 2013, 67(6): 479-488.

［27］ AZHAR S, CARLTON W A, OLSEN D, et al. Building information modeling for sustainable design and LEED rating analysis[J]. Automation in Construction, 2010, 20(2):

［28］ WONG K W, KUAN K L. Implementing 'BEAM Plus' for BIM-based sustainability analysis[J]. Automation in Construction, 2014, 44(3): 163-175.

［29］ MARZOUK M, ABDELATY A. BIM-based framework for managing performance of subway stations[J]. Automation in Construction, 2014, 41(5): 70-77.

［30］ STADEL A, EBOLI J, RYBERG A, et al. Intelligent Sustainable Design: Integration of Carbon Accounting and Building Information Modeling[J]. Journal of Professional Issues in Engineering Education & Practice, 2011, 137(2): 51-54.

［31］ BASBAGILL J, FLAGER F, LEPECH M, et al. Application of life-cycle assessment to early stage building design for reduced embodied environmental impacts[J]. Building & Environment, 2013, 60(60): 81-92.

［32］ OTI A H, TIZANI W. BIM extension for the sustainability appraisal of conceptual steel design[J]. Advanced Engineering Informatics, 2015, 29(1): 28-46.

［33］ KOTA S, HABERL J S, CLAYTON M J, et al. Building Information Modeling (BIM)-based daylighting simulation and analysis[J]. Energy & Buildings, 2014, 81(April): 391-403.

［34］ CHENG J C, MA L Y. A BIM-based system for demolition and renovation waste estimation and planning[J]. Waste Management, 2013, 33(6): 1539-1551.

［35］ MARZOUK M, ABDELATY A. Monitoring thermal comfort in subways using building information modeling[J]. Energy & Buildings, 2014, 84(4): 252-257.

[36] LIU S, MENG X, TAM C. Building information modeling based building design optimization for sustainability[J]. Energy & Buildings, 2015, 105: 139-153.

[37] LEE G, SACKS R, EASTMAN C M. Specifying parametric building object behavior (BOB) for a building information modeling system[J]. Automation in Construction, 2006, 15(6): 758-776.

[38] CAVIERES A, GENTRY R, AL-HADDAD T. Knowledge-based parametric tools for concrete masonry walls: Conceptual design and preliminary structural analysis[J]. Automation in Construction, 2011, 20(6): 716-728.

[39] LEE S, HA M. Customer interactive building information modeling for apartment unit design[J]. Automation in Construction, 2013, 35(14): 424-430.

[40] WELLE B, ROGERS Z, FISCHER M. BIM-Centric Daylight Profiler for Simulation (BDP4SIM): A methodology for automated product model decomposition and recomposition for climate-based daylighting simulation[J]. Building & Environment, 2012, 58(2284): 114-134.

[41] RAFIQ M Y, RUSTELL M J. Building Information Modeling Steered by Evolutionary Computing [J]. Journal of Computing in Civil Engineering, 2014, 28(2).

[42] SANGUINETTI P, ABDELMOHSEN S, LEE J M, et al. General system architecture for BIM: An integrated approach for design and analysis[J]. Advanced Engineering Informatics, 2012, 26(2): 317-333.

[43] SACKS R, TRECKMANN M, ROZENFELD O. Visualization of Work Flow to Support Lean Construction[J]. Journal of Construction Engineering & Management, 2009, 135(12): 1307-1315.

[44] SACKS R, RADOSAVLJEVIC M, BARAK R. Requirements for building information modeling based lean production management systems for construction[J]. Automation in Construction, 2010, 19(5): 641-655.

[45] DAVIES R, HARTY C. Implementing 'Site BIM': A case study of ICT innovation on a large hospital project[J]. Automation in Construction, 2013, 30(30): 15-24.

[46] BARAK R, JEONG Y S, SACKS R, et al. Unique Requirements of Building Information Modeling for Cast-in-Place Reinforced Concrete[J]. Journal of Computing in Civil Engineering, 2009, 23(2): 64-74.

[47] SCHATZ K. Designing a BIM-based serious game for fire safety evacuation simulations[J]. Advanced Engineering Informatics, 2011, 25(4): 600-611.

[48] VANLANDE R, NICOLLE C, CRUZ C. IFC and building lifecycle management[J]. Automation in Construction, 2008, 18(1): 70-78.

[49] MOTAMEDI A, SOLTANI M M, HAMMAD A. Localization of RFID-equipped assets during the operation phase of facilities [M]. Elsevier Science Publishers B. V., 2013.

[50] THOMPSON B P, BANK L C. Use of system dynamics as a decision-making tool in building design and operation[J]. Building & Environment, 2010, 45(4): 1006-1015.

[51] GRILO A, JARDIM-GONCALVES R. Challenging electronic procurement in the AEC sector: A BIM-based integrated perspective[J]. Automation in Construction, 2011, 20(2): 107-114.

[52] REDMOND A, HORE A, ALSHAWI M, et al. Exploring how information exchanges can be enhanced through Cloud BIM[J]. Automation in Construction, 2012, 24(4): 175-183.

[53] CHONG H Y, WONG J S, WANG X. An explanatory case study on cloud computing applications in the built environment[J]. Automation in Construction, 2014, 44(8): 152-162.

[54] CHEN H M, HOU C C. Asynchronous online collaboration in BIM generation using hybrid client-server and P2P network[J]. Automation in Construction, 2014, 45: 72-85.

［55］ ROH S, AZIZ Z, PE A-MORA F. An object-based 3D walk-through model for interior construction progress monitoring[J]. Automation in Construction, 2011, 20(1): 66-75.

［56］ AKULA M, LIPMAN R R, FRANASZEK M. Real-time drill monitoring and control using building information models augmented with 3D imaging data[J]. Automation in Construction, 2013, 36 (15): 1-15.

［57］ KLEIN L, LI N, BECERIK-GERBER B. Imaged-based verification of as-built documentation of operational buildings[J]. Automation in Construction, 2012, 21(1): 161-171.

［58］ MOTAMEDI A, HAMMAD A, ASEN Y. Knowledge-assisted BIM-based visual analytics for failure root cause detection in facilities management[J]. Automation in Construction, 2014, 43(43): 73-83.

［59］ BRILAKIS I, LOURAKIS M, SACKS R, et al. Toward automated generation of parametric BIMs based on hybrid video and laser scanning data[J]. Advanced Engineering Informatics, 2010, 24(4): 456-465.

［60］ TANG P, HUBER D, AKINCI B, et al. Automatic reconstruction of as-built building information models from laser-scanned point clouds: A review of related techniques[J]. Automation in Construction, 2010, 19(7): 829-843.

［61］ XIONG X, ADAN A, AKINCI B, et al. Automatic creation of semantically rich 3D building models from laser scanner data[J]. Automation in Construction, 2013, 31(3): 325-337.

［62］ MAHDJOUBI L, MOOBELA C, LAING R. Providing real-estate services through the integration of 3D laser scanning and building information modelling[J]. Computers in Industry, 2013, 64(9): 1272-1281.

［63］ TURKAN Y, BOSCH F, HAAS C T, et al. Toward Automated Earned Value Tracking Using 3D Imaging Tools[J]. Journal of Construction Engineering & Management Asce, 2013, 139(4): 423-433.

［64］ MILL T, ALT A, LIIAS R. Combined 3D building surveying techniques â terrestrial laser scanning (TLS) and total station surveying for BIM data management purposes[J]. Statyba, 2013, 19 (sup1): S23-S32.

［65］ JUNG J, HONG S, JEONG S, et al. Productive modeling for development of as-built BIM of existing indoor structures[J]. Automation in Construction, 2014, 42(2): 68-77.

［66］ F Bosché. Plane-based registration of construction laser scanswith 3D/4D building models. Adv. Eng. Inform. 26 (1) (2012) 90-102. http: //dx. doi. org/10. 1016/j. aei. 2011. 08. 009.

［67］ ANIL E B, TANG P, BURCU A, et al. Deviation analysis method for the assessment of the quality of the as-is Building Information Models generated from point cloud data[J]. Automation in Construction, 2013, 35(1): 507-516.

［68］ F Bosche, E Guenet. Automating surface flatness control using terrestrial laser scanning and building information models. Autom. Constr. 44 (2014) 212-226.

［69］ KANG S C J, YEH K C, TSAI M H. On-site Building Information Retrieval By Using Projection-Based Augmented Reality[J]. Journal of Computing in Civil Engineering, 2012, 26(3): 342-355.

［70］ MEŽA S, TURKŽ, DOLENC M. Component based engineering of a mobile BIM-based augmented reality system[J]. Automation in Construction, 2014, 42(2): 1-12.

［71］ LEE S, AKINÖ. Augmented reality-based computational fieldwork support for equipment operations and maintenance[J]. Automation in Construction, 2011, 20(4): 338-352.

［72］ PARK C S, LEE D Y, KWON O S, et al. A framework for proactive construction defect management using BIM, augmented reality and ontology-based data collection template[J]. Automation in Construction, 2013, 33(8): 61-71.

[73] ABOLGHASEMZADEH P. A comprehensive method for environmentally sensitive and behavioral microscopic egress analysis in case of fire in buildings[J]. Safety Science, 2013, 59(59): 1-9.

[74] LI N, BECERIK-GERBER B, KRISHNAMACHARI B, et al. A BIM centered indoor localization algorithm to support building fire emergency response operations[J]. Automation in Construction, 2014, 42(2): 78-89.

[75] HU Z, ZHANG J. BIM- and 4D-based integrated solution of analysis and management for conflicts and structural safety problems during construction: 2. Development and site trials[J]. Automation in Construction, 2011, 20(2): 167-180.

[76] PARK C S, KIM H J. A framework for construction safety management and visualization system [J]. Automation in Construction, 2013, 33(4): 95-103.

[77] WANG J, ZHANG X, SHOU W, et al. A BIM-based approach for automated tower crane layout planning[J]. Automation in Construction, 2015, 59: 168-178.

[78] RIAZ Z, ARSLAN M, KIANI A K, et al. CoSMoS: A BIM and wireless sensor based integrated solution for worker safety in confined spaces[J]. Automation in Construction, 2014, 45: 96-106.

[79] MOTAWA I, ALMARSHAD A. A knowledge-based BIM system for building maintenance[J]. Automation in Construction, 2013, 29: 173-182.

[80] LUCAS J, BULBUL T, THABET W. An object-oriented model to support healthcare facility information management[J]. Automation in Construction, 2013, 31(31): 281-291.

[81] LU W, OLOFSSON T. Building information modeling and discrete event simulation: Towards an integrated framework[J]. Automation in Construction, 2014, 44(8): 73-83.

[82] GOEDERT J D, MEADATI P. Integrating Construction Process Documentation into Building Information Modeling[J]. Journal of Construction Engineering & Management, 2015, 134(7): 509-516.

[83] SONG S, KIM N. Development of a BIM-based structural framework optimization and simulation system for building construction [M]. Elsevier Science Publishers B. V., 2012.

[84] CHEN S M, GRIFFIS F H, CHEN P H, et al. A framework for an automated and integrated project scheduling and management system[J]. Automation in Construction, 2013, 35(11): 89-110.

[85] MOON H S, KIM H S, KIM C H, et al. Development of a schedule-workspace interference management system simultaneously considering the overlap level of parallel schedules and workspaces [J]. Automation in Construction, 2014, 39: 93-105.

[86] FAGHIHI V, REINSCHMIDT K F, KANG J H. Construction scheduling using Genetic Algorithm based on Building Information Model[J]. Expert Systems with Applications, 2014, 41(16): 7565-7578.

[87] KIM C, SON H, KIM C. Automated construction progress measurement using a 4D building information model and 3D data[J]. Automation in Construction, 2013, 31: 75-82.

[88] KIM H, ANDERSON K, LEE S H, et al. Generating construction schedules through automatic data extraction using open BIM (building information modeling) technology[J]. Automation in Construction, 2013, 35(2): 285-295.

[89] CHEN L J, LUO H. A BIM-based construction quality management model and its applications[J]. Automation in Construction, 2014, 46(10): 64-73.

[90] BABIČNČ, PODBREZNIK P, REBOLJ D. Integrating resource production and construction using

BIM[J]. Automation in Construction, 2010, 19(5): 539-543.

[91] SAID H, EL-RAYES K. Automated multi-objective construction logistics optimization system[J]. Automation in Construction, 2014, 43: 110-122.

[92] CHEUNG F K T, RIHAN J, TAH J, et al. Early stage multi-level cost estimation for schematic BIM models[J]. Automation in Construction, 2012, 27(6): 67-77.

[93] HARTMANN T, MEERVELD H V, VOSSEBELD N, et al. Aligning building information model tools and construction management methods[J]. Automation in Construction, 2012, 22 (3): 605-613.

[94] POPOV V, JUOCEVICIUS V, MIGILINSKAS D, et al. The use of a virtual building design and construction model for developing an effective project concept in 5D environment[J]. Automation in Construction, 2010, 19(3): 357-367.

[95] MA Z, WEI Z, ZHANG X. Semi-automatic and specification-compliant cost estimation for tendering of building projects based on IFC data of design model[J]. Automation in Construction, 2013, 30 (1): 126-135.

[96] ISIKDAG U, UNDERWOOD J, AOUAD G. An investigation into the applicability of building information models in geospatial environment in support of site selection and fire response management processes[J]. Advanced Engineering Informatics, 2008, 22(4): 504-519.

[97] ELBELTAGI E, DAWOOD M. Integrated visualized time control system for repetitive construction projects[J]. Automation in Construction, 2011, 20(7): 940-953.

[98] BANSAL V K. Use of GIS and Topology in the Identification and Resolution of Space Conflicts[J]. Journal of Computing in Civil Engineering, 2011, 25(2): 159-171.

[99] IRIZARRY J, KARAN E P, JALAEI F. Integrating BIM and GIS to improve the visual monitoring of construction supply chain management[J]. Automation in Construction, 2013, 31(5): 241-254.

[100] MIGNARD C, NICOLLE C. Merging BIM and GIS using ontologies application to urban facility management in ACTIVe3D[J]. Computers in Industry, 2014, 65(9): 1276-1290.

[101] LEE G, CHO J, HAM S, et al. A BIM- and sensor-based tower crane navigation system for blind lifts[J]. Automation in Construction, 2012, 26(10): 1-10.

[102] JEONG S K, BAN Y U. Developing a topological information extraction model for space syntax analysis[J]. Building & Environment, 2011, 46(12): 2442-2453.

[103] LANGENHAN C, WEBER M, LIWICKI M, et al. Graph-based retrieval of building information models for supporting the early design stages[J]. Advanced Engineering Informatics, 2013, 27(4): 413-426.

[104] LARSON D A, GOLDEN K A. Entering the Brave New World: An Introduction to Contracting for BIM[J]. William Mitchell Law Review, 2008.